3D人体模型制作

高精度角色模型

低精度角色模型

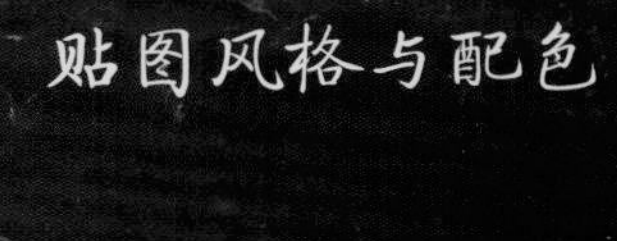

贴图风格与配色

模型完成效果

最终完成效果

角色模型贴图

手绘的皮肤材质球

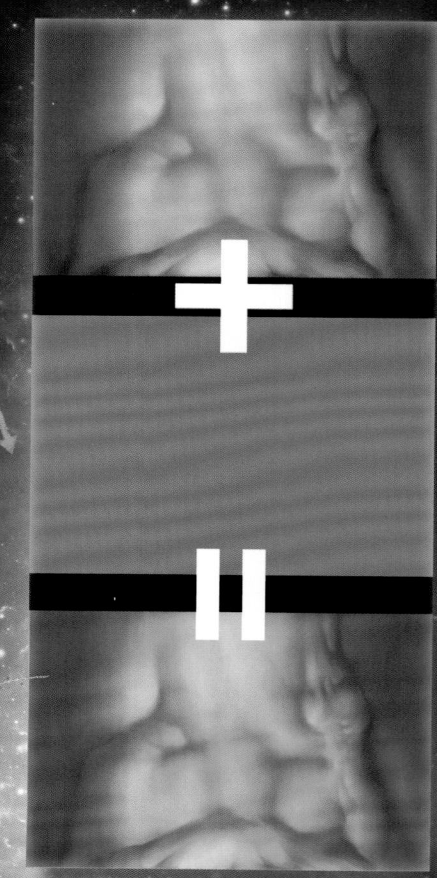
利用素描法绘制人体贴图

皮肤细节

模型+贴图呈现高精度细节

角色道具模型制作

枪械贴图

低精度战斧模型

枪械最终效果

Zbrush 雕刻模型细节

盾牌贴图

战斧贴图

战斧最终效果

盾牌最终效果

写实角色模型实例

贴图

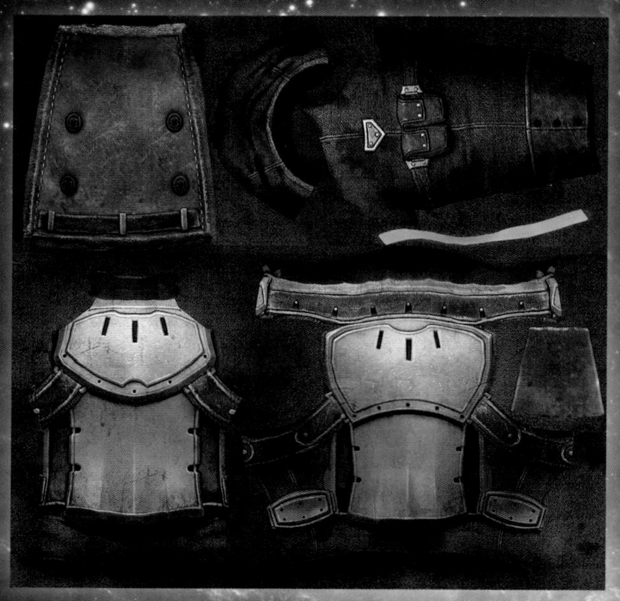

原画设定

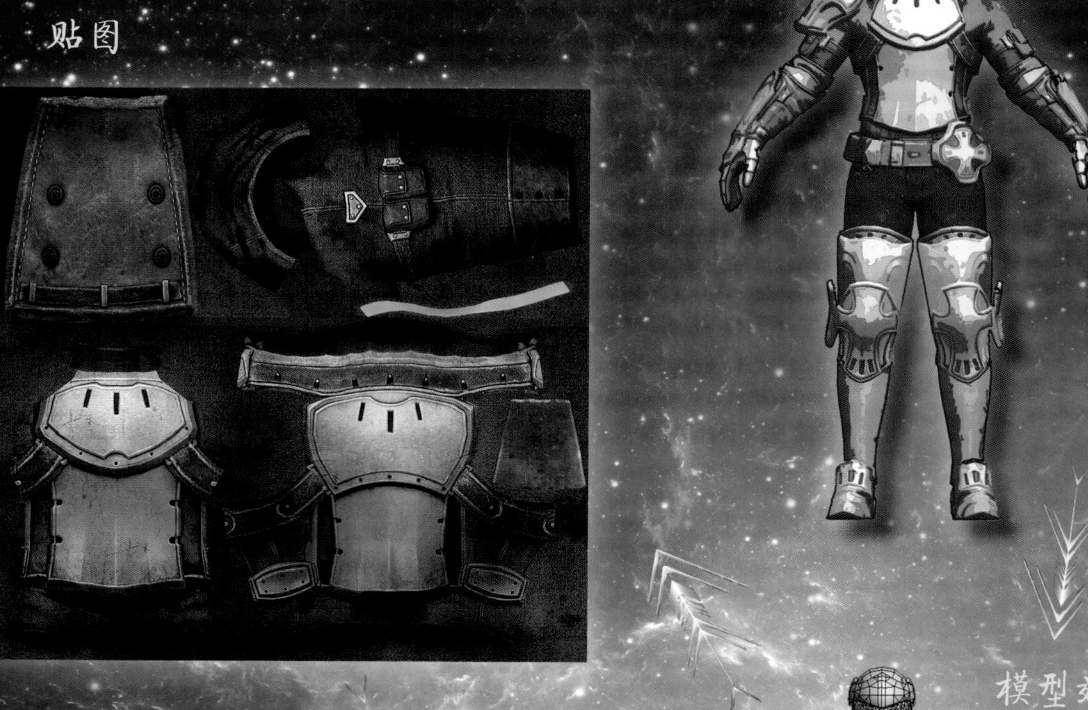

模型效果

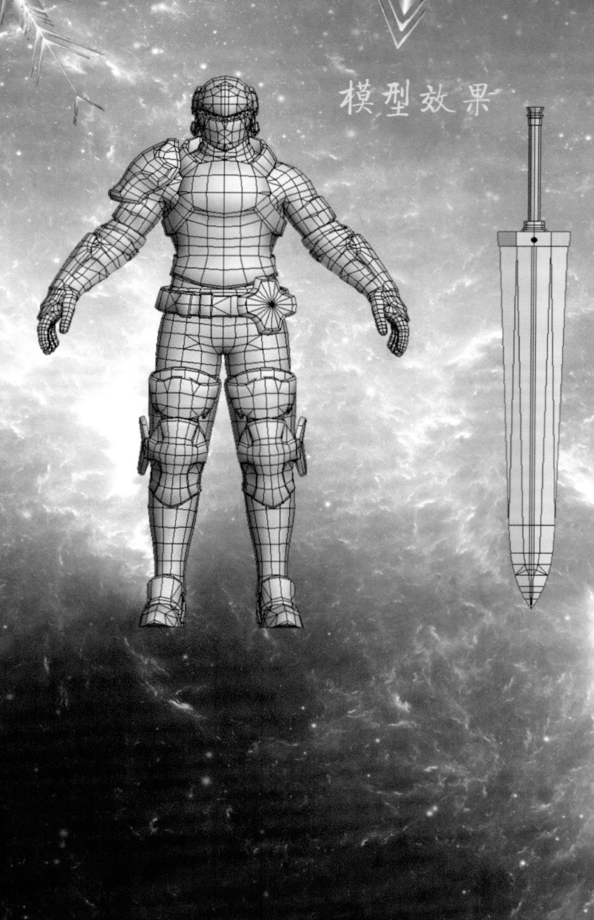

渲染效果

幻想风格角色模型实例

角色设定

角色贴图

模型效果

渲染效果

Q版游戏角色模型实例

原画设定

模型效果

模型贴图

渲染效果

动物模型实例制作
模型效果
模型贴图
狮子坐骑渲染效果1
狮子坐骑渲染效果2

机械类角色模型实例

钢铁侠低模原画设定

钢铁侠低模贴图

钢铁侠低模模型效果

钢铁侠低模渲染效果

3ds Max 动漫游戏角色设计实例教程

李瑞森 杨明 杨建军 编著

人 民 邮 电 出 版 社
北 京

图书在版编目（CIP）数据

3ds Max动漫游戏角色设计实例教程 / 李瑞森，杨明，杨建军编著. -- 北京 : 人民邮电出版社，2015.12（2022.11重印）
现代创意新思维·十二五高等院校艺术设计规划教材
ISBN 978-7-115-38866-7

Ⅰ. ①3… Ⅱ. ①李… ②杨… ③杨… Ⅲ. ①三维动画软件－高等学校－教材 Ⅳ. ①TP391.41

中国版本图书馆CIP数据核字(2015)第098094号

内容提要

本书是讲解 3ds Max 动漫游戏角色制作的专业教材。全书整体框架分为概论、基础知识讲解和实例制作三大部分。概论主要对当今动漫游戏行业的发展、动漫游戏项目团队的构架、产品整体研发制作流程以及动漫游戏设计师的学习规划和职业发展进行讲解；基础知识部分主要讲解 3D 角色的设计制作流程及规范要求、人体的基本比例和结构知识、3ds Max 软件的基本建模操作及贴图的绘制技巧；实例制作部分分别从基本人体角色建模、3D 角色道具模型制作、3D 写实风格角色模型制作、3D 幻想风格角色模型制作、Q 版游戏角色模型制作、动物模型制作及机械类角色模型制作等方面进行讲解。

本书既可作为初学者学习 3ds Max 动漫游戏制作的基础教材，也可作为高校动漫游戏设计专业或培训机构的教学用书。

◆ 编　著　李瑞森　杨　明　杨建军
责任编辑　桑　珊
责任印制　杨林杰

◆ 人民邮电出版社出版发行　　北京市丰台区成寿寺路 11 号
邮编　100164　　电子邮件　315@ptpress.com.cn
网址　http://www.ptpress.com.cn
北京天宇星印刷厂印刷

◆ 开本：787×1092　1/16　　彩插：4
印张：17.5　　2015 年 12 月第 1 版
字数：311 千字　　2022 年 11 月北京第 14 次印刷

定价：52.00 元（附光盘）

读者服务热线：(010)81055256　印装质量热线：(010)81055316
反盗版热线：(010)81055315

前言

preface

动漫游戏行业是21世纪的朝阳产业之一，也是当今数字艺术领域中最为热门的专业。经过短短几十年的时间，在动漫游戏行业的发展和引领下，全球已经形成了一个巨大的消费娱乐市场，而且其市场仍然处于不饱和状态，未来发展潜力巨大。中国的动漫游戏行业相对于美国和日本起步较晚，但随着国家的大力倡导和支持，其发展速度十分迅猛，市场产值逐年翻倍提升，近几年的中国动漫游戏消费市场已经成为可以与美国和日本并驾齐驱的全球重要消费市场。动漫游戏行业如今已成为中国重要的文化发展产业，其前景十分广阔。

角色设计与制作是动漫与游戏产品开发中的重要内容，也是行业初学者入门的必学课题。本书就选取了3D动漫游戏角色制作作为讲解内容。书中既有对动漫游戏行业及职业的讲解，也有对3D制作软件及角色制作的基础知识讲解，更有大量实例制作的章节帮助读者在理论指导下通过实际项目案例来进行系统专业的学习。

现在市面上讲解动漫游戏设计的图书多以讲软件的使用和操作为主，内容上大多千篇一律，缺乏实战指向性。本书以讲解“一线实战技巧”为核心主旨，专门讲当前一线动漫游戏制作公司对于实际研发项目的行业设计标准和专业制作技巧，以实例制作为主要的讲解方式。在内容上，本书按照循序渐进、由浅入深的原则，从基础知识的讲解到简单实例的制作，再到复杂实例的制作，每个实例章节又包括制作前分析、实际制作、完成后总结等几个部分，同时配以大量形象具体的制作截图，让读者的学习过程变得更加容易、直观与便捷。

为了帮助大家更好地学习，在随书光盘中包含了所有实例制作的项目源文件，同时还附有大量图片和视频资料以供学习参考，更多人体贴图素材资源可登录百度云盘下载，下载地址为http://pan.baidu.com/s/1bnCxCE7。

编者个人水平有限，书中疏漏之处难免，请广大读者提出宝贵意见。

编者

01 ▸▸▸ 001 动漫游戏美术设计概论

目录
CONTENTS

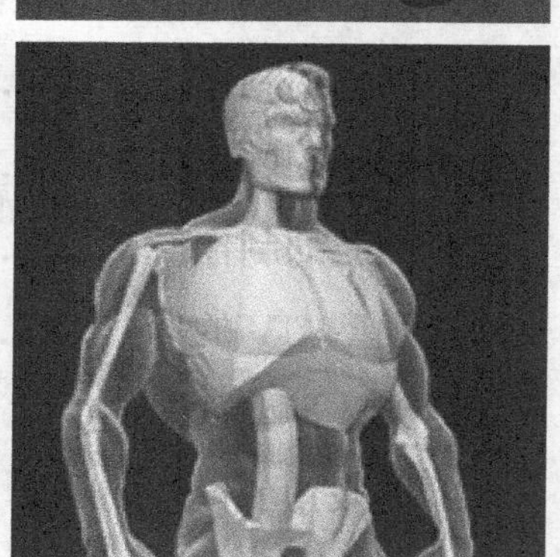

CHAPTER

01 动漫游戏美术设计概论

1.1 动漫游戏美术的概念与风格

动漫游戏美术是指在动漫与游戏研发制作中所用到的所有图像视觉元素的统称。通俗地说，凡是动漫游戏中所能看到的一切画面都属于动漫游戏美术的范畴，其中包括：场景、角色、植物、动物、特效、界面等。在动漫游戏制作公司的研发团队中，根据不同的职能又可将动漫游戏美术分为原画设定、三维（3D）制作、动画制作、关卡地图编辑、界面设计等。

动漫游戏产品通过画面效果进行视觉表达，不同风格的画面产生不同特色，这其中起到决定作用的就是产品的美术风格。动漫游戏项目在立项后，除了要解决策划和技术问题外，必须还要决定使用何种美术形式和风格来表现画面效果。

对于动漫作品而言，其美术风格主要由作品的故事背景与视觉画面两方面来决定。故事背景是指动漫作品的剧本情境和基调，比如国产动画《秦时明月》就是一部古代侠客题材的动漫作品，而日本宫崎骏大师的《千与千寻》则是一部基于日本特色的幻想风格的动画作品，不同的故事背景设定决定了各具特色的美术风格。视觉画面主要通过二维（2D）或者三维（3D）的动漫表现形式来体现，如《秦时明月》就是一部全3D的动画作品（见图1-1），而《千与千寻》则是一部2D动画作品。

图1-1 三维卡通渲染画面风格的《秦时明月》

动漫游戏作品的美术风格是否跟其主体规划相符，这需要参考策划部门的意见，如果游戏策划中项目描述是一款中国古代背景的游戏，那么就不能将美术风格设计为西式或者现代风格。另外，美术部门所选定的游戏风格及画面表现效果是否在技术范畴之内，这需要与程序部门协调沟通，如果想象太过于天马行空，而现有技术水平却无法实现，那么这样的方案也是行不通的。下面简单介绍下游戏美术风格及分类。

从游戏题材上划分，可将游戏美术风格分为幻想风格、写实风格及Q版风格。例如日本Falcom公司的《英雄传说》系列游戏就属于幻想风格，游戏中的场景和建筑都要根据游戏世界观的设定进行艺术的想象和加工处理。著名战争类游戏《使命召唤》则属于写实风格，其中的美术元素要参考现实生活中人们的环境，甚至要复制现实中的城市、街道和建筑画面来制作，而日本《最终幻想》系列游戏就是介于幻想和写实之间的一种独立风格。Q版风格是指将游戏中的建筑、角色和道具等美术元素的比例进行卡通艺术化的夸张处理，如Q版的角色都是4头身、3头身甚至2头身的比例（见图1-2），Q版建筑通常为倒三角形或者倒梯形的设计。如今大多数的网络游戏都被设计为Q版风格，如《石器时代》《泡泡堂》《跑跑卡丁车》等，其卡通可爱的特点能够迅速吸引众多玩家，风靡市场。

图1-2 Q版游戏角色

从游戏的画面类型来分，游戏画面通常分为像素、2D、2.5D和3D四种风格。像素风格的游戏画面是由像素图像单元拼接而成，像FC平台游戏基本都属于像素画面风格，如《超级马里奥》。

2D风格的游戏采用平视或者俯视画面。其实3D游戏以外的所有游戏画面效果都可以统称为2D画面，在3D技术出现以前的游戏都属于2D游戏。为了区分，这里我们所说的2D风格游戏是指较像素画面有大幅度提升的精细2D图像效果的游戏。

2.5D风格又称为仿3D风格，是指玩家视角与游戏场景成一定角度的固定画面，通常为倾斜45° 视角。2.5D风格也是如今较为常用的游戏画面效果，很多2D类的单机游戏或者网络游戏都采用这种画面效果，如《剑侠情缘》《大话西游》（见图1-3）等。

图1-3 2.5D的游戏画面效果

3D风格是指由3D软件制作出可以随意改变游戏视角的游戏画面效果，这也是当今主流的游戏画面风格。现在绝大部分的Java手机游戏都是像素画面，智能手机和网页游戏基本都是2D或者2.5D风格，MMO（大型多人在线）客户端网络游戏通常为3D或者2.5D风格。

随着科技的进步和技术的提升，游戏从最初的单机发展为网络游戏，画面效果也从像素图像发展为如今全三维，但这种发展并不是遵循淘汰制的发展规律，即使在当下3D技术大行其道的网络游戏时代，像素和2D画面类型的游戏仍然占有一定的市场份额，如韩国Neople公司研发的著名网游《地下城与勇士（DNF）》就是像素化的2D网游（见图1-4），国内在线人数最多的网游排行前十中有一半都是2D或者2.5D画面的游戏。

图1-4 《DNF》的游戏画面

从游戏世界观背景来区分，游戏美术风格又可分为西式、中式和日韩风格。西式风格就是以西方欧美国家为背景设计的游戏画面美术风格，这里所说的背景不仅指环境场景的风格，还包括游戏所设定年代、世界观等游戏文化方面的范畴。中式风格就是指以中国传统文化为背景所设计的游戏画面美术风格，这也是国内大多数游戏所常用的画面风格。日韩风格是一个笼统的概念，主要指日本和韩国游戏公司所制作的游戏画面美术风格，他们多以幻想题材来设定游戏的世界观，并且善于将西方风格与东方文化相结合，所创作出的游戏都带有明显标志特色。

育碧公司的著名次时代动作单机游戏《刺客信条》和暴雪公司的《魔兽争霸》都属于西式风格，台湾大宇公司著名的“双剑”系列——《仙剑奇侠传》和《轩辕剑》属于中式风格（见图1-5），韩国Eyedentity Games公司的3D动作网游《龙之谷》则属于日韩风格的范畴。

图1-5　带有浓郁中国风的《轩辕剑》游戏场景

1.2 计算机图像处理技术的发展

计算机被誉为20世纪最伟大的人类发明之一，它给人类的生产和生活方式带来了翻天覆地的变化，计算机技术的发展极大加快了人类文明发展的进程。作为21世纪朝阳产业的动漫游戏业更是受益于电脑技术的发展，引入计算机图形学（Computer Graphics,CG）技术后的手绘动漫，工作效率和表现效果获得质的飞跃和提升，而电脑游戏更是随着计算机图像技术的发展，变得更加生动和真实。本节我们就从动画领域应用的CG技术和电脑游戏领域应用的CG技术两大方面的发展来讲解和介绍计算机技术给动漫游戏领域带来的巨大发展和变革。

1.2.1 电脑动画领域CG技术的发展

CG是随着计算机的诞生而兴起的一门学科，是指利用计算机技术进行视觉设计和生产。广义上的CG技术的应用范畴几乎涵盖了利用计算机进行的所有视觉艺术创作活动，如平面设计、网页设计、3D动画、影视特效、游戏、多媒体技术，以及计算机辅助设计的建筑设计等，我们也将其统称为“数字艺术”。随着CG技术的发展，其被广泛应用于影视特效及电脑动画的制作当中，并广为人知，所以如今狭义上的CG通常指的是影视及动画当中所运用的CG技术。

早在20世纪70年代，CG技术就开始不断地被运用于电影的制作。1976年，在电影《未来世界》中第一次出现了CG，但仅仅是在计算机屏幕上用CG技术制作的头和手罢了，而时间也只有几秒钟。

1982年，世界上第一部真正应用CG技术制作的电影——《星球大战2》诞生了，其中总共有60秒的CG特效镜头。利用CG技术模拟制作了导弹击中星球的特效，虽然时间并不长，但这却是CG技术第一次在电影特效领域中的成功运用。在这一时期CG应用的特点是，CG特效并不能连贯穿插在影片当中，而是在影片时间轴中独立出现。这主要还是受到当时技术的限制。

1989年，美国詹姆斯·卡梅隆导演的电影《深渊》开启了CG应用的新时代，那个时期人们可以应用高难度的影片裁剪技术，把CG和真实事物放到一起，就如《深渊》中那个由水构成的怪物，以相当逼真地姿态出现在演员的身边（见图1-6）。直到今天，这一创新都是CG技术在影视领域中的主要应用方式，诸如之后的《侏罗纪公园》《怪物哥拉斯》《金刚》《泰坦尼克号》等，CG技术带来的真实感及声光效果是传统影视模型所无法比拟的。

图1-6 电影《深渊》中利用CG技术制作的水生物

1995年，利用全CG技术制作的三维动画《玩具总动员》上映（见图1-7）。从此动漫从传统的2D时代全面发展到3D时代，之后以美国Pixar和梦工厂为代表的3D动画制作公司将一部部3D CG动画奉献在人们面前。之后诸如《小蚁雄兵》《虫虫特工队》《恐龙》《怪物公司》《怪物史莱克》《冰河世纪》《功夫熊猫》《驯龙高手》等一系列3D动画都获得了巨大的成功。3D CG技术对传统的动画行业造成

图1-7　第一部全CG动画电影《玩具总动员》

了冲击，如今越来越多的动画作品都选用3D技术来进行制作。与传统的2D动画艺术形式相比，3D CG艺术形式具有三个显着的优势：第一，耗材成本很低，制作、修改、保存、运输和展示都相对绘画来得简单，工作效率更高，也更合适团队作业；第二，现在的计算数字技术配合压感笔和数位板已经可以模仿各种传统绘画；第三，CG数字作品天生具有无限复制和网络传播的特性。

3D动画技术的成熟应用，使得动画模拟真实世界成为现实。人们可以从三度空间的视角中去感受所创造的立体画面，把想象和现实融合在一起，其真实程度可完全以假乱真。2D动画艺术的主要表现形式与传统绘画有着姊妹般的血缘关系，其手法以绘画语言为主，虽然CG动画也有2D法，但它们都局限在二维空间，想表现立体视觉空间却难有作为。

由最基本的点为基础组成线，再由线构成平面，这个平面就称为二维空间。顾名思义，二维空间只有两个纬度，因此在专业的角度任意点在二维空间的位置表现为（X，Y）。由此可知，2D动画在视觉空间的表现上只能采用绘画透视法来营造，形象、场景逼真度也只能采用绘画写实法来表现。创作二维写实动画极为耗时，其所有的帧（每秒24幅）都需要手工绘制，其难度可想而知。

3D动画则不同，从二维增加到三维，对象由面变化为体，也就是由平面转化为立体，在空间上多了一个坐标轴，三维空间的任意点位置表现为（X，Y，Z）。由于多了一个轴，就多了一个深度差别，因此也就形成三度视觉空间。由于所建立的形象、物体、场景不再是一个平面而是像现实一样的三维立体物，设计师可以自由地对所创建物体、场景进行旋转、移动、放大，缩小，而形象、场景也可一次完成，也不再需要逐帧描绘。只需要设定关键帧，加上可对3D形象、场景任意的贴图、建立灯光、捆绑动作、设置特效，再依赖CG技术进行渲染，最终可实现模拟现实。最终打破二维动画表现立体空间的局限，在一个虚拟的空间里随意塑造和创建我们理想的虚拟世界，这就是3D CG动画技术最大的魅力之一。

在进入21世纪后，影视及动画当中的CG技术更得到了长足的发展。2001年，第一部真正意义上的全CG电影——《Final Fantasy》（最终幻想）横空出世，正如其名字“最终幻想”一样，利用全新的“动作捕捉”技术将影片中人物的每一个动作通过真实演员的表演完美映射到CG虚拟角色上，实现了真人表演与虚拟角色的完美统一。动作捕捉技术成为CG技术中的重要应用一直发展至今，不仅在影视动画领域，在计算机游戏（俗称电脑游戏）领域同样得到了广泛的应用。另外，随着技术的进步，CG在电影中表现出惊人的真实感。美国Maxim杂志曾经做过一份调查，将印有《最终幻想》电影女主角艾琪为封面的杂志分发给路人，结果在当时没有人能够想象到这位超级美女是用计算机创造出来的。制作公司为了让艾琪看起来和真人无异，特地在她完美的皮肤上点缀了一些小雀斑。这种特意的小缺陷让她更接近于一个真实的女人，艾琪也成为了当年Maxim杂志封面最漂亮的电影女主角（见图1-8）。

图1-8 《最终幻想》电影中的女主角艾琪

2009年，一部由詹姆斯·卡梅隆导演的电影《阿凡达》上映，截至2010年9月，《阿凡达》全球票房累计27亿5400万美元，一举刷新了全球影史票房纪录。同时，本片还获得第67届金球奖最佳导演奖和最佳影片奖，第82届奥斯卡金像奖最佳艺术指导、最佳摄影和最佳视觉效果奖。其票房纪录超越了同样由卡梅隆执导的《泰坦尼克号》，追寻这一辉煌成绩的由来，其真3D电影技术的运用功不可没。

《阿凡达》是卡梅隆历时多年，潜心创作的真3D电影，影片首次运用了真3D图像技术，给观众带来了超乎寻常的视觉感受，这也是真3D技术在世界影视中的第一次出现。

在影院观看《阿凡达》时，通过佩戴特制的3D眼镜让图像以完全真实的视觉效果展现在人们面前。这种3D视觉效果，最早是通过"光分技术"来实现的，它依赖于偏振光和滤光片，让每只眼睛只接收到一部分光，而滤掉另一部分。在20世纪拍摄3D电影时，人们会在一个镜头前加一块水平方向的偏振片，只让水平方向振动的光透过。而另一个镜头前加垂直方向的偏振片，再将这两个镜头并列，镜片之间的距离和人眼之间距离差不多，然后就可以开始拍摄了。在播放时，让观众戴上带有偏振片的眼镜，偏振方向和摄像机偏振片的方向相同，这样左眼的眼镜就会完全滤掉右侧摄像机拍摄的画面，而右眼的眼镜则滤掉左侧摄像机的画面，最后利用双眼视差原理就实现了逼真立体的观影效果（见图1-9）。早期的3D技术有一定的缺陷，那就是观众必须正对电影屏幕才能看到3D效果。后来利普顿改良了这种弱点，造就了真3D技术。真3D的偏振光振动方向在一个圆周上旋转，再加上于传统电影速度6倍的播放速度，所以无论从任何角度都可以正常观看影片。现在，真3D已经成为了使用最广泛的3D电影技术。

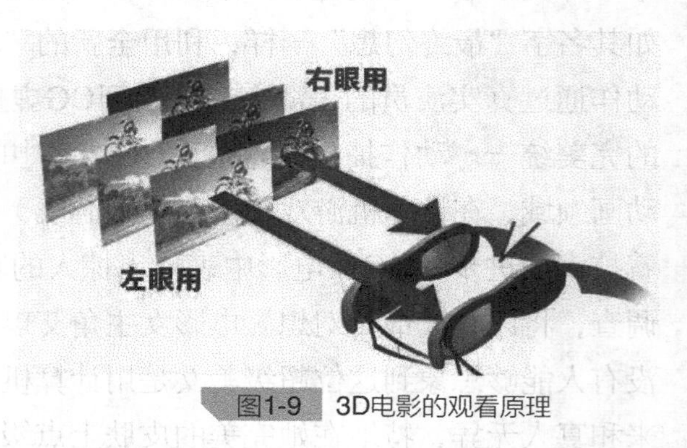

图1-9 3D电影的观看原理

《阿凡达》的成功，不仅让全球影迷们领略到真3D技术的影像魅力，还让很多电影人和投资人看到了3D市场蕴藏着无限的潜力，3D技术不断创新与完善的特效大片，在创造全球票房新高的同时，还极大地鼓励和刺激了全球3D电影产业的高速发展。

1.2.2 电脑游戏领域CG技术的发展

游戏美术行业是依托于计算机图像技术发展起来的领域，而计算机图像技术是电脑游戏技术的核心内容，决定计算机图像技术发展的主要因素则是计算机硬件技术的发展。电脑游戏从诞生之初到今天，计算机图像技术基本经历了像素图像时代、精细二维图像时代与三维图像时代三大发展阶段。与此同时，游戏美术制作技术则遵循这个规律同样经历了程序绘图时代、软件绘图时代与游戏引擎时代三个对应的阶段。下面我们就来简单讲述一下游戏美术技术的发展。

1. 像素图像时代

在电脑游戏发展之初，由于受计算机硬件的限制，只能用像素显示图形画面。所谓的“像素”就是用来计算数码影像的一种单位，如同摄影的相片一样，数码影像也具有连续性的浓淡阶调，我们若把影像放大数倍，会发现这些连续色调其实是由许多色彩相近的小方点所组成，这些小方点就是构成影像的最小单位“像素”。而“像素”（Pixel）这个英文单词就是由Picture（图像）和Element（元素）这两个单词的字母所组成的。

因为计算机分辨率的限制，当时的像素画面在今天看来或许更像一种意向图形，因为以如今的审美视觉来看这些画面实在很难分辨出它们的外观，更多的只是用这些像素图形来象征一种事物。一系列经典的游戏作品在这个时代中诞生，其中有著名的《创世纪》系列和《巫术》系列（见图1-10），有国内第一批电脑玩家的启蒙经典《警察捉小偷》《掘金块》《吃豆子》，有经典动作游戏《波斯王子》的前身《决战富士山》，还有后来名震江湖的大宇公司蔡明宏“蔡魔头”（台湾大宇公司轩辕剑系列的创始人），也于1987年在苹果机的平台上制作了自己的第一个游戏——《屠龙战记》，它是最早一批的中文RPG（角色扮演游戏）之一。

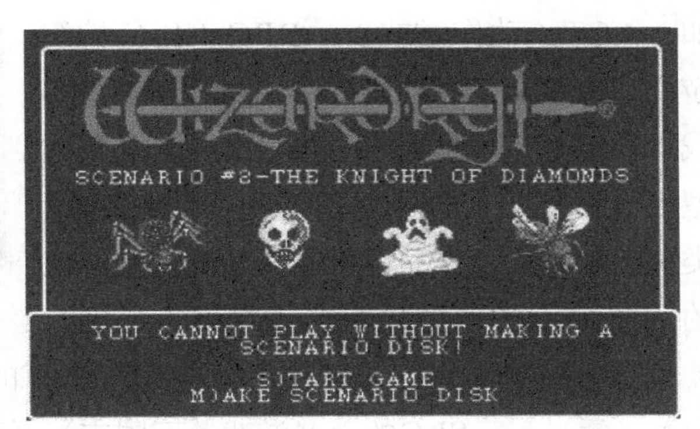

图1-10 《巫术》的游戏开启画面

由于技术上的诸多限制，这一时代游戏的显着特点就是在保留完整的游戏核心玩法的前提下，尽量简化其他一切美术元素。游戏美术在这一时期处于程序绘图阶段。所谓的程序绘图时代大概就是从电脑游戏诞生之初到MS-DOS发展到中后期这个时间段。之所以定义为程序绘图就是因为最初的电脑游戏图形图像技术落后，加上游戏内容的限制，游戏图像绘制工作都是由程序员担任，游戏中所有的图像均为程序代码生成的低分辨率像素图像，而电脑游戏整个制作行业在当时还是一种只属于程序员的行业。

随着电脑硬件的发展和图像分辨率的提升，这时的游戏图像画面相对于之前有了显着的提高，像素图形再也不是大面积色块的意向图形，而已有了更加精细的表现。尽管用当今的眼光我们仍然很难去接受这样的图形画面，但在当时看来一个电脑游戏的辉煌时代正在悄然而来。

硬件和图像质量的提升带来的是创意的更好呈现。游戏研发者可以把更多的精力放在游戏规则和游戏内容的实现上面去，也正是在这个时代不同类型的电脑游戏纷纷出现，并确立了电脑游戏的基本类型，如：ACT（动作游戏）、RPG（角色扮演游戏）、AVG（冒险游戏）、SLG（策略游戏）、RTS（即时战略）等，这些概念和类型定义到今天为止也仍在使用。而这些游戏类型的经典代表作品也都是在这个时代产生的，像AVG的典型代表作《猴岛小英雄》《鬼屋魔影》系列、《神秘岛》系列；ACT的经典作品《波斯王子》《决战富士山》《雷曼》；SLG的著名游戏《三国志》系列、席德梅尔的《文明》系列（见图1-11）；RTS的开始之作Blizzard暴雪公司的《魔兽争霸》系列及后来的Westwood公司的《C&C》系列。

图1-11 席德梅尔《文明Ⅰ》的游戏封面

随着种种的升级与变化，这时的电脑游戏制作流程和技术要求也有了进一步的发展，电脑游戏不再是最初仅仅遵循一个简单的规则去控制像素色块的单纯游戏。随着技术的整体提升电脑游戏制作要求更为复杂的内容设定，在规则与对象之外甚至需要剧本，这也要求整个游戏需要更多的图像内容来完善其完整性，在程序员不堪重负的同时便衍生出了一个全新的职业角色——游戏美术师。

凡是电脑游戏中所能看到的一切图像元素都属于游戏美术师的工作范畴，其中包括了地形、建筑、植物、人物、动物、动画、特效、界面等的制作。随着游戏美术工作量的不断增大，游戏美术又逐渐细分为原画设定、场景制作、角色制作、动画制作、特效制作等不同的工作岗位。在1995年以前虽然游戏美术有了如此多的分工，但总的来说游戏美术仍旧是处理像素图像这样单一的工作，只不过随着图像分辨率的提升，像素图像的精细度变得越来越高。

2. 2D图像时代

1995年，微软公司代号Chicago的Windows 95操作系统问世，这在个人电脑发展史上具有跨时代的意义。在Windows 95诞生之后越来越多的DOS游戏陆续推出了Windows版本，越来越多的主流电脑游戏公司也相继停止了DOS平台下游戏的研发，转而大张旗鼓全力投入对于Windows平台下的图像技术和游戏开发。在这个转折时期的代表游戏就是Blizzard暴雪公司的《Diablo》（《暗黑破坏神》）系列，精细的图像、绝美的场景、华丽的游戏特效，这都归功于Blizzard对微软公司DirectX API（Application Programming Interface应用程序接口）技术的应用。

就在这样一场电脑图像继续迅猛发展的大背景中，像素图像技术也在日益进化升级，随着电脑图像分辨率的提升，电脑游戏从最初DOS时期极限的480像素×320像素分辨率，到后来Windows时期标准化的640像素×480像素，再到后来的800像素×600像素、1024像素×768像素等高精细图像。游戏的画面日趋华丽丰富，同时更多的图像特效技术加入到游戏当中，这时的像素图像已经精细到肉眼很难分辨其图像边缘的像素化细节，最初的大面积像素色块的游戏图像被现在华丽精细的二维游戏图像所取代，标志着游戏画面进入了2D图像时代。

RPG（角色扮演游戏）更在这时呈现出了前所未有的繁盛，欧美三大RPG——《创世纪》系列、《巫术》系列和《魔法门》系列给当时的人们带来了在计算机上体味《AD&D》（龙与地下城）的乐趣，并因此大受玩家的好评。而这一系列经典RPG从AppleII上抽身而出，转战PC平台后，更是受到各大游戏媒体和全世界玩家们的交口称赞。广阔而自由的世界，传说中的英雄，丰富多彩的冒险旅程，忠心耿耿的伙伴，邪恶的敌人和残忍的怪物，还适时地加上一段令人神往的英雄救美的情节，正是这些元素和极强的带入感把大批玩家拉入了游戏中，伴随着故事的主人公一起冒险。

这一时代的中文RPG也引领了国内游戏制作业的发展，从早先“蔡魔头”的《屠龙战记》开始，到1995年的《轩辕剑——枫之舞》和《仙剑奇侠传》（见图1-12），国产中文RPG历经了一个前所未有的发展高峰。从早先对《AD&D》规则的生硬模仿，到后来以中国传统武侠文化为依托，创造了一个个只属于中国人的绚丽神话世界，吸引了大量中文地区的玩家投入其中。而其中的佼佼者《仙剑奇侠传》则通过动听的音乐、深厚的中国传统文化内涵、极富个性的人物和琼瑶式的剧情在玩家们心中留下了一个极其深刻的中文RPG的印象，到达了中文RPG历史上一个至今也没有被超越的高峰，成为了中文游戏里的一个神话。

图1-12 《仙剑奇侠传》被国内玩家奉为经典

这时的游戏制作不再是仅靠程序员就能完成的工作了，游戏美术工作量日益庞大，游戏美术的工作分工日益细化，原画设定、场景制作、角色制作、动画制作、特效制作等专业游戏美术岗位相继出现并逐渐成为游戏图像开发中必不可缺的部分。游戏图像从先前的程序绘图时代进入到了软件绘图时代，游戏美术师需要借助专业的二维图像绘制软件，同时利用自己深厚的艺术修养和美术功底来完成游戏图像的绘制工作，真正意义上的游戏美术场景设计师也由此出现，这也是最早的游戏二维场景美术设计师，以Coreldraw为代表的像素图像绘制软件和综合型绘图软件Photoshop都逐渐成为主流的游戏图像制作软件。

3. 3D图像时代

1995年，Windows 95诞生并在之后短短的时间里大放异彩，它虽没有太多的独创功能，但却把当时流行的PC（个人计算机）功能全部完美地结合在了一起，让用户对PC的学习和使用变得非常直观、便捷。PC功能的扩充伴随的就是PC的普及，而普及最大的障碍就是通俗易懂的学习方式和使用方式，Windows的像画图板一样的图形操作界面，摆脱了枯燥单调。正当人们还沉浸在图形操作系统带来的方便快捷的时候，或许谁都没有想到，另一个公司的一款产品将彻底改变计算机图形图像的历史，而对于电脑游戏发展史更是具有里程碑式的意义，也正是因为它的出现使得游戏画面进入了全新的3D图像时代。

1996年，全世界的电脑游戏玩家目睹了一个奇迹的诞生，美国一家名不见经传的小公司一夜之间成了全世界狂热游戏爱好者顶礼膜拜的偶像。这个图形硬件的生产商和id公司携手，在计算机业界掀起了一场前所未有的技术革命风暴，把计算机世界拉入了疯狂的3D时代，这就是令今天很多老玩家至今难以忘怀的3dfx。3dfx创造的Voodoo显卡，作为PC历史上最经典的一款3D加速显卡（见图1-13），从它诞生伊始就吸引了全世界的目光。

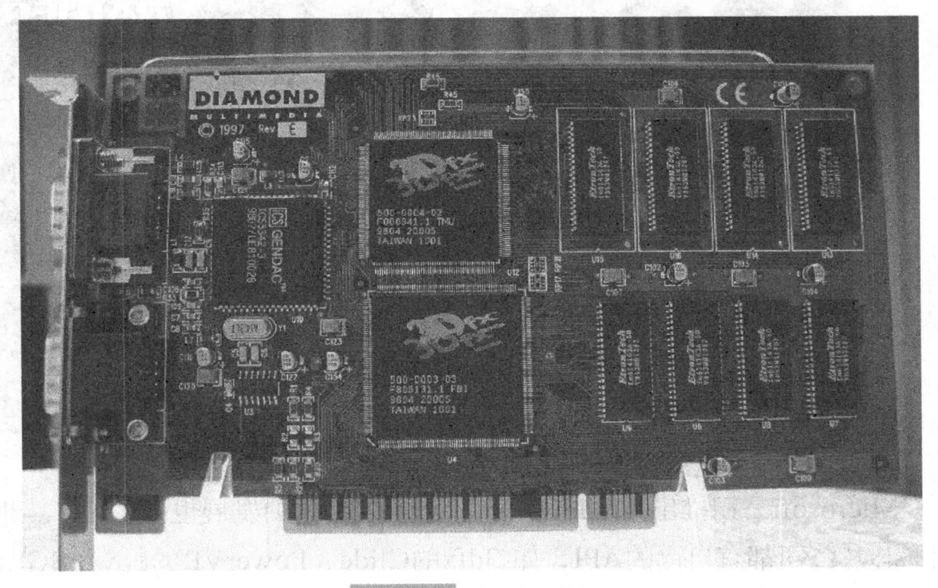

图1-13 Voodoo显卡

拥有6MB EDO RAM显存的Voodoo尽管只是一块3D图形子卡，但它所创造出来的美丽却掠走了不可思议的85%市场份额，吸引了无数的电脑玩家和游戏生产商死心塌地地为它服务。Voodoo的独特之处在于它对3D游戏的加速并没有阻碍2D性能，它只是接管了原本CPU所负责的3D渲染任务，并将其进行加速处理。1996年的春天，计算机内存价格大跌而第一块Voodoo芯片以300美元的价格火爆市场。Voodoo芯片组对PC游戏产生前所未有的影响，从8bit、15fps提升到了有Zbufferd(z缓冲)，16bit颜色，材质过滤。在1996年2月3dfx和Allinace半导体公司联合宣布，在应用程序接口方面开始支持微软的DirectX，这意味着3dfx不仅使用自己的Glide，同时将可以很好地运行D3D编写的游戏。

第一款正式支持Voodoo显卡的游戏作品就是大名鼎鼎的《古墓丽影》（见图1-14），1996年美国E3展会上劳拉•克劳馥的迷人曲线吸引了所有玩家的目光开始，绘制这个美丽背影的Voodoo 3D图形卡和3dfx公司也开始了其传奇的旅途。在相继推出Voodoo2、Banshee和Voodoo3等几个极为经典的产品后，3dfx站在了3D游戏世界的顶峰，所有的3D游戏，不管是《极品飞车》《古墓丽影》，甚至是《雷神之锤》，无一不对Voodoo系列显卡进行优化，全世界都被Voodoo的魅力深深吸引。

图1-14 3D游戏的经典代表《古墓丽影》系列

在Microsoft公司推出Windows 95的同时，3D化的发展也开始了。当时每个主流图形芯片公司都有自己的API，如 3dfx的Glide、PowerVR的PowerSGL、ATI的3DCIF等，这混乱的竞争局面让软硬件的开发效率大为降低，Microsoft公司对此极为担忧，决定开发一套通用的业界标准。

对3D游戏的发展影响最大的公司是成立于1990年的id Software公司，这家公司在1992年推出了历史上第一部FPS（第一人称射击）游戏——《德军总部3D》（见图1-15）。这部用2D贴图、缩放和旋转来营造的3D游戏，虽然站在今天的角度来看觉得粗糙，但它确实带动了PC显卡技术的革新和发展。

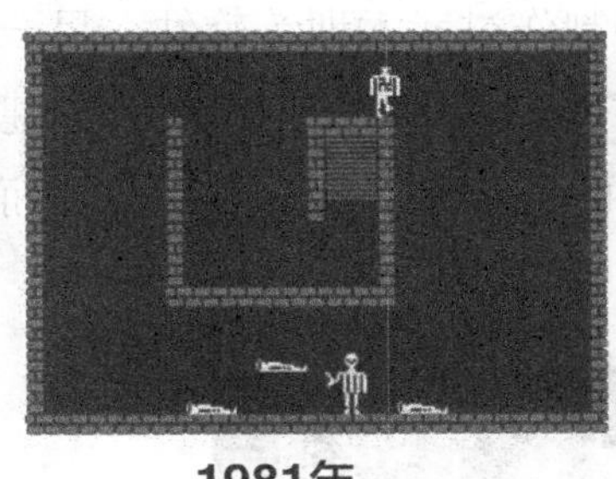
1981年

1992年

2001年

图1-15 《德军总部》系列不同年代画面

1996年6月，真正意义上的3D游戏诞生了，id Software公司制作的《雷神之锤》是PC游戏进入3D时代的一个重要标志。在《雷神之锤》里，所有的背景、人物、物品等图形都是由数量不等的多变形构成的，这是一个真正的3D虚拟世界。《雷神之锤》的出色表现在很大程度上得益于3dfx公司的Voodoo加速子卡，它让游戏的速度更为流畅，画面也更加绚丽，同时也成为了《雷神之锤》梦寐以求的升级目标。除了3D画面外，《雷神之锤》在联网功能方面也得到了很大的加强，由过去的可容纳4人对战增加到16人对战，添加的TCP/IP等网络协议让玩家有机会和世界各地的玩家一起在Internet上共同对战。与此同时，id Software公司还组织了各种奖金丰厚的比赛，也由此开创了当今电子竞技运动的先河。

《雷神之锤》系列作为3D游戏史上最伟大的游戏系列之一，其创造者——游戏编程大师约翰•卡马克，对游戏引擎技术的发展做出了前无古人的卓越贡献，从《雷神之锤I》到《雷神之锤II》到后来风靡世界的《雷神之锤III》，每一次的更新换代都把游戏引擎技术推向了一个新的极致。在《雷神之锤II》还在独霸市场的时候，一家后起之秀Epic公司携带着它们自己的《Unreal》（虚幻）问世，或许谁都没有想到这款用游戏名字命名的游戏引擎在日后的引擎大战中发展成了一股强大的力量。Unreal引擎在推出后的两年之内就有18款游戏与Epic公司签订了许可协议，这还不包括Epic公司自己开发的《虚幻》资料片《重返纳帕利》，其中比较近的几部作品如第三人称动作游戏《北欧神符》（Rune）、角色扮演游戏《杀出重围》（Deus Ex），以及最终也没有上市的第一人称射击游戏《永远的毁灭公爵》（Duke Nukem Forever），这些游戏都曾经或将要获得不少好评。Unreal引擎的应用范围不限于游戏制作，还涵盖了教育、建筑等其他领域。Digital Design公司曾与联合国教科文组织的世界文化遗产分部合作采用Unreal引擎制作过巴黎圣母院的内部虚拟演示。Zen Tao公司采用Unreal引擎为空手道选手制作过武术训练软件，另一家软件开发商Vito Miliano公司也采用Unreal引擎开发了一套名为“Unrealty”的建筑设计软件，用于房地产的演示。现如今Unreal引擎早已经从激烈的竞争中脱颖而出，成为当下主流的游戏引擎之一（见图1-16）。

图1-16 第四代虚幻引擎

从Voodoo的开疆扩土到NVIDIA称霸天下，再到如今NVIDIA、ATI、Intel的三足鼎立，计算机图形图像技术进入了全新的三维时代，而电脑游戏图像技术也翻开了一个全新的篇章，伴随着3D技术的兴起，电脑游戏美术技术经历了程序绘图时代、软件绘图时代，最终迎来了今天的游戏引擎时代。无论是2D游戏还是3D游戏，无论是角色扮演游戏、即时策略游戏、冒险解谜游戏或是动作射击游戏，哪怕是一个只有1MB的小游戏，都有一段起控制作用的代码，这段代码我们就可以笼统地称为引擎。但随着计算机游戏技术的发展，它已经发展为由多个子系统共同构成的复杂系统，从建模、动画到光影、粒子特效，从物理系统、碰撞检测到文件管理、网络特性，还有专业的编辑工具和插件，几乎涵盖了开发过程中的所有重要环节，这一切所构成的集合系统才是我们今天真正意义的“游戏引擎”，过去单纯依靠程序、美工的时代已经结束，以游戏引擎为中心的集体合作时代已经到来，这也就是我们所说的游戏引擎时代。

在2D图像时代，游戏美术师只是负责根据游戏内容的需要，将自己创造的美术作品元素提供给程序设计师，然后由程序设计师将所有元素整合汇集到一起，最后形成完整的电脑游戏作品。随着游戏引擎越来越广泛地被引入到游戏制作领域，电脑游戏制作流程和职能分工也逐渐发生着改变，现在要制作一款3D电脑游戏，需要更多的人员和部门进行通力协作，即使是游戏美术的制作也不再是一个部门就可以独立完成的工作。

在过去游戏制作的前期准备一般指游戏企划师编撰游戏剧本和完成游戏内容的整体规划，而现在电脑游戏的前期制作除此之外还包括游戏程序设计团队为整个游戏设计制作具有完整功能的游戏引擎（包括核心程序模组、企划和美工等各部门的应用程序模组、引擎地图编辑器等）。制作中期相对于以前改变不大，一般就是由游戏美术师设计制作游戏所需的各种美术元素，包括游戏场景和角色模型的设计制作、贴图的绘制、角色动作动画的制作、各种粒子和特效效果的制作等。制作后期相较以前也发生了很大的改变，过去游戏制作的后期主要是程序员完成对游戏元素整合的过程，而现在游戏制作后期不单单是程序设计部门独自的工作，越来越多的工作内容要求游戏美术师加入其中，主要包括：利用引擎的应用程序工具将游戏模型导入到引擎当中、利用引擎地图编辑器完成对整个游戏场景地图的制作、对引擎内的游戏模型赋予合适的属性并为其添加交互事件和程序脚本、为游戏场景添加各种粒子特效等，而程序员也需要在这个过程中完整对游戏的整体优化。

随着游戏引擎和更多专业设计工具的出现，游戏美术师的职业要求不仅没有降低反而表现出更多专业化、高端化的特点，这要求游戏美术师不仅要掌握更多的专业技术知识，还要广泛地学习与游戏设计有关的相关学科知识，更要扎实磨炼自己的美术基本功。要成为一名合格的游戏美术设计师非一朝一夕，不可急于求成，但只要找到合适的学习方法，勤于实践和练习，要进入游戏制作行业也并非难事。

1.3 CG动画的制作流程

CG技术的发展催生了3D动画制作行业的出现，全3D立体化的表现形式成为了动画制作的主流方向。除此以外，CG技术使传统二维动画制作行业也产生了重大的变革。本节我们就来介绍CG时代2D动画和3D动画的整体制作流程。

1.3.1 2D动画的制作流程

图1-17所示是传统二维动画的制作流程图，整体分为制作前期、中期和后期三

大阶段，下面分别来具体进行讲解。

动画制作前期是一部动画片的起步阶段，前期准备充分与否尤为重要，往往需要主创人员（编剧、导演、美术设计、音乐编辑）就剧本的故事、剧作的结构、美术设计的风格和场景的设置、人物造型（相当演员的选取）、音乐风格等一系列问题进行反复的探讨、商榷。首先要有一部构思完整、结构出色的文学剧本，接着需要有详尽的文字分镜头剧本、完整的音乐脚本和主题歌，然后要根据文学剧本和导演的要求确立美术设计风格，设计主场景和人物造型。当美术设计风格和人物造型确立以后，再由导演将文字分镜头剧本形象化，绘制画面分镜头台本。

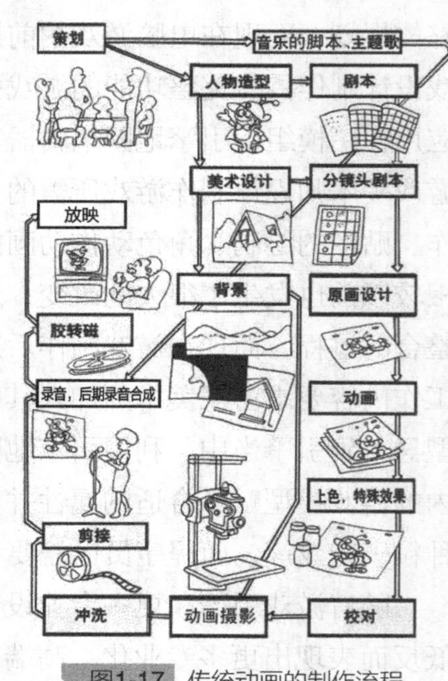

图1-17 传统动画的制作流程

动画分镜头台本的绘制，是由导演将文字分镜头剧本的文字变为镜头画面，将故事和剧本视觉化、形象化，这不是简单的图解，而是一种具体的再创作（见图1-18）。分镜头台本是一部动画片绘制和制作的最主要依据，中后期所有的环节都是依据这份画面分镜头台本进行的，都必须严格服从台本的要求。

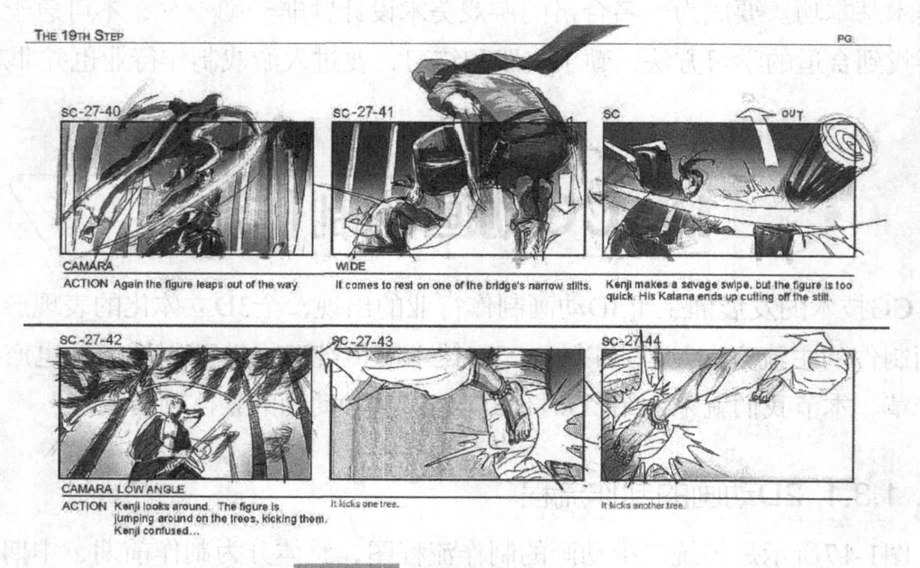

图1-18 动画分镜头台本

动画制作中期的主要任务是具体绘制和检验等工作，具体也就是设计稿、原画、动画和背景的绘制、检查及校对等。中期是一部动画片制作的关键部分，也是工作量和人员投入最多的环节，需要参与绘制的人员具有较高的绘画基本功和艺术修养，以及创造力、责任心和巨大的耐心和毅力。

设计稿是根据动画片画面分镜头台本中每个镜头的小画面放大、加工的铅笔画稿，是动画设计和绘景人员进行绘制的依据，设计稿又分为角色设计稿和背景设计稿（见图1-19）。角色设计稿按确定的规格画出：角色在画面中的起止位置及运动线，角色最主要的动态和表情，角色与背景的关系。简单镜头一般只画一张角色设计稿，复杂镜头画两张或两张以上角色设计稿。背景设计稿按规定的规格画出：景物的具体造型、角度、光影方向、移动或推拉镜头的起止位置。有前层的要分开绘制或用红色标出，有对位线的地方要用红线标出。动画中的背景是指动画画面中角色所处的环境，可采用铅笔画、水彩画、水粉画、油画、中国画等多种表现形式在画纸或赛璐珞片上绘制，有单层背景和多层背景之分。

图1-19 动画场景设计线稿

动画制作中期工作量巨大，环节复杂，人员众多，所以，一个高效的、懂得动画片制作环节的且具有责任心的制片和制作监督是必不可少的。制片的任务是协调动画制作前、中、后三个环节的工作、监督各流程及各工种的进度，并与前期的导演和其他主创人员及后期制作人员就成本的控制与艺术、技术等问题达成一致而有效的协议，从而确保整部动画片的制作周期和成本核算。

动画制作后期是一部动画片的收尾阶段，质量的优劣直接关系到动画片的最终播放效果。这一部分的工作主要是将中期完成的画稿进行上色、校色，进而与背景一同进行拍摄（胶片工艺）、扫描合成（电脑工艺）并完成最终剪辑、配音、配乐等工作。

在传统二维动画制作中后期通常利用胶片拍摄来完成，这与早期电影的制作原理相同。一般采用传统手工描线、上色等工艺，首先需要大量的透明胶片（即赛璐珞片），描线工人先将已经校对好的原动画画稿用黑色或彩色墨水按原样描到赛璐珞片上，待干后再在反面用毛笔沾上专门的动画颜料进行上色，待全部颜色干透后将赛璐珞片翻过来使用。

随着CG技术的不断完善和后期特技技术的迅猛发展，传统的手工上色和繁复的胶片特技拍摄已逐渐或完全退出动画后期领域。目前国际上普遍使用的后期动画制作软件是USA，它具有上色便捷、速度快、效率高、色彩漂亮等特色，对于大规模生产起了重要作用。同时使用一系列已经编排完善的特技程序来处理动画片中特技镜头，使叠化、淡出、淡入、闪光、溜光、变焦等特技成为最基本的技巧，使后期制作更方便与快捷也降低了以往的动画特技拍摄中的工作强度和难度。

除此以外，CG技术的引入也使得传统二维动画制作中期也有了很大变化。之前我们讲过动画的背景、原画和动画都需要手工绘画，这个阶段工作量最大，也最复杂，每一集动画大约需要完成几千张画稿。在绘制原画和动画时，要利用专门的透写台，透写台的下部是一个灯箱，灯箱上面覆盖一片毛玻璃或压克力板，将多张重叠的动画纸放在毛玻璃或压克力板上后，打开灯箱开关，此时光线会透过毛玻璃或压克力板而映射在动画纸上。这样一来，就可以清楚地透视多张重叠的动画纸上的图像线条，从而画出它们之间的分解动作即动画（见图1-20）。

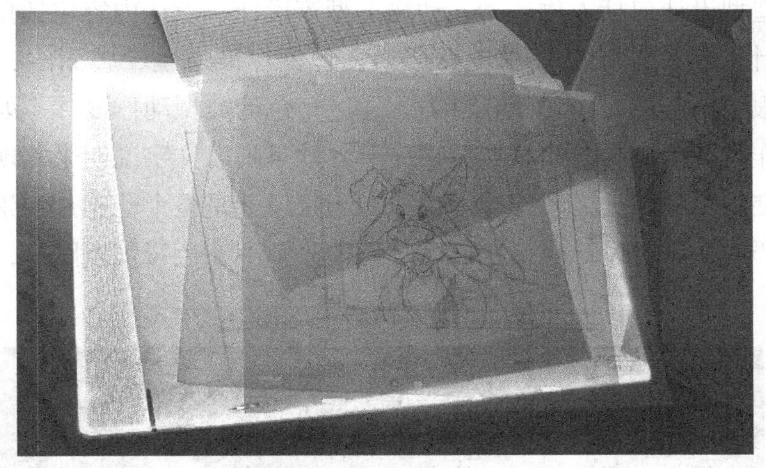

图1-20 利用透台进行动画绘制

传统的动画绘制不仅工序烦琐，而且还耗费大量的纸材、颜料等，同时还具有不可修改等缺陷。在引入CG技术后，这一系列过程都可以通过计算机来完成，可以利用 Metacration公司的Painter软件创作出各种类型的背景图像，如水粉背景、水彩背景、油画背景等，利用Adobe公司的Photoshop软件可以绘制各种人物造型，而且通过计算机数位板的压力感触完美模拟纸上作业的手感和各种笔触，极大地节省了资源和制作时间，提高了工作效率。

1.3.2 3D动画的制作流程

3D动画的制作是以多媒体计算机为工具，综合文学、美工美学、动力学、电影艺术等多学科的产物。与传统2D动画相比，3D动画的整个制作流程都离不开计算机，制作中期所有的制作内容都必须依靠三维制作软件来完成，后期也是通过后期处理软件来整体合成。但从整体来看，一个3D动画项目的整体执行和运作流程与传动动画的整体流程框架并没有完全脱离，大致也是分为前期制作、中期制作及后期合成三大阶段。

在制作前期首先要进行项目整体策划，其中就包括完成动画的故事背景设定及影视文学剧本的创作。文学剧本，是动画片的基础，要求将文字表述视觉化即剧本所描述的内容可以用画面来表现，不具备视觉特点的描述（如抽象的心理描述等）是禁止的。之后要进行概念设计，根据剧本进行大量资料收集和概念图设计，为影片创作确定风格，随后绘制出角色造型设计稿和场景设计稿及色彩气氛稿等。

角色造型设计包括人物造型、动物造型等设计，设计内容包括角色的外型设计与动作设计。造型设计的要求比较严格，包括标准造型、转面图、结构图、比例图、道具服装分解图等（见图1-21）。通过角色的典型动作设计（如几幅带有情绪的角色动作体现角色的性格和典型动作），并且附以文字说明来实现，造型可适当夸张、要突出角色特征，动作合乎规律。场景设计是整个动画片中景物和环境的来源，比较严谨的场景设计包括平面图、结构分解图、色彩气氛图等，通常用一幅图来表达。

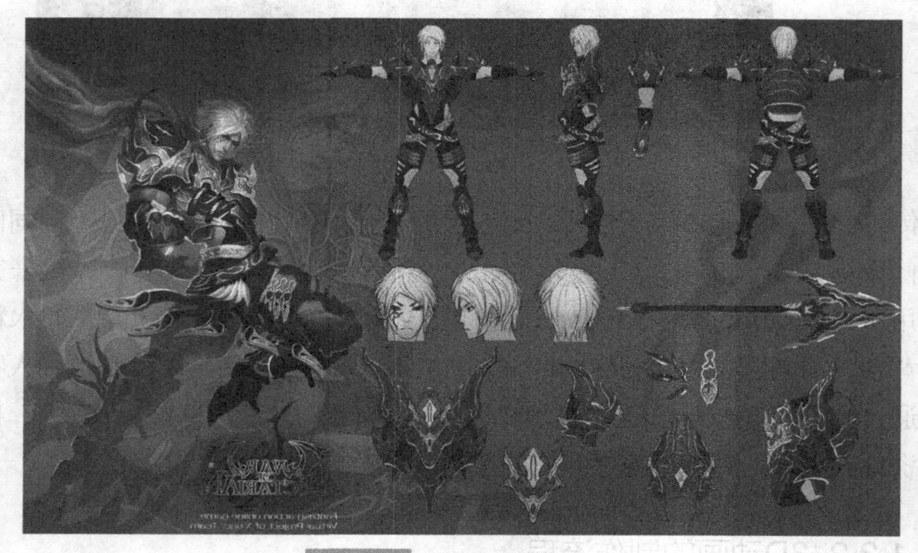

图1-21 动画角色设计

与二维动画的制作相同，在创作前期最重要的一个步骤就是要创作出动画分镜头故事板。分镜头故事板的形式通常为图片加文字，表达的内容包括镜头的类别和运动、构图和光影、运动方式和时间、音乐与音效等。其中每个图画代表一个镜头，文字用于说明如镜头长度、人物台词及动作等内容。根据文字剧本和概念设计进行的实际的分镜头制作，手绘图画构筑出画面，解释镜头运动，并将其制作成动态分镜头脚本，配以示例音乐并剪辑到合适时间，讲述情节给后面三维制作提供参考。

接下来就进入中期制作阶段，这一阶段主要是根据前期设计，在计算机中通过三维制作软件制作出动画片段，制作流程为建模、材质贴图、灯光制作、动画制作、摄影机控制等。

建模是动画师根据前期的造型设计，通过三维建模软件在计算机中绘制出角色模型。这是三维动画中很繁重的一项工作，需要出场的角色和场景中出现的物体都要建模。建模的灵魂是创意，核心是构思，源泉是美术素养，通常使用的软件有3ds Max、Softimage、Maya等。材质就是把赋予模型生动的表面特性，具体包括物体的颜色、透明度、反光度、反光强度、自发光及粗糙程度等。贴图是指将二维图片通过软件的计算贴到三维模型上，形成表面细节和结构。灯光是在三维软件场景中最大限度地模拟自然界的光线类型和人工光线类型，三维软件中的灯光一般有泛光灯（如太阳、蜡烛等四面发射光线的光源）和方向灯（如探照灯、电筒等有照明方向的光源）。

在完成建模、材质贴图及灯光等制作工作后，在进行3D动画的制作前，还需要完成3D动画故事板的制作。3D动画故事板与2D分镜头故事板性质基本相同，不同的是，3D动画故事板是用3D模型根据剧本和分镜头故事板制作出的Layout，其中包括软件中摄像机机位摆放安排、基本动画、镜头时间定制等（见图1-22）。

图1-22 3D故事板

摄影机控制是依照摄影原理在三维动画软件中使用摄影机工具，实现分镜头剧本设计的镜头效果。画面的稳定、流畅是使用摄影机的第一要素，摄影机功能只有情节需要才使用，不是任何时候都使用，摄像机的位置变化也能使画面产生动态效果。

动画制作是根据3D动画故事板与角色造型设计在三维动画制作软件中制作出一个个动画片段。动作与画面的变化通过关键帧来实现，设定动画的主要画面为关键帧，关键帧之间的过渡由计算机来完成。三维软件大都将动画信息以动画曲线来表示，动画曲线的横轴是时间（帧），竖轴是动画值，可以从动画曲线上看出动画设置的快慢急缓、上下跳跃，如3ds Max的动画曲线编辑器。3D动画的动是一门技术，动画人物说话的口型变化、喜怒哀乐的表情、走路动作等，都要符合自然规律，有的软件提供了骨骼工具，通过蒙皮技术，将模型与骨骼绑定，易产生合乎人的运动规律的动作。

最后进入到3D动画的后期制作阶段，在后期首先要将制作完成的动画片段在三维软件中进行渲染。渲染是指根据场景的设置、赋予物体的材质和贴图、灯光等，由程序绘出一幅完整的画面或一段动画。3D动画必须渲染才能输出，渲染是由渲染器完成，渲染器有线扫描方式（Line-scan）、光线跟踪方式（Ray-tracing）和辐射度渲染方式（Radiosity）等，其渲染质量依次递增，所需时间也相应增加。常用的3D动画渲染器有Softimage公司的Metal Ray和Pixal公司的RenderMan等。

最后，我们通过后期处理软件将之前所做的动画片段、特效等素材，按照分镜头剧本的设计，通过非线性编辑软件的编辑、剪辑，并配上背景音乐、音效及各种人声等，完成最终3D动画的制作。

1.4 游戏的研发制作流程

随着硬件技术和软件技术的发展，电脑游戏和电子游戏的开发设计变得越来越复杂，游戏的制作再也不是以前仅凭借几个人的力量在简陋的地下室里就能完成的工作，现在的游戏制作更加趋于团队化、系统化和复杂化。对于一款游戏，尤其是三维游戏，动辄就要几十人的研发团队，通过细致的分工和协调的配合最后才能制作出一款完整的游戏作品。所以，在进入游戏制作行业前，全面地了解游戏制作中的职能分工和制作流程是十分有必要的，这不仅有助于提升游戏设计师的全面素质，而且对日后进入游戏制作公司和融入游戏研发团队都起到了至关重要的作用。下面我们就针对游戏公司内部架构及游戏产品的整体制作流程进行讲解介绍。

1.4.1 游戏公司的部门架构

图1-23是一般游戏公司的职能架构图。从主体来看，公司主要下设管理部、研发部和市场部三大部门，而其中体系最为庞大和复杂的是游戏研发部，这也是游戏公司最为核心的部门。在制作部中，根据不同的技术分工又分为企划部、美术部、

程序部等，而每个部门下有更加详细的职能划分，下面我们就针对这些职能部门进行详细介绍。

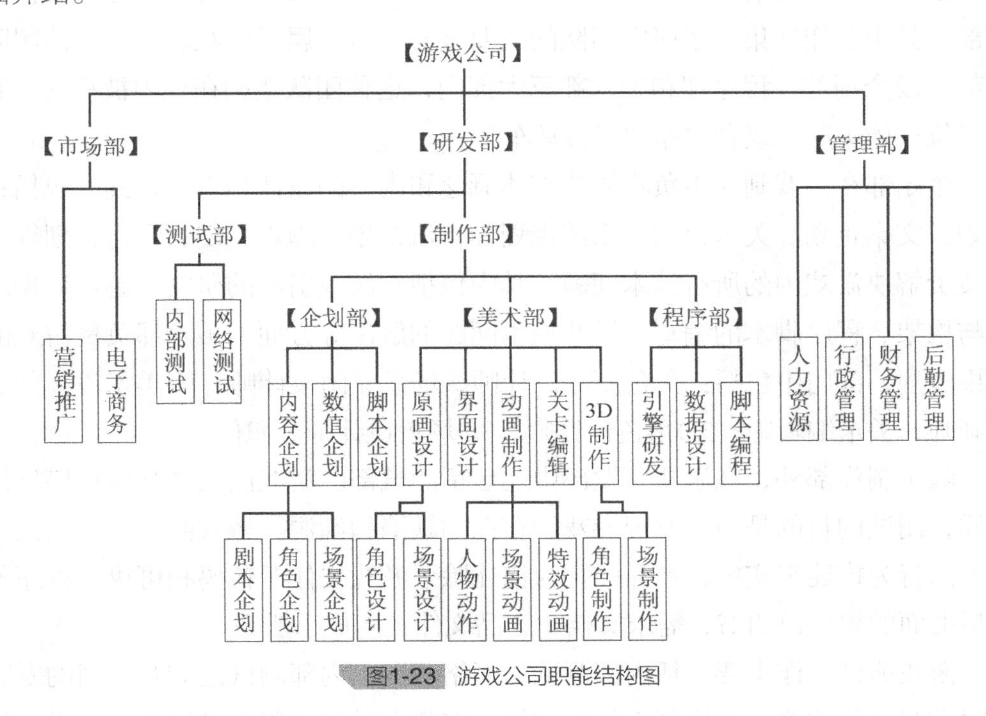

图1-23 游戏公司职能结构图

1. 管理部

游戏公司中的管理部是属于公司基础架构的一部分，其职能与其他各类公司中的相同，都是为公司整体的发展和运行提供了良好的保障。通常来说，公司管理部主要下设：行政部、财务部、人力资源部（HR）、后勤部等。其中行政部主要围绕公司的整体战略方针和目标展开工作，部署公司的各项行政事务，包括：公司企业文化管理、制定各项规章制度、对外联络、对内协调沟通、安排各项会议、管理公司文件文档等。财务部主要负责公司财务部分的整体运行和管理，包括：公司财务预算的拟定、财务预算管理、对预算情况进行考核、资金运作、成本控制、员工工资发放等。人力资源部主要依据公司的人事政策，制定并实施有关聘用、定岗、调动、解聘的制度，负责公司员工劳动聘用合同书的签订，对新员工进行企业制度培训及企业文化培训，另外负责对员工进行绩效考核等。后勤部主要负责公司各类用品的采购，管理公司的资产及各项后勤的保障工作。

2. 研发部

游戏公司中的研发部是整个公司的核心部门，从整体来看主要分为制作部和测试部，其中制作部集中了研发团队的主要核心力量，属于游戏制作的主体团队，制作部下设企划部、程序部和美术部三大部门，这种团队架构在业内被称为“Trinity（三位一体）”，或者称作“三驾马车”。

企划部在游戏制作中负责游戏整体概念和内容的设计和编写，其中包括：资源企划、文案企划、关卡企划、系统企划、数值企划、脚本企划、运行企划等。程序部负责解决游戏内的所有技术问题，其中包括：游戏引擎的研发、游戏数据库的设计与构架、程序脚本的编写、游戏技术问题的解决等方面。美术部负责游戏的视觉效果表现，部门中包括：角色原画设计师、场景原画设计师、UI美术设计师、游戏动画师、关卡编辑师、3D角色设计师、3D场景设计师等职位。

除了制作部外，在游戏研发部中还包括测试部。游戏测试与其他程序软件测试一样，测试的目的是为了发现游戏中存在的缺陷和漏洞。游戏测试需要测试人员按照产品行为描述来实施，产品的行为描述除了游戏主体源代码和可执行程序外，还包括书面的规格说明书、需求文档、产品文件、用户手册等。

游戏测试工作主要包括内部测试和网络测试，内部测试是游戏公司的专职测试员对游戏进行的测试和检测工作，它伴随在整个游戏的研发过程中，属于全程序智能分工。网络测试是在游戏整体研发最后，通过招募大量网络用户来进行半开放式的测试工作，通常包括Alpha测试、Beta测试、封闭测试和公开测试四个阶段。测试部门虽然没有直接参与游戏的制作，但对于游戏产品整体的完善起到了功不可没的作用，一款成熟的游戏产品往往需要大量的测试人员，反过来说，测试部门工作的细致程度也直接决定了游戏的品质好坏。

3. 市场部

虚拟游戏属于文化、艺术与科技的产物，但在这之前，虚拟游戏首先是作为商品而存在，这就决定了游戏离不开商业推广和市场化的销售，所以在游戏公司中市场部也是相当重要的部门。

市场部主要负责对游戏产品市场数据的研究、游戏市场化的运作、广告营销推广、发行渠道及相关的商业合作。这一系列工作首先要建立在对自己公司产品深入了解的基础上，通过自身产品的特色挖掘游戏的宣传点，其次还需要充分了解游戏的用户群体，抓住消费者的心理、文化层次、消费水平等，针对性地研究宣传推广方案。

游戏公司市场部门下通常还设有客户服务部，简称客服部。客服部主要负责解决玩家用户在游戏过程中遇到的各种问题，是游戏公司与用户沟通交流的直接平台，也是对游戏的售后质量起到保证的关键环节。现在越来越多的游戏公司将客服作为游戏运营中的重要环节，他们认为只有全心全意地为用户做好服务工作，才能让游戏产品获得更多的市场认可和成功。

1.4.2 游戏美术的职能划分

1. 游戏美术原画师

游戏美术原画师是指在游戏研发阶段负责游戏美术原画设计的人员。在实际游戏美术元素制作前，首先要由美术团队中的原画设计师根据策划的文案描述进行原画设定的工作。原画设定是对游戏整体美术风格的设定和对游戏中所有美术元素的设计绘图，游戏原画从类型上来分又分为概念类原画设定和制作类原画设定。

概念类原画是指原画设计人员针对游戏策划的文案描述进行整体美术风格和游戏环境基调设计的原画类型（见图1-24）。游戏原画师会根据策划人员的构思和设想，对游戏中的环境、场景和角色进行创意设计和绘制，概念原画不要求绘制十分精细，但要综合游戏的世界观背景、游戏剧情、环境色彩、光影变化等因素，确定游戏整体的风格和基调。相对于制作类原画的精准设计，概念类原画更加笼统，这也是将其命名为概念原画的原因。

图1-24 游戏场景概念原画

在概念原画确定之后，游戏基本的美术风格就确立下来，之后就要进入实际的游戏美术制作阶段，这时就首先需要开始制作类原画的设计和绘制。制作类原画是指对游戏中美术元素的细节进行设计和绘制的原画类型，它又分为场景原画、角色原画（见图1-25）和道具原画，分别负责对游戏场景、游戏角色及游戏道具的设定。制作类原画不仅要在整体上表现出清晰的物体结构，更要对设计对象的细节进行详细描述，这样才能便于后期美术制作人员进行实际美术元素的制作。

图1-25 游戏角色原画设定图

游戏美术原画师需要有扎实的绘画基础和美术表现能力，要具备很强的手绘功底和美术造型能力，同时能熟练运用2D美术软件对文字描述内容进行充分的美术还原和艺术再创造。游戏美术原画师还必须具备丰富的创作想象力，因为游戏原画与传统的美术绘画创作不同，游戏原画并不是要求对现实事物的客观描绘，它需要在现实元素的基础上进行虚构的创意和设计，所以天马行空的想象力也是游戏美术原画师不可或缺的素质和能力。另外，游戏美术原画师还必须掌握其他相关学科一定的理论知识，比如拿游戏场景原画设计来说，如果要设计一座欧洲中世纪哥特风格的建筑，那么就必须要具备一定的建筑学知识和欧洲历史文化背景知识，对于其他类型的原画设计来说也同样如此。

2. 2D美术设计师

2D美术设计师是指在游戏美术团队中负责平面美术元素制作的人员，这是游戏美术团队中必不可缺的职位，无论是2D游戏项目还是3D游戏项目，都必须要有

2D美术设计师参与制作。

一切与2D美术相关的工作都属于2D美术设计师的工作范畴，所以严格来说，游戏原画师也是2D美术设计师，像UI界面设计师也可以算作2D美术设计师。在游戏2D美术设计中，以上两者都属于设计类的岗位，除此以外，2D美术设计师更多的是负责实际制作类的工作。

通常游戏2D美术设计师要根据策划的描述文案或者游戏原画设定来进行制作游戏中各种美术元素，包括：游戏平面场景、游戏地图、游戏角色形象及游戏中用到的各种2D素材。例如，在像素或2D类型的游戏中，游戏场景地图是由一定数量的图块（Tile）拼接而成，其原理类似于铺地板，每一块Tile中包含不同的像素图形，通过不同Tile自由组合拼接就构成了画面中不同的美术元素，通常来说平视或俯视2D游戏中的Tile是矩形的，2.5D游戏中Tile是菱形的（见图1-26），而2D游戏美术师的工作就是负责绘制每一块Tile，并利用组合制作出各种游戏场景素材。

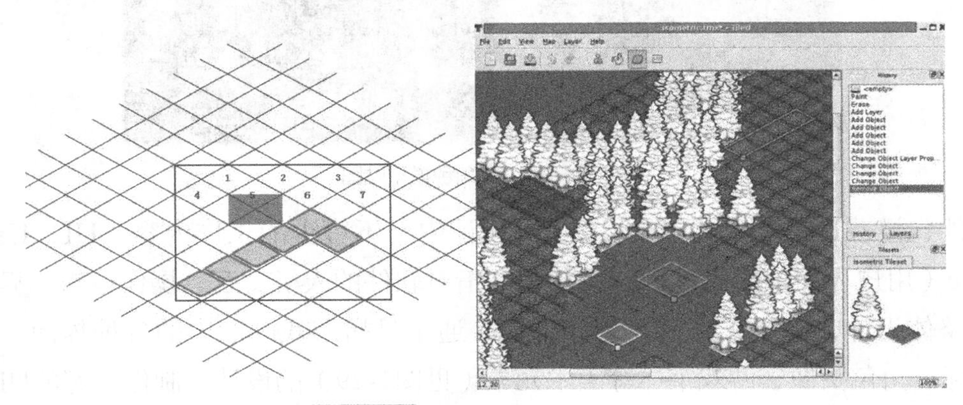

图1-26 2D游戏场景的制作原理

而对于像素或者2D游戏中的角色来说，通常我们看到的角色行走、奔跑、攻击等动作都是利用关键帧动画来制作的，需要分别绘制出角色每一帧的姿态图片，然后将所有图片连续播放就实现了角色的运动效果。我们以角色行走为例，不仅要绘制出角色行走的动态，还要分别绘制不同方向行走的姿态，通常来说包括：上、下、左、右、左上、左下、右上、右下等8个方向的姿态（其中4个方向姿态见图1-27）。所有动画序列中的每一个关键帧的角色素材

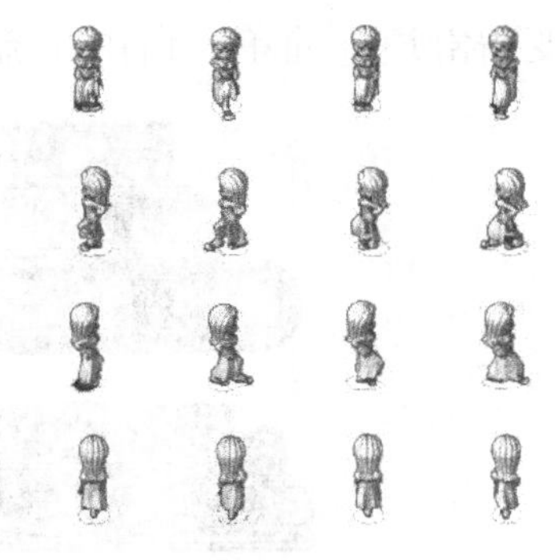

图1-27 2D游戏角色行走序列素材图

图都是需要二维美术设计师来制作的。

在3D游戏项目中，2D美术设计师主要负责平面地图的绘制、角色平面头像的绘制及各种模型贴图绘制（见图1-28）等。

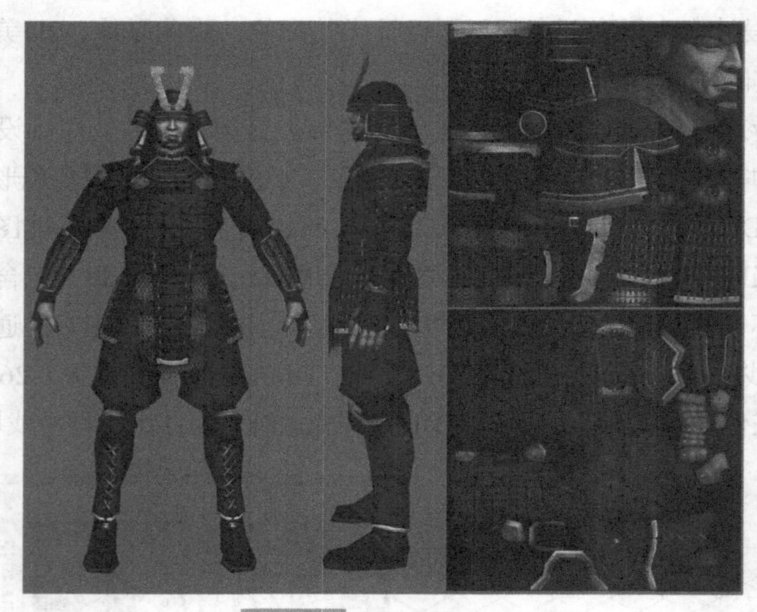

图1-28 3D角色模型贴图

另外，游戏UI设计也是游戏2D美术设计中必不可少的工作内容。UI，User Interface（用户界面）的简称，UI设计则是指对软件的人机交互、操作逻辑、界面美观的整体设计，而具体到游戏制作来说，通常是指游戏画面中的各种界面、窗口、图标、角色头像、游戏字体等美术元素（见图1-29）的设计和制作。好的UI设计不仅是让游戏画面变得有个性、有风格、有品味，更要让游戏的操作和人机交互过程变得舒适、简单、自由和流畅。

图1-29 游戏的UI

3. 3D美术设计师

3D美术设计师是指在游戏美术团队中负责3D美术元素制作的人员。3D美术设计师是在3D游戏出现后才发展出的制作岗位，同时也是3D游戏开发团队中的核心制作人员。

3D美术设计师要求具备较高的专业技能，不仅要熟练掌握各种复杂的高端3D制作软件（见图1-30），更要有极强的美术塑形能力，还需要具备大量的相关学科知识，如建筑学、物理学、生物学、历史学等。在国外专业的游戏3D美术设计师大多都是美术雕塑系或建筑系出身。

图1-30 利用Zbrush雕刻角色模型

在3D游戏项目中，3D美术设计师主要负责各种3D模型的制作及角色动画的制作。

3D模型的制作包括：3D场景模型制作、3D角色模型制作及各种游戏道具模型制作等。除了在制作的前期需要基础3D模型提供给Demo的制作，在中后期更需要大量的3D模型来充实和完善整个游戏主体内容，所以在3D游戏制作领域，有大量的人力资源被要求分配到这个岗位，这个岗位就是3D模型师。

除了3D模型师外，3D美术设计师还包括3D动画师。这里所谓的动画制作并不是指游戏片头动画或过场动画等预渲染动画内容的制作，主要是指游戏中实际应用的动画内容，包括角色动作和场景动画等。角色动作主要指游戏中所有角色（包括：主角、NPC、怪物、BOSS等）的动作流程，游戏中每一个角色都包含大量已经制作完成的规定套路动作，通过不同动作的衔接组合就形成了一个个具有完整能动性的游戏角色，而玩家控制的主角的动作中还包括大量人机交互内容。3D动画师的工作就是负责每个独立动作的调节和制作，如角色的跑步、走路、挥剑、释放法术等（见图1-31）。场景动画主要指游戏场景中需要应用的动画内容，比如流水、落叶、雾气、火焰等这样的环境氛围，还包括场景中指定物体的动画效果，如门的开闭、宝箱的开启、触发机关等。

图1-31 3D角色动作调节

4. 游戏特效美术师

一款游戏产品除了要注重基本的互动娱乐体验外，更加要注重整体的声光视觉效果。这些声光视觉效果就属于游戏特效的范畴。游戏特效美术师就是负责制作和丰富游戏特效，其中包括：角色技能（见图1-32）、刀光剑影、场景光效、火焰闪电及其他各种粒子特效等。

图1-32 游戏中角色华丽的技能特效

游戏特效美术师在游戏美术制作团队中的定位有一定的特殊性，既难将其归类于2D美术设计人员，也难将其归类于3D美术设计人员。因为游戏特效的设计和制作同时涉及2D美术和3D美术的范畴，另外在具体制作流程上又与其他美术设计有所区别。

对于3D游戏特效制作来说，首先要利用3ds Max等3D制作软件创建出粒子系统，然后将事先制作的3D特效模型绑定到粒子系统上，然后还要针对粒子系统进行贴图的绘制，贴图通常要制作为带有镂空效果的Alpha贴图，有时还要制作贴图的序列帧动画，之后还要将制作完成的素材导入到游戏引擎特效编辑器中，对特效进行整合和细节调整。如果是制作角色技能特效，还要根据角色的动作提前设定特效施放的流程，见图1-33。

图1-33 角色技能特效设计思路和流程图

对于游戏特效美术师来说，不仅要掌握3D制作软件的操作技能，还有对3D粒子系统有深入研究，同时还要具备良好的绘画功底和修图能力，另外还要掌握游戏动画的设计和制作。所以，游戏特效美术师是一个具有复杂性和综合性的游戏美术设计岗位，是游戏开发中必不可少的职位，同时入门门槛也比较高，需要从业者需要具备高水平的专业能力。在一线的游戏研发公司中，游戏特效美术师通常都是具有多年制作经验的资深从业人员，相应的薪水待遇也高于其他游戏美术设计人员。

5. 地图编辑美术师

成熟化的3D游戏商业引擎普及之前，游戏场景所有美术资源的制作都是在3D软件中完成的，除了场景道具、场景建筑模型以外，甚至包括游戏中的地形山脉都是利用模型来制作（见图1-34）。而一个完整的3D游戏场景包括众多的美术资源，所以用这样的方法来制作的游戏场景模型会产生数量巨大的多边形面数，图1-34这样一个场景用到了15万之多，不仅导入游戏的过程十分烦琐，而且制作过程中3D软件本身就承担了巨大的负载，经常会出现系统崩溃、软件跳出的现象。

图1-34 利用3D软件制作的大型山地场景

随着技术的发展，进入游戏引擎时代以后，以上所有的问题都得到了完美的解决，游戏引擎编辑器不仅可以帮助我们制作出地形和山脉的效果，还可以制作水面、天空、大气、光效等很难利用3D软件制作的元素，尤其是野外游戏场景，其余80%的场景工作任务都可以通过游戏引擎地图编辑器来整合和制作，而其中负责这部分工作的美术人员就是地图编辑美术师，也称为地编设计师。

地编设计师利用游戏引擎地图编辑器制作游戏地图场景主要包括：

① 场景地形地表的编辑和制作；

② 场景模型元素的添加和导入；

③ 游戏场景环境效果的设置，包括日光、大气、天空、水面等方面；

④ 游戏场景灯光效果的添加和设置；

⑤ 游戏场景特效的添加与设置；

⑥ 游戏场景物体效果的设置。

其中，大量的工作时间都集中在游戏场景地形地表的编辑制作上。利用游戏引擎地图编辑器制作的场景地形其实分为两大部分——地表和山体，地表是指游戏虚拟3D空间中起伏较小的地面模型，山体则是指起伏较大的山脉模型。地表和山体是对引擎编辑器所创建同一地形的不同区域进行编辑制作的结果，两者是统一的整体并不对立存在。

游戏引擎地图编辑器制作山脉的原理是将地表平面划分为若干分段的网格模型，然后利用笔刷进行控制，实现垂直拉高形成的山体效果或者塌陷形成的盆地效果，然后再通过类似于Photoshop的笔刷绘制方法来对地表进行贴图材质的绘制，最终实现自然的场景地形效果（见图1-35）。

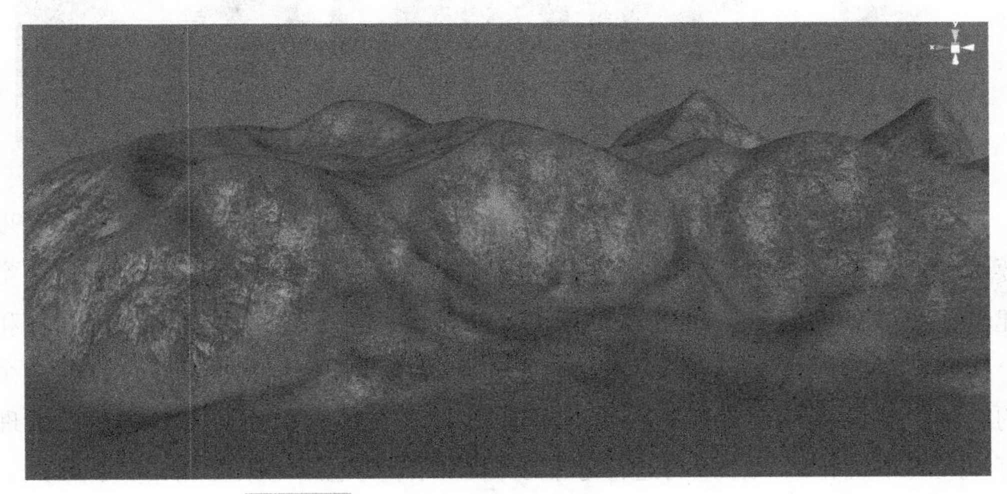

图1-35 利用游戏引擎地图编辑器制作的地形山脉

如果要制作高耸的山体往往要借助于3D模型才能实现，场景中海拔过高的山体部分利用3D模型来制作，然后将模型坐落在地形山体之上，两者相互配合实现了很好的效果（见图1-36）。另外，在有些场景中地形也起到了衔接的效果，如让山体模型直接坐落在海水中，模型与水面相接的地方会非常生硬，利用起伏的地形包围住山体模型，这样就能利用地表与水面进行完美过渡衔接。

图1-36 利用3D模型制作的山体效果

在3D游戏项目的制作中，利用游戏引擎地图编辑器制作游戏场景的第一步就是要创建场景地形，场景地形是游戏场景制作和整合的基础，它为3D虚拟化空间搭建出了具象的平台，所有的场景美术元素都要依托于这个平台来进行编辑和整合。所以，地编设计师在如今的3D游戏开发中占有了十分重要的地位，而一个出色的地编设计师不仅要掌握3D场景制作的知识和技能，更要对自然环境和地理知识有深入的了解和认识，只有这样才能让自己制作的地图场景更加真实、自然，贴近于游戏需求的效果。

1.4.3 游戏的制作流程

在3D软硬件技术出现以前，电脑游戏的设计与开发流程相对简单，职能分工也比较单一，见图1-37。虽然与现在的游戏制作部门相同，都分为企划、美术、程序三大部门，但每个部门中的工种职能并没有再严格细致的划分，在人力资源分配上也比现在的游戏团队要少得多。企划组负责撰写游戏剧本和游戏内容的文字描述，然后交由美术组把文字内容制作成为美术素材，之后美术组把制作完成的美术元素提供给程序组进行最后的整合，同时企划组在后期也需要提供给程序组游戏剧本和对话文字脚本等内容，最后在程序组的整合下才制作出完整的游戏作品。

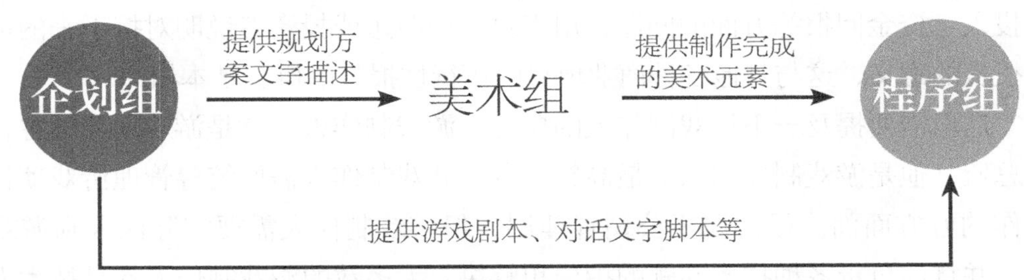

图1-37 早期的游戏制作流程

在这种制作流程下，企划组和美术组的工作任务基本都属于前期制作，从整个流程的中后期几乎都是由程序组承担大部分的工作量，所以当时游戏设计的核心技术人员就是程序员，而电脑游戏制作研发也被看做是程序员的工作领域，如果把企划、美术、程序的人员配置比例假定为a：b：c，那么当时一定是a<b<c这样一种金字塔式的人员配置结构。

在3D技术出现以后，电脑游戏制作行业发生了巨大改变，特别是在职能分工和制作流程上都与之前有了较大的不同，主要体现在：

① 职能分工更加明确细致；

② 对制作人员的技术要求更高、更专一；

③ 整体制作流程更加先进合理；

④ 制作团队之间的配合要求更加默契协调。

特别是在3D游戏引擎技术发明并越来越多地应用于游戏制作领域后，这种行业变化更加明显。企划组、美术组、程序组三个部门的结构主体依然存在，但从工作流程来看三者早已摆脱了过去单一的线性结构，而是紧紧围绕着游戏引擎这个核心展开工作，相互协调配合，最终完成成品游戏的制作开发。下面详细介绍一下现在游戏制作公司一般游戏制作流程。

1. 立项与策划阶段

立项与策划阶段是整个游戏产品项目开始的第一步，这个阶段大致占了整个项目开发周期20%的时间。在一个新的游戏项目启动之前，游戏制作人必须要向公司提交一份项目可行性报告书，这份报告在游戏公司管理层集体审核通过后，游戏项目才能正式被确立和启动。游戏项目可行性报告书并不涉及游戏本身的实际研发内容，它更多侧重于商业行为的阐述，主要用来讲解游戏项目的特色、营利模式、成本投入、资金回报等方面的问题，用来对公司股东或投资者说明对接下来的项目进行投资的意义，这与其他各种商业项目的可行性报告的概念基本相同。

这里需要提及一下游戏制作人的概念，游戏制作人也就是游戏项目的主管或项目总监，他是游戏制作团队的最高领导者，游戏制作人需要统筹管理游戏项目研发制作的方方面面。虽然属于公司管理层，但游戏制作人需要实际深入到游戏研发中，并具体负责各种技术问题的指导和解决。大多数的游戏制作人都是技术人员出身，通过大量的项目经验积累，才逐渐走上这个岗位，在世界游戏领域内有众多知名的游戏制作人，如：宫本茂、小岛秀夫、席德梅尔、铃木裕等。

当项目可行性报告通过后，游戏项目开始正式启动，接下来游戏制作人需要与游戏项目的策划总监及制作团队中其他的核心研发人员进行“头脑风暴”会议，为游戏整体的初步概念进行设计和策划，其中包括游戏的世界观背景、视觉画面风格、游戏系统和机制等。通过多次的会议讨论，集中所有人员针对游戏项目提出的各种意见和创意，之后由项目策划总监带领游戏企划团队进行游戏策划文档的设计和撰写。

游戏策划文档不仅是整个游戏项目的内容大纲，同时还涉及游戏设计与制作的各个方面，包括世界观背景、游戏剧情、角色设定、场景设定、游戏系统规划、游戏战斗机制、各种物品道具的数值设定、游戏关卡设计等。如果将游戏项目比作是一个生命体，那么游戏策划文档就是这个生命的灵魂，这也间接说明了游戏策划部门在整个游戏研发团队中的重要地位和作用。图1-38是游戏项目研发立项与策划阶段的流程示意图。

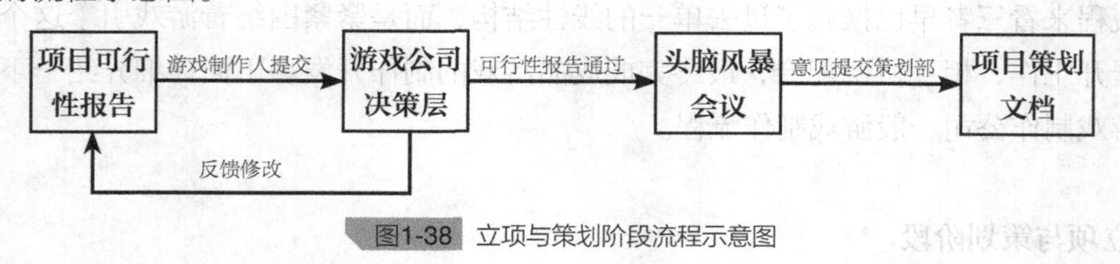

图1-38 立项与策划阶段流程示意图

2. 前期制作阶段

前期制作阶段属于游戏项目的准备和实验阶段，这个阶段大致占了整个项目开发周期10%~20%的时间。在这一阶段中会有少量的制作人员参与项目制作，虽然人员数量较少，但各部门人员配比仍然十分合理，这一阶段也可以看作是整体微缩化流程的研发阶段。

这一阶段的目标通常是要制作一个游戏Demo。所谓游戏Demo就是指一款游戏的试玩样品。利用紧缩型的游戏团队来制作的Demo虽然并不是完整的游戏，可能仅仅只有一个角色、一个场景或关卡，甚至只有几个怪物，但它的游戏机制和实现流程却与完整游戏基本相同。通过游戏Demo的制作可以为后面实际游戏项目研发积累经验，后续研发就可以复制Demo的设计流程，剩下的就是大量游戏元素的制作添加与游戏内容的扩充。

在前期制作阶段需要完成和解决的任务还包括以下几个。

(1) 研发团队的组织与人员安排

这里所说的并不是参与Demo制作的人员，而是后续整个实际项目研发团队的人员配置，在前期制作阶段，游戏制作人需要对研发团队进行合理和严谨的规划，为之后进入实质性研发阶段做准备。这其中包括：研发团队的初步建设、各部门人员数量的配置、具体员工的职能分配等。

(2) 制定详尽的项目研发计划

这同样也是由游戏制作人来完成的工作，项目研发计划包括：研发团队的配置、项目研发日程规划、项目任务的分配、项目阶段性目标的确定等方面。项目研发计划与项目策划文档相辅相成，从内外两方面来规范和保障游戏项目的推进。

(3) 确定游戏的美术风格

在游戏Demo制作的过程中，游戏制作人需要与项目美术总监及游戏美术团队共同研究和发掘符合自身游戏项目的视觉画面路线，确定游戏项目的美术风格基调，要达成这一目标需要反复实验和尝试，甚至在进入实质研发阶段美术风格仍有可能被改变。

(4) 固定技术方法

在Demo制作过程中，游戏制作人与项目程序总监及程序技术团队一起研究和设计游戏的基础程序构架，包括各种游戏系统和机制的运行和实现，对于3D游戏项目来说也就是游戏引擎的研发设计。

(5) 游戏素材的积累和游戏元素的制作

游戏前期制作阶段，研发团队需要积累大量的游戏素材，包括照片参考、贴图素材、概念参考等，如要制作一款中国风的古代游戏，就需要搜集大量的具年代特征风格的建筑照片、人物服饰照片等。同样还要开始大量游戏元素的制作，如基本的建筑模型、角色和怪物模型、各种游戏道具模型等。游戏素材的积累和游戏元素的制作都为后面进入实质性项目研发打下基础并提供必要的准备。

3. 游戏研发阶段

这一阶段属于游戏项目的实质性研发阶段，大致占了整个项目开发周期50%的时间，这一阶段是游戏研发中最耗时长的阶段，也是整个项目开发周期的核心所在。从这一阶段开始大量的制作人员开始加入到游戏研发团队中，在游戏制作人的带领下，企划部、程序部、美术部等研发部门按照先前制定的项目研发计划和项目策划文档开始了有条不紊的制作生产。在项目研发团队中人员配置通常5%为项目管理人员，25%为项目企划人员，25%为项目程序人员，45%为项目美术人员。实质性的游戏项目研发阶段又可以细分为制作前期、制作中期和制作后期三个时间阶段，具体的研发流程见图1-39。

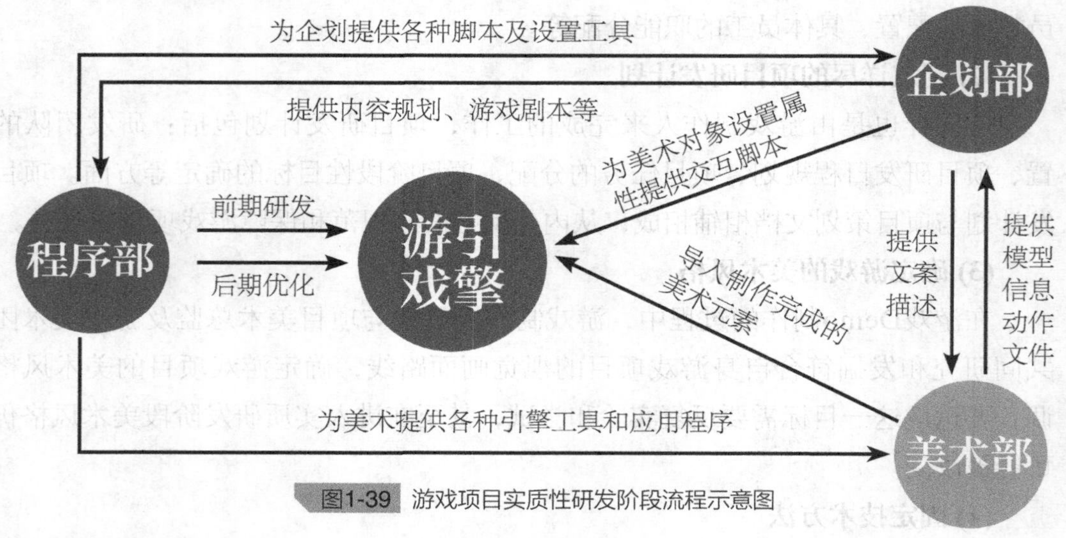

图1-39 游戏项目实质性研发阶段流程示意图

(1) 制作前期

企划部、美术部、程序部三个部门同时开工，企划部开始撰写游戏剧本和游戏内容的整体规划。美术部中的游戏美术原画师开始设定游戏整体的美术风格，3D模型师根据既定的美术风格制作一些基础模型，这些模型大多只是拿来用作前期引擎测试，并不是以后真正游戏中会大量使用的模型，所以制作细节上并没有太多要求。程序部在制作前期的任务最为繁重，因为他们要进行游戏引擎的研发，或者一般来说在整个项目开始以前他们就已经提前进入到了游戏引擎研发阶段，在这段时间里他们不仅要搭建游戏引擎的主体框架，还要开发许多引擎工具以供日后企划部和美术部所用。

(2) 制作中期

企划部进一步完善游戏剧本，内容企划开始编撰游戏内角色和场景的文字描述文档，包括：主角背景设定、不同场景中非玩家角色（NPC）和怪物的文字设定、怪物首领（BOSS）的文字设定、不同场景风格的文字设定等，各种文档要同步传给美术组以供他们参考使用。

美术部在这个阶段要承担大量的制作工作，游戏原画师在接到企划文档后，要根据企划的文字描述开始设计绘制相应的角色和场景原画设定图，然后把这些图片交给3D制作组来制作大量游戏中需要应用的3D模型。同时3D制作组还要尽量配合动画制作组以完成角色动作、技能动画和场景动画的制作，之后美术组要利用程序组提供的引擎工具将制作完成的各种角色和场景模型导入到游戏引擎当中。另外，关卡地图编辑师要利用游戏引擎编辑器开始着手各种场景或者关卡地图的编辑绘制工作，而界面美术师也需要在这个阶段开始游戏整体界面的设计绘制工作。图1-40为游戏产品研发中期美术部门的制作流程。

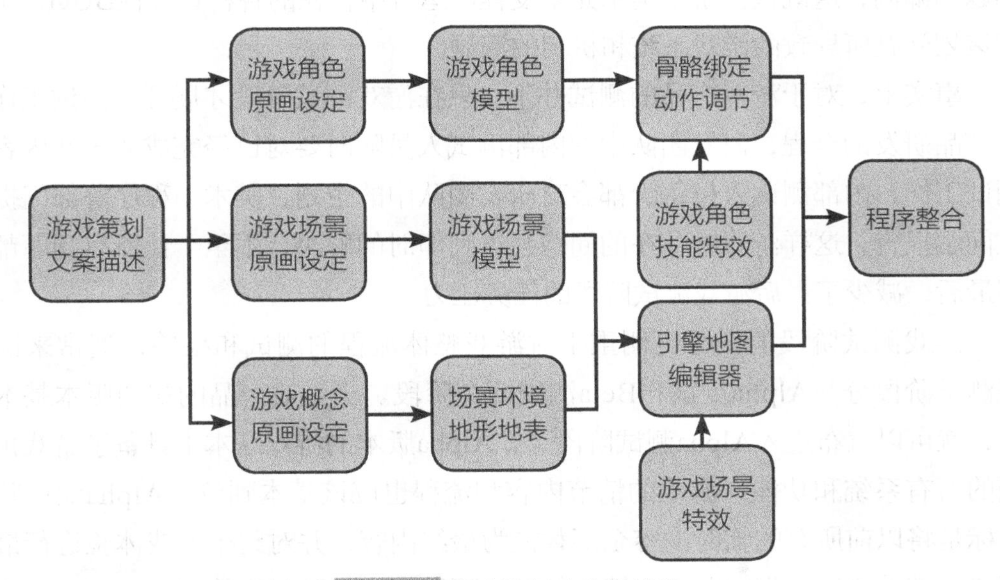

图1-40 游戏美术部门制作流程

由于已经初步完成了整体引擎的设计研发，程序部在这个阶段工作量相对减轻，继续完善游戏引擎和相关程序的编写，同时针对美术部和企划部反馈的问题进行解决。

(3) 制作后期

企划部将已经制作完成的角色模型利用程序提供的引擎工具赋予其相应属性，脚本企划要配合程序组进行相关脚本的编写，数值企划则要通过不断的演算测试调整角色属性和技能数据，并不断对其中的数值进行平衡化处理。

美术部中的原画组、模型组、动画组的工作则延续制作中期的工作任务，要继续完成相关设计、3D模型及动画的制作，同时要配合关卡地图编辑师进一步完善关卡和地图的编辑工作，并加入大量的场景效果和后期粒子特效，界面美术设计师则继续对游戏界面的细节部分作进一步的完善和修改。

程序部在这个阶段要对已经完成的所有游戏内容进行最后的整合，完成大量人机交互内容的设计制作，同时要不断优化游戏引擎，并要配合另外两个部门完成相关工作，最终制作出游戏的初级测试版本。

4. 游戏测试阶段

测试阶段是游戏上市发布前的最后阶段，大约占了整个项目开发周期10%~20%的时间。在游戏测试阶段主要是寻找和发现游戏运行过程中存在的各种问题和漏洞，这既包括游戏美术元素及程序运行中存在的各种直接性BUG，也包括因策划问题所导致的游戏系统和机制的漏洞。

事实上，对于游戏产品的测试并不是只在游戏测试阶段才展开，测试工作伴随在产品研发的全程，研发团队中的内部测试人员随时要对已经完成的游戏内容进行测试工作，内部测试人员每天都会对研发团队中的企划、美术、程序等部门提交测试问题报告，这样游戏中存在的问题会得到即时的解决，不至于让所有问题都堆积到最后，减少了最后游戏测试阶段的任务压力。

游戏测试阶段的任务更侧重于对游戏整体流程的测试和检验，通常来说，游戏测试阶段分为Alpha测试和Beta测试两个阶段。当游戏产品的初期版本基本完成后，就可以宣布进入Alpha测试阶段了，Alpha版本的游戏基本上具备了游戏预先规划的所有系统和功能，游戏的情节内容和流程也应该基本到位。Alpha测试阶段的目标是将以前所有的临时内容全部替换为最终内容，并对整个游戏体验进行最终的调整。随着测试部门问题的反馈和整理，研发团队要及时修改游戏内容，并不断更新游戏的版本序号。

正常来说，处于Alpha测试阶段的游戏产品不应该出现大规模的BUG，如果在这一阶段研发团队还面临大量的问题，说明先前的研发阶段存在重大的漏洞，就应该终止测试，转而“回炉”重新进入研发阶段。如果游戏产品Alpha测试基本通过，就可以转入Beta测试阶段了。此时的工作重点是对于游戏产品的进一步整合和完善，一般不会再添加大量新内容。相对来说Beta测试阶段的时间要比Alpha阶段要短，完成之后游戏产品就可以对外发布了。

如果是网络游戏，在封闭测试阶段之后，还要在网络上招募大量的游戏玩家展开游戏内测。在内测阶段，游戏公司邀请玩家对游戏运行性能、游戏设计、游戏平衡性、游戏BUG及服务器负载等多方面进行测试，以确保游戏正式上市后能顺利进行。内测结束后即进入公测阶段，内测资料进入公测通常是不保留的，但现在越来越多的游戏公司为了奖励内测玩家，采取公测奖励措施或直接进行不删档内测。对于计时收费的网络游戏而言，公测阶段通常采取免费方式，而对于免费网游，公测即代表正式上市发布。

1.5 动漫游戏美术设计师的成长之路

要想成为一名出色的动漫游戏美术设计师，并不是一件十分容易的事，需要大量的学习及实践经验的积累，同时还需要参阅大量的外延学科领域知识内容。动漫游戏作为近年来社会上最热门的专业，受到国家及政府的大力支持，国家高校及民办培训机构雨后春笋般的出现。所以只要怀抱明确的目标和志向，通过合理化的教育培训，掌握了正确的学习方法与流程，想要成为动漫游戏美术设计师的梦想也并非遥不可及。在本节内容中，将主要从学习和就业两大方面来剖析动漫游戏美术设计师成长道路上会遇到的各种问题，进而让大家的求学之路变得更加明确和清晰。

1.5.1 学习阶段

立志想要进入动漫游戏设计领域，必须要通过合理化的教育和培训，将自己个人能力和专业技能进行培养和提升，以达到符合一线公司的用人要求和标准，这就是动漫游戏美术设计师成长之路中的学习阶段。通常来说，我们将这一学习之路分为五大层次，见图1-41。

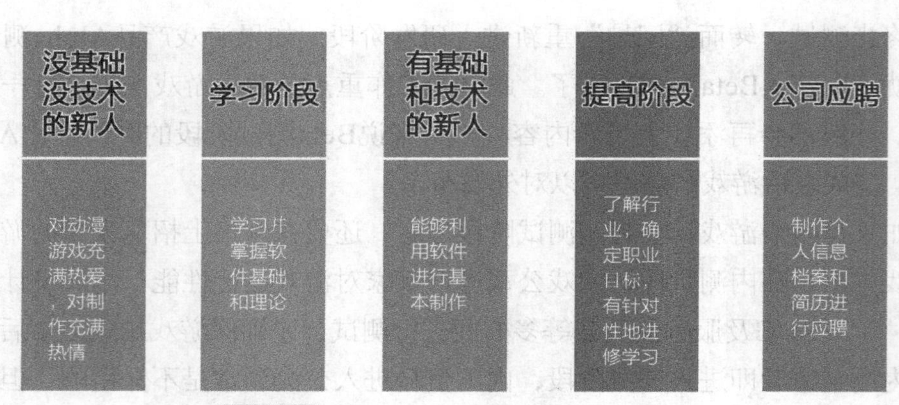

图1-41 进入动漫游戏制作领域前的学习阶段

首先，对于一个没有掌握任何软件和制作技术的新人来说，对动漫游戏行业的热爱及对制作的热情就是入门的最好基础。每个动漫游戏美术设计师都是从这一阶段开始起步的，所以接下来为了快速入门，就必须要学习和掌握基本的软件知识和操作技巧。

对于动漫游戏美术设计来说，其实常用的软件并没有很多，图1-42中的LOGO基本涵盖了动漫游戏美术设计常用的制作软件，其中包括2D类制作软件：Photoshop、Painter和Deep paint 3D等，3D制作软件：3ds Max、Maya和Zbrush等。下面我们分别来了解这些常用软件的用途和功能。

图1-42 动漫游戏美术常用制作软件

2D类制作软件主要用于原画的绘制和设定、UI设计及模型贴图的绘制等。Painter凭借其强大的笔刷功能主要用于原画的绘制，Photoshop作为通用的标准化二维图形设计软件主要用于UI像素图形的绘制和模型贴图的绘制，另外也可以通过Deep paint 3D和Body Paint 3D等插件来绘制3D模型贴图（见图1-43）。

图1-43 模型贴图的绘制

3D类制作软件主要就是3ds Max和Maya，这两款软件都是Autodesk公司旗下的核心3D制作软件产品。3D动画的制作通常使用Maya，而在国内大多数游戏制作公司主要使用3ds Max，这主要是由游戏引擎技术和程序接口技术所决定的。

近几年随着次时代引擎技术的飞速发展，以法线贴图技术为主流的游戏大行其道，同时也成为未来游戏美术制作技术的主要方向。所谓的法线贴图是指可以应用到3D模型表面的特殊纹理，它可以让平面的贴图变得更加立体、真实。法线贴图作为凹凸纹理的扩展，它包括了每个像素的高度值，内含许多细节的表面信息，能够在平平无奇的物体上，创建出许多种特殊的立体外形。对于视觉效果而言，它的效率比原有的表面更高，若在特定位置上应用光源，可以生成精确的光照方向和反射，通过3D雕刻软件 Zbrush 深化模型细节使之成为具有高细节的3D模型（使用 Zbrush 雕刻金属纹理材质贴图过程可扫描图1-44所示二维码观看视频），然后通过映射烘焙出法线贴图，并将其贴在低端模型的法线贴图通道上，使之拥有法线贴图的渲染效果，还可以大大降低渲染时需要的面数和计算内容，从而达到优化动画渲染和游戏渲染的效果（见图1-45）。

图1-44 使用 Zbrush 雕刻金属纹理材质贴图

http://182.92.225.223/web/shareVideo/index.action?id=1000116&ajax=1

图1-45 游戏法线贴图技术

当掌握了一定的软件技术后，我们可以进行基本的制作，但与实际一线公司的要求还有一定距离，所以必须有所提升。我们必须要全面了解一线的制作行业和领域，确立自己的职业目标并进行有针对性的学习。在前面的内容中已经讲到，无论动漫还是游戏制作公司，它们都有各自的项目流程及职业分工，所以我们不可能掌握全部的技术成为一名"全才"，我们要做的是成为那颗日后专业领域中的"螺丝钉"，在自己所属领域全面发挥出自己的特长和才干。

当我们完成了提升阶段的学习并积累了足够的个人作品后，就可以着手创建个人信息档案及个人简历。简历的文字要简明扼要，要能够突出自己的个人专长和技能，并写明明确的就业岗位方向，同时要附有自己代表性的作品，可以是图片也可以是视频和动画等，之后就可以通过招聘网站或者对各公司主页中发布的HR邮箱进行简历和作品的投递。

1.5.2 职业发展

通过学习阶段的努力成功进入到一线的动漫游戏制作公司，这对于动漫游戏美术设计师之路也仅仅是新的开始，日后的职业发展才是这条道路的核心和重点。下面首先来描述一下作为一名动漫游戏美术设计师所应具备的基本素质（见图1-46）。

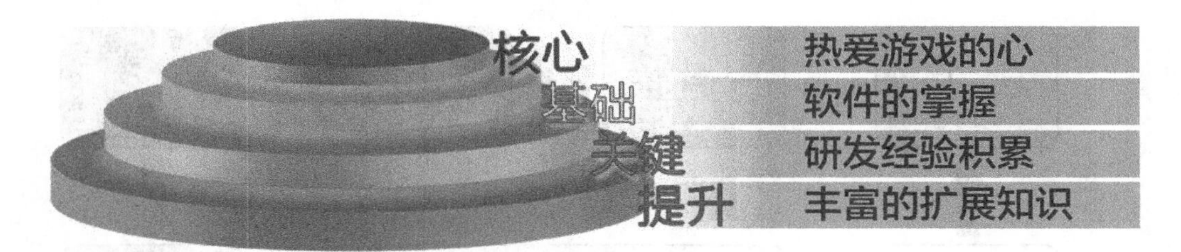

图1-46 动漫游戏美术设计师的职业素质

俗话说“兴趣是最好的老师”，一名动漫游戏美术设计师首先需要具备的就是对于动漫游戏的热爱之心，这也是作为动漫游戏美术设计师所应具备的核心素质。兴趣和热爱会让我们在这个行业内更加长远地走下去，而不是将其仅视为一种职业，更不能将其看作只是一种谋生的手段。

对软件的掌握是作为动漫游戏美术设计师的基础。所谓“工欲善其事，必先利其器”，对于动漫游戏制作人员来说熟练掌握各类制作软件是今后踏入制作领域最基础的条件，只有熟练掌握软件技术才能将自己的创意和想法淋漓尽致地展现和表达出来。

除此以外，丰富的专业外延扩展知识也是提升职业素质和个人能力的重要因素。无论作为动漫还是游戏美术设计师，仅仅掌握软件和制作技能是不够的，必须还要掌握很多相关学科的知识内容。比如要制作一个唐代的都城，我们就必须要了解唐代建筑的风格特点及当时的历史人文背景等。

成功进入一线动漫游戏制作公司后，我们就开始实际项目的制作。这些研发和制作经验的积累是成为一名优秀动漫游戏美术设计师的关键，只有随着经验的积累我们的个人能力和专业技术才会得到进一步的提升，同时这也是日后在公司中职位晋升的重要资本。

每一位动漫游戏美术设计师都必须面临的一个问题就是职位的晋升及未来职业的发展，这是个人职业生涯的重要阶段。下面我们以游戏制作公司中游戏美术设计师为例来描述一下公司内部的职业晋升体系（见图1-47）。

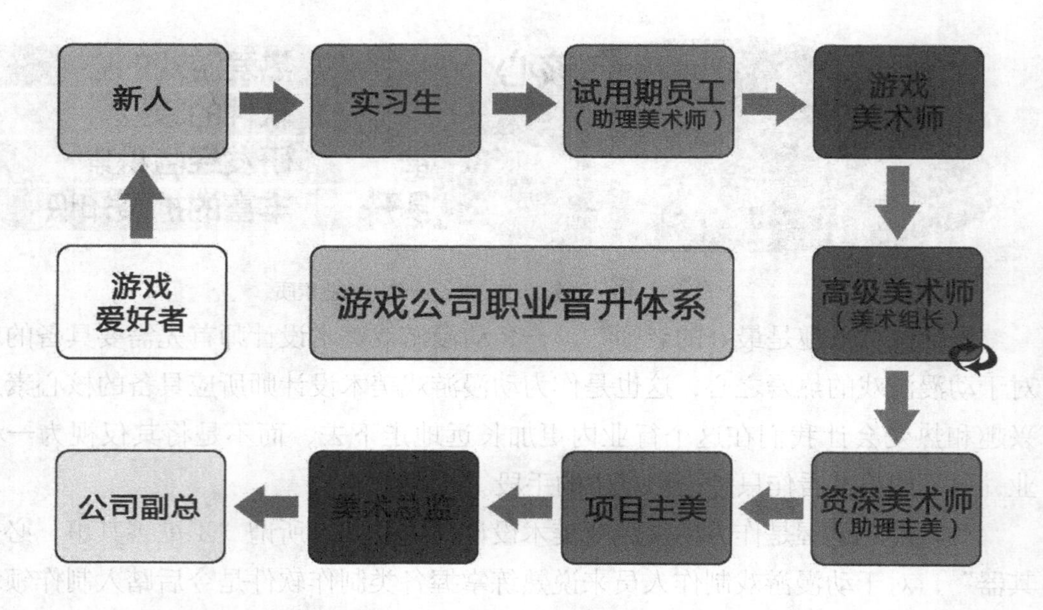

图1-47 游戏公司美术设计师的职业晋升体系

首先，我们作为一名游戏玩家、游戏发烧友或者游戏爱好者，怀抱对游戏的热情及对游戏制作行业的向往，开始了求学之路。通过一定阶段的系统化培训和学习，在掌握了专业知识和软件操作技巧后，成为了一名进入游戏行业的新人，之后通过投简历、应聘和面试等过程成功进入到一线的游戏制作公司当中。如果是以在校学生的身份进入游戏公司的职业岗位职能是实习生，等正式毕业后才能正式转为公司员工。如果是以毕业或者社会人员的状态进入一线游戏制作公司，会直接与公司签约，成为试用期员工，此时的岗位就是助理游戏美术师。

试用期一般为3个月，在试用期中助理美术师一般不会接触大量的工作任务，大多数时间用来了解和掌握项目整体的进度及自己所负责工作的流程。试用期也是一个双向选择的过程，公司用来考查员工的整体素质和能力，而员工也可通过这段时间来了解公司的背景和企业文化等，通过综合因素来判定是否适合日后自身的发展。

试用期通过后，员工会与公司签订正式的就业合同，成为公司正式员工，也就是专职的游戏美术设计师。从这之后可以算正式进入到了公司的核心部门当中，还会接到部门分配的各种工作任务。在这段时间内，个人的专业技能不断得到提升，同时也会积累大量的实际项目经验，个人在团队中的重要性和薪资待遇也会不断提升。

一般经过2~3年的时间就会晋升到高级美术师，也就是项目美术部分组组长的岗位。从这个岗位开始，个人承担的责任也发生了一定的变化和转换，之前仅仅作为一名技术人员，只需要做好自己手头的工作任务即可。而成为组长以后，个人也具备了一定的权利，不仅要做好自己的技术工作，还要协调组内各人员的分工协作，把握整体的工作进度，保证分组的任务及时完成。美术组长是一个晋级提升的岗位，要尽可能地在这个岗位上掌握管理协调能力，为以后职业的发展打下基础。

如果个人能力出众，一般经过3~5年的时间会晋升为资深美术师，也就是助理主美的职务。助理主美相当于副主美，作为主美的左右手主要负责自身项目分属技术业务的管理及制作。之后还能升级为项目主美，项目主美负责整个游戏项目美术团队的管理，不仅要求自身具备资深的业务和技术能力，还要求具备出色的管理才能，能够协调整个美术团队的分工合作，属于整个公司的中层岗位。

在主美之后还有游戏美术设计师的顶头上司——美术总监，这是一个高级管理岗位，负责整个公司所有项目的美术团队的管理。通常来说，美术总监不会直接涉足技术方面的工作，具体的工作任务都会分配给各项目的主美，其工作任务就是整体把控，掌握每一个项目的进度和流程，保证公司的游戏美术团队正常运行。很多公司的美术总监岗位都由公司副总直接兼任，这需要个人具备极高的素质和管理能力，这也应是每一位游戏美术设计师奋斗的目标。想要更多了解游戏制作行业及美术师职业，可以扫描下方二维码（见图1-48）来观看视频课程。

图1-48 《游戏美术设计师之路》视频课程

http://182.92.225.223/web/shareVideo/index.action?id=1000120&ajax=1

1.6 动漫游戏美术设计师的就业前景

随着计算机及网络技术的发展，人们对视觉享受和娱乐的要求越来越高。全球最大的娱乐产品输出国美国，每年的动漫游戏作品和衍生产品的产值达50亿美元。日本则是通过动画片、卡通书和电子游戏三者商业组合，成为全产量最大的动画大国，年营业额越过90亿美元，即便是后起之秀的韩国，其动画产业值也仅次于美国和日本，生产量占全球的30%，是中国的30倍。正是这种与动画发达国家的差距，为我国的动漫游戏行业发展提供了广阔的空间。

随着数码技术广泛应用，人们的文化娱乐消费进入读图时代，影视动漫产品市场总值得到提高，前景看好。如果5~10年后，我国影视动漫产业占国民生产总值中的比重能够由目前的十万分之一提高到百分之一，那么就具有1000亿元产值的巨大发展空间。目前我国的动漫产业人才还不足8000人，其缺口高达100万以上。

我国的游戏业起步并不算晚，从20世纪80年代中期台湾游戏公司崭露头角到90年代大陆大量游戏制作公司的出现，也发展了近30年的时间。在2000年以前，由于市场竞争和软件盗版问题严重，我国游戏业始终处于旧公司倒闭与新公司崛起的快速更替之中。当时由于行业和技术限制，几个人便可以组成团队去开发一款游戏，当游戏公司运作出现问题或者倒闭后，他们便会进入新的游戏公司继续从事游戏研发，所以早期游戏行业中从业人员的流动基本属于“圈内流动”，很少有新人进入这个领域，或者说也很难进入这个领域。

2000年以后，我国网络游戏开始崛起并迅速发展为游戏业内的主流力量，出现了许多大型的专业网络游戏代理公司，如盛大、九城等。由于硬件和技术的发展，网络游戏的研发再不是单凭几人就可以完成的项目，需要大量专业的游戏制作人员，之前的“圈内流动”模式显然不能满足市场的需求，于是许多相关领域的人士，如：建筑设计行业、动漫设计行业及软件编程人员等都纷纷转行进入了这个朝气蓬勃的新兴行业当中。然而对于许多大学毕业生或者完全没有相关从业经验的人来说，游戏制作行业仍然属于高精尖技术行业，一般很难达到其入门门槛，所以国内游戏行业从业人员开始了另一种形式上的“圈内流动”。

从2004年开始，由于世界动漫及游戏产业发展迅速，国家及政府高度关注和支持国内相关产业，大量民办动漫游戏培训机构如雨后春笋般出现，一些高等院校也陆续开设电脑动画设计和游戏设计类专业，这使得那些怀揣有游戏制作梦想的人可以很容易地接触到专业培训，之前的“圈内流动”现象也彻底被打破，国内游戏行业的入门门槛放低到了空前的程度。

虽然这几年有大量的新人涌入到了游戏行业，但整个行业的人员需求饱和度不仅没有减少，相反还是处于日益增加的状态，我们先来看一组数据。2009年中国网络游戏市场实际销售额为256.2亿元，年比增长39.4%。2011年，中国网络游戏市场规模为468.5亿元，同比增长34.4%，其中互联网游戏为429.8亿元，同比增长33.0%，移动网游戏为38.7亿元，同比增长51.2%，预计到2015年中国网络游戏行业产值将会突破千亿元。受金融危机的影响，全球的互联网和IT行业普遍处于不景气的状态，但我国的游戏产业在这一时期不仅没有受到影响，相反还显出强劲的增长势头。

就拿游戏制作公司来说，游戏研发人员主要包括三类：企划、程序和美术。在美国这三种职业所享受的薪资待遇从高到低分别为：程序、美术、企划，游戏美术设计师可以拿到的年薪平均在6~8万美元。国内由于地域和公司的不同薪资的差别比较大，但整体来说薪资水平从高到低仍然是：程序、美术、企划，从行业内人员的需求比例来说，从高到低依次为美术、程序、企划，所以综合考虑，游戏美术设计师在游戏制作行业是非常好的就业选择，其职业前景也十分光明。

2010年以前，我国网络游戏市场一直是客户端网游的天下，但近年来网页游戏、手机游戏发展非常快，页游逐渐成为网络游戏的主力，智能手机和平板电脑的快速普及，使得移动游戏同样发展迅速。2011年我国互联网游戏用户总数突破1.6亿人，同比增长33%，其中，网页游戏用户持续增长，规模为1.45亿人，增长率达24%，移动网下载单机游戏用户超过5100万人，增长率达46%，移动网在线游戏用户数量达1130万人，增长率高达352%。相信在未来网页游戏和手机游戏行业的人才需求将会不断增加，游戏产业拥有更加广阔的前景。

面对如此广阔的市场前景，动漫游戏美术设计从业人员可以根据自己的特长和所掌握的专业技能来选择适合的就业方向，无论选择哪一条道路，只要通过自己不断地努力最终都将会在各自的岗位上绽放出绚丽的光芒。

CHAPTER

02

动漫游戏 3D角色设计理论

2.1 动漫游戏角色设计概论

任何一门艺术都有区别于其他艺术的显著的艺术形态特点。动漫游戏的最大特征就是参与感和互动性。因为动漫游戏作品中的角色作为其主体表现形式，承载了用户的虚拟体验过程，是动漫游戏作品中的重要组成部分，所以，它的角色设计直接关系到作品的质量，是动漫游戏产品研发中的核心内容。

动漫作品中的角色（见图2-1），顾名思义，是指一部动漫作品中的表演者，其造型设计是指对动漫作品中所有角色造型、服装服饰、常用道具等进行的创作及设定的过程。动画片作为影视创作的一个独特类型，其中的角色形象如同真人演出的电影电视一样，它们担负着演绎故事、推动戏剧情节及揭示人物性格、命运和影片主题的重要任务。一部动漫作品的灵魂就是动漫角色形象，优秀的动漫角色凭借奇特、夸张的造型设计，幽默、机智的性格特征，积极乐观的人生态度及丰富的人文内涵而赢得了各个年龄阶层的喜爱。一部作品的成功首先必须是角色塑造的成功，随着时间的流逝，作品中的情节会在记忆里渐渐模糊和淡去，但造型生动有趣、性格独特的动漫角色却能够被牢牢地记住。

图2-1 任天堂公司的明星角色马里奥

在各种类型的动漫作品创作环节中，角色造型设计是整个影片的前提和基础，它们主导着整个动漫作品的情节、风格、趋势等。动漫作品中角色的意义不仅仅局限于作品本身，类似于电影明星的广泛社会影响，优秀的动漫角色造型同样有着独立于影片之外的意义和价值。通常在常规的商业动漫创作流程中，角色造型设计是在完成商业策划、创意和剧本创作之后重要的创作环节，是动漫前期创作阶段的起点和美术设计工作中最先开始的、最重要的部分。角色造型设计不仅是后面创作的基础和前提，而且决定了影片的艺术风格和艺术质量，进而影响着影片的制作成本与周期。

夸张、幽默是动漫角色形象最主要的特点，也是其最主要的表现手法，它们增加了动画的娱乐性，也是动漫设计的灵魂。动漫作品中的角色造型设计主要借鉴漫画的特征，其形象的比例关系、形态、动态、表情处理等都十分夸张，强调平面的影像效果（见图2-2）。色彩单纯倾向符号化的表现，概括简洁，具有幽默风趣的艺术特点，往往比现实的形象更亲切可爱。写实风格的角色造型设计的处理、比例关系等基本以自然中的物象为基准，这类形象比较贴近生活，容易让观众产生共鸣；拟人化风格的角色造型手段可以说是动漫角色造型创作最基本的方式之一，主要体现在动物、植物的拟人化上，通过充分发挥想象力，模糊动物与人之间的界限，赋予非生命物体以生命和人的特征，比如米老鼠和唐老鸭等。抽象化风格的角色，其特点是简单、无拘束、造型抽象、符号化、随意性比较强，非主流动漫或实验动画影片多采用此类造型风格。

图2-2 夸张的动漫形象

动漫造型与其他造型艺术不同，它是多体面的展示而非单一体面的表现，故需要从形象的正、背、侧、仰、俯等多种角度去审视，并画出角色转面图（见图2-3），清晰表达出角色在不同角度观察下的形体结构关系。动漫角色形象的符号化也是其特征，常常以单纯、简洁的造型为基础，目的是强调造型特征的认知度。

运用一些简洁的造型元素，较容易形成符号化的特征，如米老鼠的造型基本由三个圆构成，而加菲猫最突出的莫过于总是半闭着的双眼和与众不同的胡子。符号化能使角色造型有明显的个性特征，也有利于对动漫作品整体造型风格的统一。

图2-3 动漫角色的转面设计图

在多个角色的动漫形象组合的造型设计中，有意将不同角色的造型形态、体量等产生差异，目的是强化组合时的趣味性和戏剧效果。例如美国米高梅公司制作于20世纪60年代中期的《汤姆和杰瑞》中的猫和老鼠的角色造型，其个性形态、体积对比的巨大反差所构成的矛盾冲突与趣味性效果，体现出角色组合关系的重要性。

另外，确定好各个角色之间的比例关系也至关重要，在设计表现中所画的角色比例图（见图2-4），体现了主要角色之间的比例关系，同时也为导演、分镜头画面设计、设计稿等部门的工作提供了合理想象的基础。

在商业动漫作品操作过程中，作品创作体现出了较长的创作周期和大规模的团队合作这两个特点，所以具体规范一整套细致、完整的设计稿是非常重要的，在设计表现时需要画好角色设计稿、角色结构分析图、角色转面图、角色动态、表情图、角色动态、表情图、角色口型图、角色细节设计图和特殊情境设计图、人景关系图、色彩设定稿等。这些角色设计规范图有效地确保了影片质量和制作周期的可控性，同时为各个环节的密切合作提供了重要的依据。

图2-4 角色比例设计图

游戏作品当中的角色从整体来说分为3种类型：主角、NPC和怪物。主角是指游戏中玩家操作的游戏角色，它既包括自己操作的角色，也包括别的玩家所操作的游戏角色；NPC是指游戏中的非玩家角色（不能与玩家发生战斗关系），通常玩家会通过NPC来完成某些游戏交互功能，如对话、接任务、买卖等（见图2-5）；游戏中的怪物是指与玩家对立敌对关系的非玩家角色，通常来说怪物与玩家之间的关系只有战斗，玩家可以通过与怪物的战斗获得升级经验及奖励等。

图2-5 游戏中玩家与NPC之间的对话交互

虽然每一个游戏作品都有自己的风格和特色，但从整体来看，游戏的画面风格可以分为写实类和Q版两种形式，所以游戏角色的风格也可以以此进行分类。这两种风格的区别主要体现在角色的身材比例上，写实类游戏角色是以现实中正常人体比例为标准设计制作的，通常为8头身或9头身的完美身材比例，而Q版角色通常只有3头身到6头身这样的形体比例（见图2-6）。

图2-6 写实和Q版风格游戏角色

游戏作品中的角色相对于动漫作品来说更具有客观性，游戏作品中的角色都是以自身形象客观出现在游戏场景当中的，所以对于游戏角色的设计除了其自身形象外，还要考虑到角色的故事背景及所处的场景等相关信息。设计师需要根据角色策划剧本，通过对文字的反复研究，从中了解游戏的整体性，然后参考各种素材和资料，对文字描述的角色进行草稿绘制，这些设定包括角色的种族、职业、性格及装备等。

通过对人体基本骨骼、肌肉和形体比例的了解，衍生出各种不同种族的生物，比如精灵、矮人、兽人等。例如：精灵族身材高挑，肤色各异，居住于深山丛林之中，适应夜间作战；矮人族身材粗短，肌肉发达，用重型铠甲武装自己，往往喜欢冲锋陷阵；兽人族比人类略高，身材强壮，肌肉线条明显，好战嗜血，能使用各种武器，擅长地面作战（见图2-7）。另外，对于不同种族的生物都有属于自身的种族背景和文化，同时也有不同身份、地位和阶级等区分。

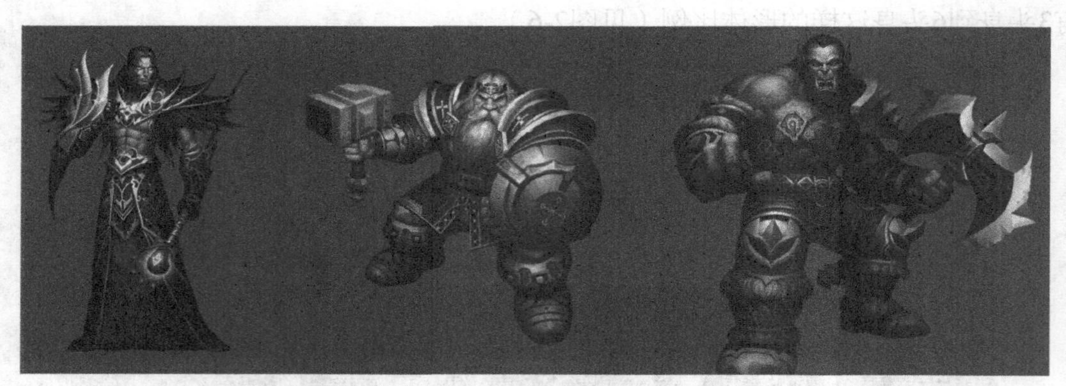

图2-7 游戏中不同种族的角色设定

另外，对角色道具、服装和装备的设定也是设计游戏角色的核心内容。在虚拟的游戏里，各种角色不一定是为了保护身体才穿着衣服，服装和装备在一定程度上也能体现出角色所处环境的人文背景。这就使得设计师们在设计角色装备时，不仅要考虑到如何搭配，更要想方设法地体现服饰所代表的角色性格、内涵及身份地位，而且还要结合游戏的时代背景来设计，这样才能设计出符合游戏世界观的装备外观。而游戏中NPC等非玩家角色的服装和装备也能体现出角色自身的性格特点，如暖色调的服装和装备配色能够让角色显得热情、阳光和正面，相反冷色调的颜色搭配会让角色显得阴险和狡诈（见图2-8）。

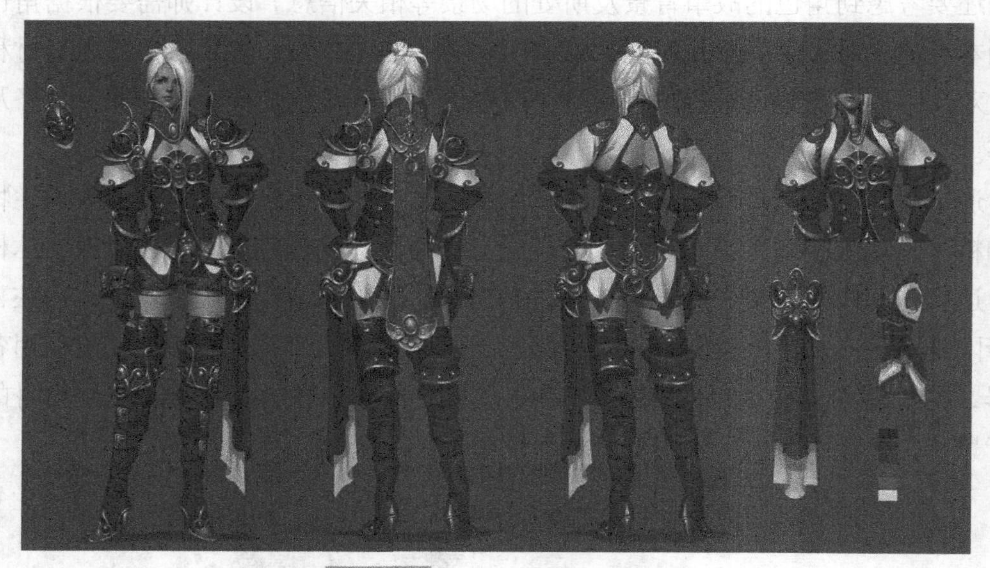

图2-8 游戏角色服装和装备设计

2.2 3D角色设计与制作流程

3D角色的设计与制作是一个系统的流程，无论是3D动画还是游戏，其整体流程和思路都基本一致，主要分为：原画设计、模型制作、模型材质和贴图制作、骨骼绑定与动作调节等步骤。本节我们就针对3D角色的设计与制作流程进行讲解。

进行3D角色制作的第一步是需要首先进行原画的设定和绘制，3D角色原画通常是将策划和创意的文字信息转换为平面图片的过程。图2-9为一张角色原画设定图，图中设计的是一位身穿金属铠甲的女性角色，设定图从正面和背面清晰地描绘了角色的体型、身高、面貌及所穿的装备服饰。由于金属铠甲腿部有部分被靴子覆盖，所以在图片左下角还画有完整的腿甲图示，除此以外，图中还有装饰纹样及角色武器的设定。通过这样多方位、立体式的原画设定图，后期的3D制作人员可以很清楚地了解自己要制作的3D角色的所有细节，这也是原画设定在整个流程中的作用和意义。

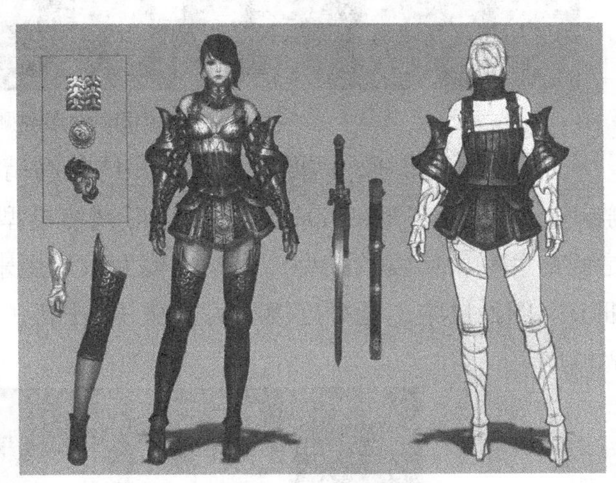

图2-9 角色原画设定图

角色原画设定完成后，3D制作人员就要针对原画进行3D模型的制作。3D动画角色模型通常利用Maya软件来制作，3D游戏角色模型通常利用3ds Max来进行制作。我们首先需要制作一个高精度模型，可以直接利用3D软件来进行制作，还可以先在3D软件中制作一个具有基本形态的低精度模型，然后通过Zbrush等3D雕刻类软件制作出模型的高精度细节（见图2-10）。

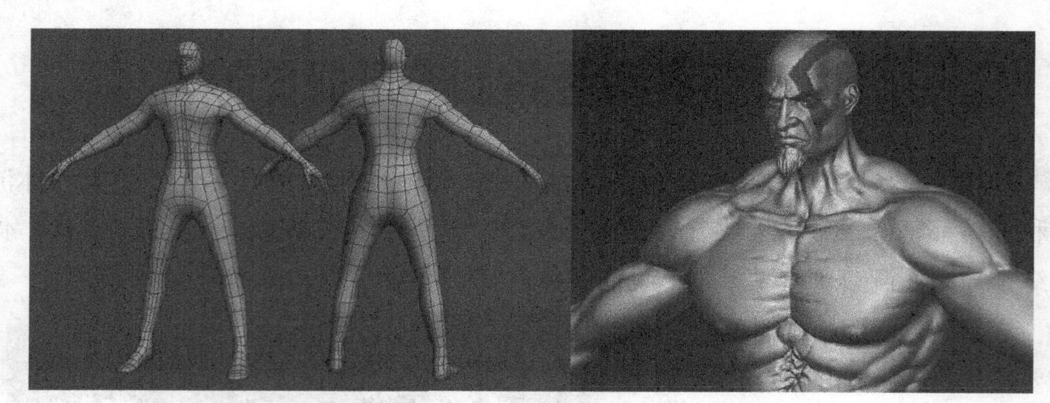

图2-10 利用Zbrush软件雕刻高精度模型

如果是3D动画，需要直接利用完成的高精度模型来进行后面的制作。对于3D游戏，我们还需要在3D软件中进行低精度模型的制作，因为游戏中最终使用的都是低精度和中精度的模型，高精度模型只是用来烘焙和制作法线贴图，增强模型的细节。图2-11中是低精度模型添加法线贴图后的效果，下面分别是模型的法线和高光贴图。

图2-11 添加法线贴图的模型效果

模型制作完成后，需要将模型的贴图坐标进行分展，保证模型的贴图能够正确显示（见图2-12），之后就是模型材质的调节和贴图的绘制过程了。对于3D动画角色模型，我们需要对其材质球进行设置，保证不同贴图效果的质感，以实现最后渲染完美的效果。对于3D游戏角色模型无需对材质球进行复杂设置，只需要为其不同的贴图通道绘制不同的模型贴图，比如：固有色贴图、高光贴图、法线贴图、自发光贴图及Alpha贴图等（见图2-13）。

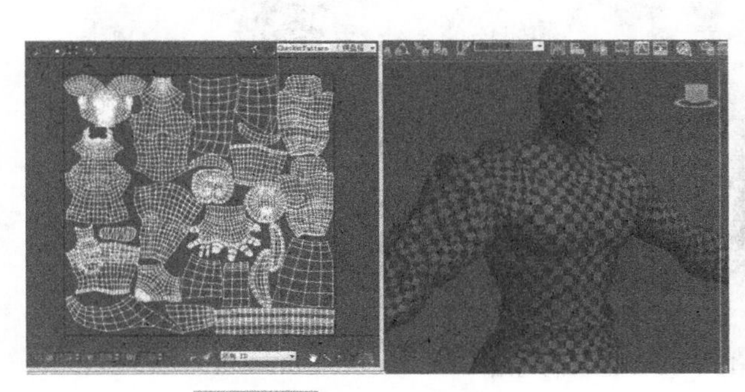

图2-12 分展模型的UV坐标

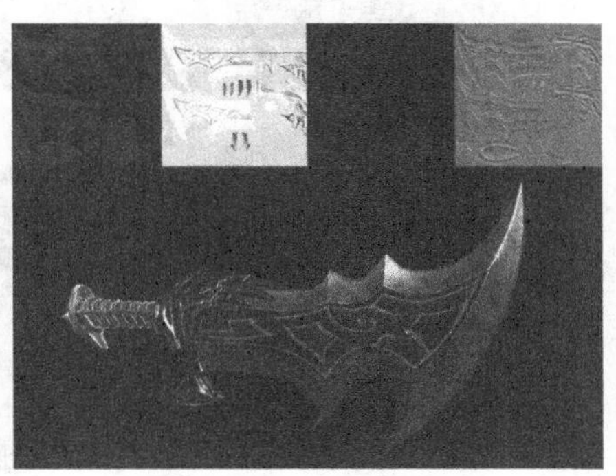

图2-13 绘制模型贴图

模型和贴图都完成后，我们需要对模型进行骨骼绑定和蒙皮设置，通过3D软件中的骨骼系统对模型实现可控的动画调节（见图2-14）。骨骼绑定完成后我们就可以对模型进行动作调节和动画的制作，如果是3D游戏角色模型，最后调节的动作都需要保存为特定格式的动画文件。如果是制作3D动画，不仅需要调节角色身体的动作，还需要制作表情动画（见图2-15），同时要设置摄像机机位及灯光，最后通过渲染输出为动画视频或序列帧图片。

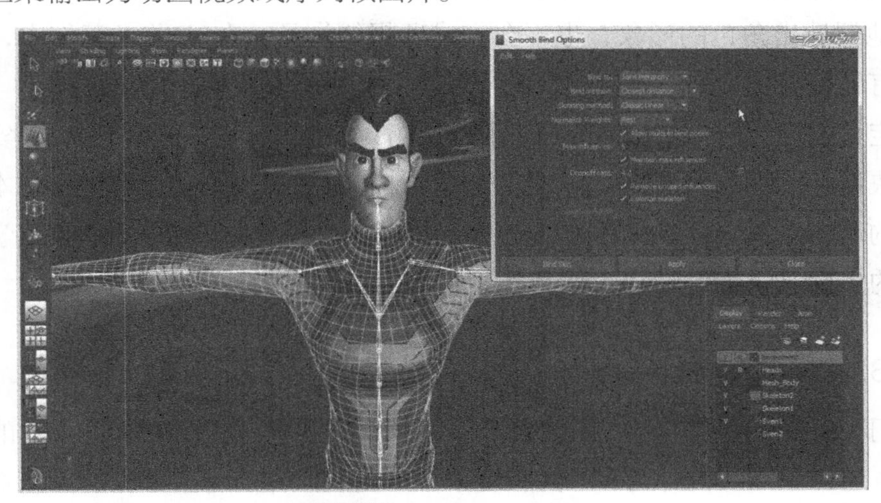

图2-14 3D角色骨骼的绑定

图2-15 3D角色表情动画

2.3 人体形体及结构基础知识

对于3D角色制作来说，了解生物形体的概念、结构和比例是实际制作前必须要掌握的内容，这就如同美术学院新生学习素描和色彩课前所学的解剖学一样。当我们在制作角色模型时，如果缺乏解剖学知识的引导，往往会感到无从入手，即使能勉强地塑造出角色的形象，也不会完成理想的作品。在3D美术工作中，解剖学知识的有无和多少从某种意义上来说，对创作起着决定性的作用。

一定的生物解剖学知识可以帮助我们更好地把握角色的模型结构，在实际制作时能够快速、清晰地创建模型框架，从而更加精确地深入细化模型结构。本节将针对人体的形体比例、骨骼和肌肉结构进行讲解，从艺术人体解剖学的角度学习和了解人体的生物学概念和知识，为后面建模打下基础。

2.3.1 人体形体比例

我们在研究生物形体结构前必须要清楚生物的整体的比例状况。人体的整体比例关系，通常是以人自身的头长为长度单位来测量人体的各个部位的，也就是通常所说的头身比例。每个人都有自己的长相，高矮胖瘦不尽相同，其比例形态也因人而异。通常我们以生长发育正常的男性中青年平均数据为例。

正常的人体比例约为7个半头身比，完美的人体比例为8头身比例。7个半头身比例的人体从下往上量，足底到膑骨为两个头长，再到髂前上棘是两个头长，再到锁骨又是两个头长，剩下的部分1个半头长（见图2-16）。当然在实际中不一定是从下往上量，基本来说手臂的长度是3个头长，前臂是1个头长，上臂是4/3个头长，手是2/3个头长，肩宽接近两个头长，庹长（两臂左右伸直成一条直线的总长度）等于身高，第七颈椎到臀下弧线约3个头长，大转子之间1个半头长，颈长1/3头长。

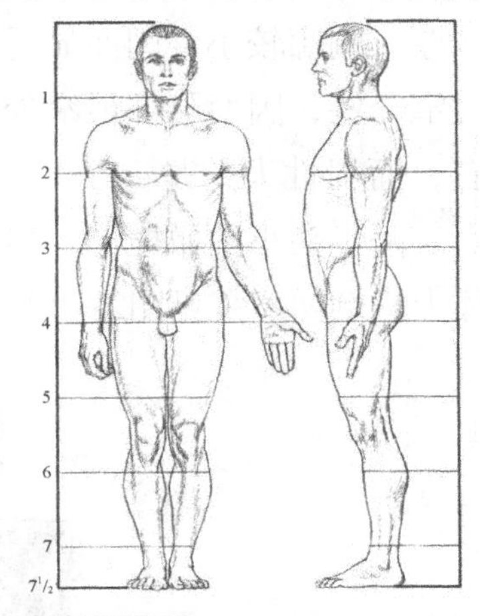

图2-16 人体7.5头身比例图

8头身人体比例分段为：头自高，下巴至乳头，乳头至脐孔（上），脐孔至耻骨联合，耻骨联合至大腿中段，大腿中段至膝关节，膝关节至小腿中段，小腿中段至足底（见图2-17）。

一般来说，身高比例的不同主要区别在下肢，头和躯干差别不大，而四肢的长度则相差很远。8个头长的人体上肢的总长度超过3头长，其比例与7个半头长的人一样，仍然是前臂：上臂：手=3/3：4/3：2/3，只是不以头长为单位。身高比为7个头长以下的人体，其上肢不足3个头长，也不宜以头长为单位来量，但其上肢自身的比例也与上述比例相同。8个头长的人体，肩宽两头（包括三角肌在内），当他平展双臂时，上肢加肩的总长度与身高相等，正好是8个头长，这时肩部就没有两个头长了，因为原来肩部的长度和上肢的长度有一段在三角肌上重叠了。其他身高比例的人体也是如此，否则肩的宽度加上上肢的长度就不等于身高了，8个头长的人体下肢总长度正好是4个头长。当然，以上比例只是就一般而言，对于不同的个体来说，其各部分的比例都有所不同，千人千面，千姿百态。下面我们就来了解一下不同人体形体比例的区别。

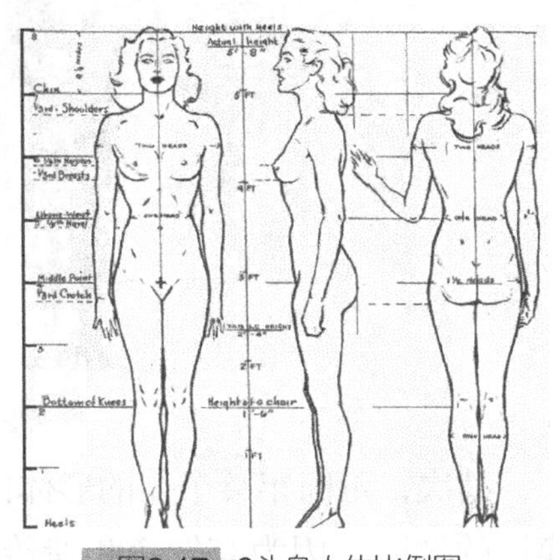

图2-17 8头身人体比例图

首先，人体由于性别的差异在形体比例上存在很大的不同。从骨骼上看，男性骨骼大而方，胸廓较大，盆骨窄而深，女性骨骼小而圆滑，胸廓较小，盆骨大而宽。男女肌肉结构差异不大，只是男性肌肉发达一些，女性脂肪丰厚一些。但是女性无论胖瘦，其体型与男性都不一样，典型的女性形体的臀线宽于肩线，髋部脂肪较厚，胸廓较小，因而显得腰部比例向上一些。而男性腰部肌肉相对结实，髋骨相对窄一些，因而腰部最窄处较下一些，从躯干到下肢较直。女性腰部在一个头宽左右，而男性大约是一个半头宽。女性身材整体形态因髋部大、胸廓小而形成中间大、两半头小的橄榄形。男性躯干到下肢显得平直，胸廓大髋骨窄，肩宽臀窄，整体上呈倒梯形（见图2-18）。

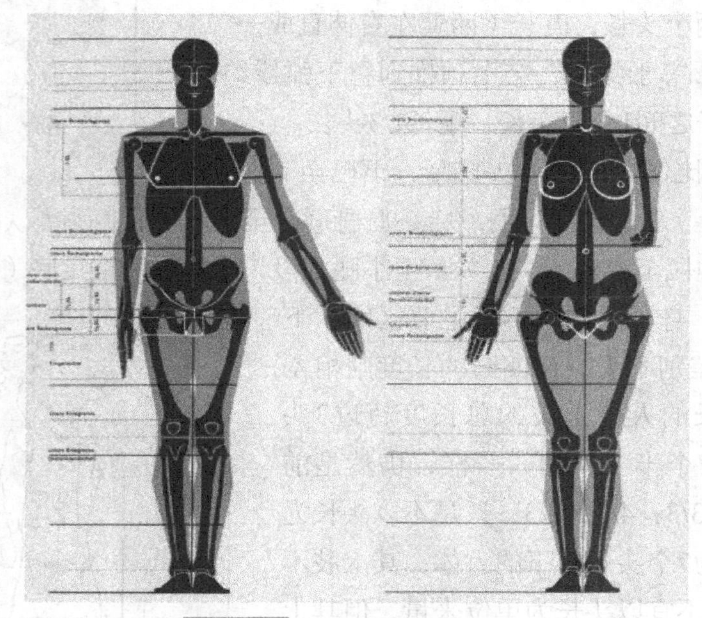

图2-18 男女人体形体比例差异

其次，不同年龄个体的形体比例也有较大差异。不同年龄的比例划分是个比较模糊的概念，因为有发育和遗传等因素的影响，它也只能是一个参考数值。以自身头长为原尺来算，1~2岁个体为4个头长，5岁左右为5个头长，20岁左右为6个头长，15岁左右为7个头长，18~20岁为7.5~8个头长。

儿童在各个年龄段的头长也都不一样，新生儿大约13cm，1岁时约16cm，5岁时约19cm，10岁时约21cm，15岁时约22cm。不同年龄的身高，一般是：新生儿约50cm，1岁约65cm， 5岁约100cm，10岁约130cm，15岁约160cm。儿童和成人的身高比例，一般是：1岁以前大约只有成人的1/3，3岁是成人的1/2，5岁是成人的4/7，10岁是成人的3/4。

成人的身高比，以头长为单位可以找到许多体表标记作为对应点，而儿童以头为单位则难以找到许多相应的体表标记，因此在表现儿童时就应该从对应关系着手。儿童头部较大，这个“大”是相对身体而言的，手足的“大”是相对四肢而言的，如果与头部相比，手足反而显得小。婴幼儿四肢粗短，手足肥厚，儿童四肢短小是相对全身而言的，主要是头部大造成的，如果不看头部，小孩四肢与躯干的比例，同成人相似。这也就是成人在扮演小孩角色时，只要戴上个胖头面具就惟妙惟肖的诀窍。而老年人由于骨骼之间的间隙质老化萎缩，形成驼背，因此，身高比青年时要低，往往不足7个半头长（见图2-19）。

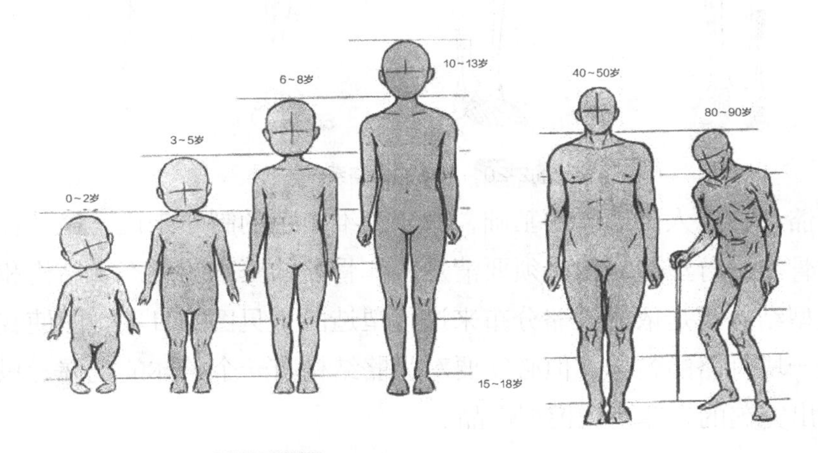

图2-19 不同年龄的人体形体比例差异

除此之外，不同的种族之间人体比例也存在差异，总体来说：白种人躯干短，上肢短，下肢长；黄种人躯干长，上肢长，下肢短；黑种人躯干短，上肢长，下肢长。人体比例在种族上的差别女性比男性明显。

 2.3.2 人体骨骼结构

骨骼化是生物结构复杂化的基础，骨骼系统是组成生物体内骨骼的坚硬器官，起到运动、支持和保护身体的重要作用。骨骼有各种不同的形状，有复杂的内在和外在结构，使骨骼在减轻身体重量的同时能够保持坚硬。

人体的骨骼具有支撑身体的作用，其中的硬骨组织和软骨组织皆是人体结缔组织（硬骨是结缔组织中唯一细胞间质较为坚硬的）。成人有206块骨头，而儿童的较多有213块。成人的206块骨通过连接形成骨骼，人体骨骼两侧对称，中轴部位为躯干骨有51块，其顶端是颅骨有29块，两侧为上肢骨有64块，下肢骨62块（见图2-20）。

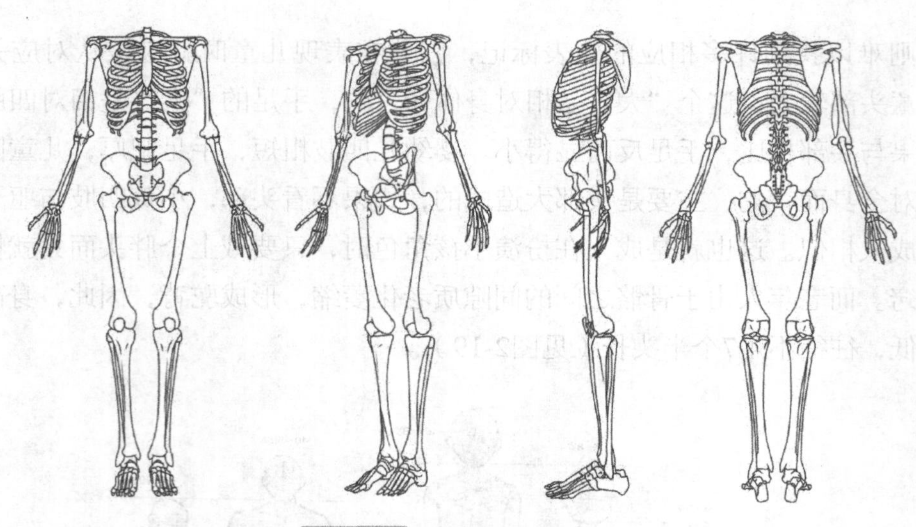

图2-20 人体的骨骼系统

人体骨骼是构成人类形体的基础，对于三维角色的制作来说，虽然在建模的过程中无需对骨骼进行塑造，但必须要清楚人体骨骼的基本的形态、结构和分布，所有人体的模型结构都是依照骨骼分布来进行塑造的（见图2-21）。即使我们没必要清晰记住每一块骨骼的名称，但必须要对骨骼结构有一个整体的把握，只有这样才能成功塑造出完美的人体角色模型作品。

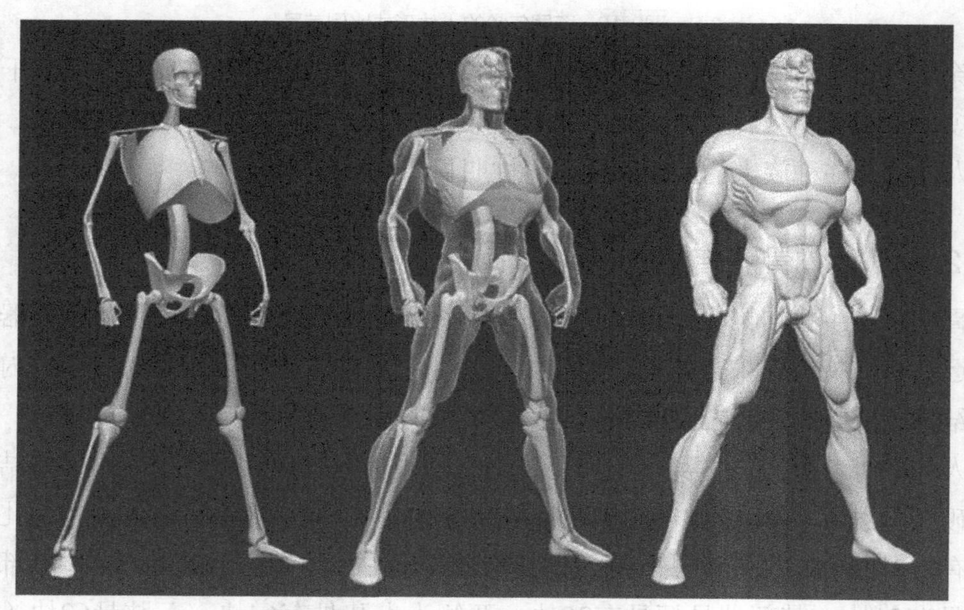

图2-21 依照骨骼结构进行模型形体塑造

2.3.3 人体肌肉结构

人体的运动是由运动系统实现的，运动系统由骨骼、肌肉及关节等构成。骨骼构成人体的支架，关节使各部位骨骼联系起来，而最终是由肌肉收缩放松来实现人体的各种运动。全身肌肉的重量约占人体总重的40%（女性约为35%），人们的坐立行走、说话写字、喜怒哀乐的表情，乃至进行各种各样的工作、劳动、运动等，无一不是肌肉活动的结果。 由于人体各部位肌肉的功能不同，因此骨骼肌发达程度也不一样。为了维持身体直立姿势，背部、臀部、大腿前面和小腿后面的肌群特别发达，上下肢分工不同，肌肉发达程度也有差异，上肢为了便于抓握以进行精细的劳动，上肢肌数量多，细小灵活，下肢起支撑和位移作用，因而下肢肌粗壮有力。

肌肉按形态可分为长肌、短肌、阔肌和轮匝肌四类。每块肌肉按组织结构可分为肌质和肌腱两部分。肌质位于肌肉的中央，由肌细胞构成，有收缩功能。肌腱位于两端，是附着部分，由致密结缔组织构成。每块肌肉通常都跨越关节附着在骨面上，或一端附着在骨面上，另一端附着在皮肤上。一般将肌肉较固定的一端称为起点，较活动的一端称为止点（见图2-22）。

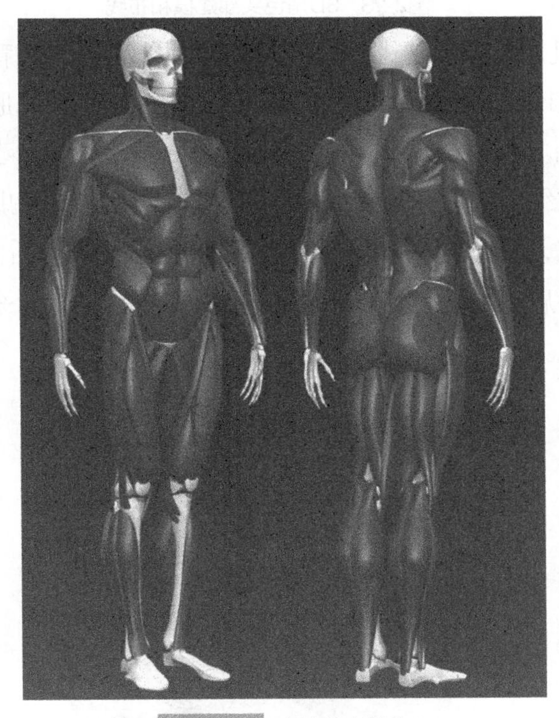

图2-22 人体肌肉结构

人体全身的肌肉可分为头颈肌、躯干肌和四肢肌。头颈肌可分为头肌和颈肌。头肌可分为表情肌和咀嚼肌。表情肌位于头面部皮下，多起于颅骨，止于面部皮肤。肌肉收缩时可牵动皮肤，产生各种表情。咀嚼肌为运动下颌骨的肌肉，包括浅层的颞肌和咬肌，深层的翼内肌和翼外肌。了解头部肌肉结构对于角色模型头部建模和布线有十分重要的作用（见图2-23）。

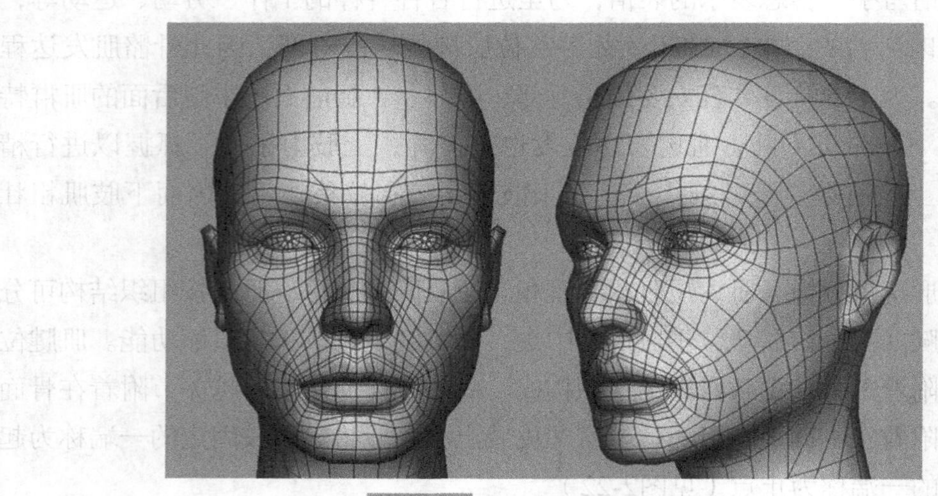

图2-23 3D角色头部建模和布线

躯干肌包括背肌、胸肌、膈肌和腹肌等（见图2-24）。背肌可分为浅层和深层。浅层有斜方肌和背阔肌。深层的肌肉较多，主要有骶棘肌。胸肌主要有胸大肌、胸小肌和肋间肌。膈肌位于胸腹腔之间，是一扁平阔肌，呈穹窿形凸向胸腔，是主要的呼吸肌，收缩时助吸气，舒张时助呼气。腹肌位于胸廓下部与骨盆上缘之间，参与腹壁的构成，可分为前外侧群和后群。前外侧群包括位于前正中线两侧的腹直肌和外侧的三层扁阔肌，这三层阔肌由浅而深依次为腹外斜肌、腹内斜肌和腹横肌，后群有腰方肌。

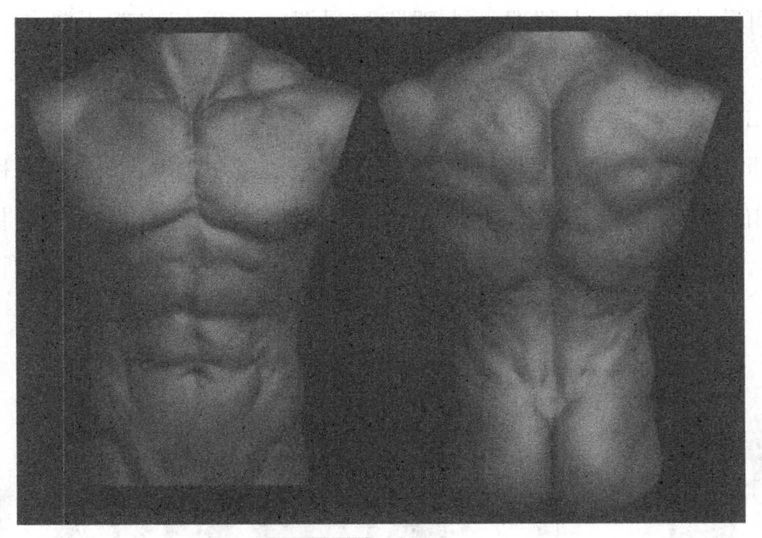

图2-24 人体躯干肌

四肢肌可分为上肢肌和下肢肌。上肢肌结构精细，运动灵巧，包括：肩部肌、臂肌、前臂肌和手肌。肩部肌分布于肩关节周围，有保护和运动肩关节的作用，其中较重要的有三角肌。臂肌均为长肌，可分为前后两群，前群为屈肌，有肱二头肌、肱肌和喙肱肌，后群为伸肌，为肱三头肌。前臂肌位于尺骨、桡骨的周围，多为长梭形肌，可分为前、后两群，前群为屈肌群，后群为伸肌群。手肌位于手掌，分为外侧群、内侧群和中间群（见图2-25）。

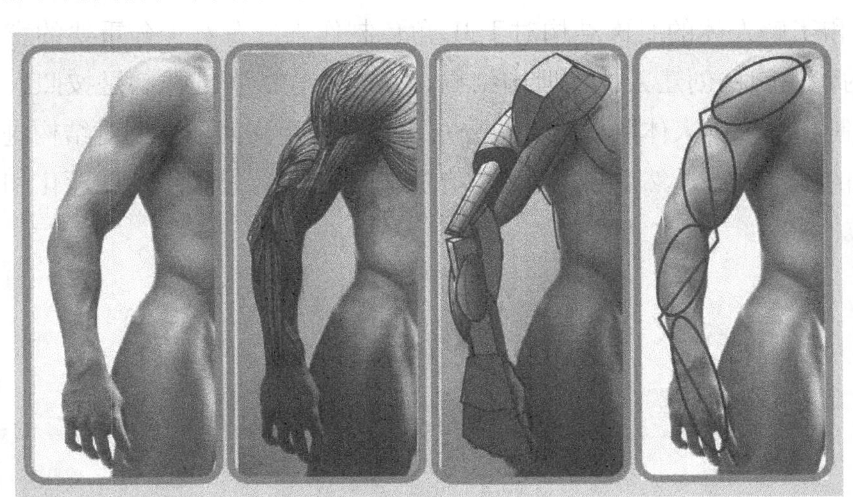

图2-25 人体上肢肌肉

下肢肌可分为髋肌、大腿肌、小腿肌和足肌。髋肌起自躯干骨和骨盆，包绕髋关节的四周，止于股骨，按其部位可分为两群：髋内肌位于骨盆内，主要有髂腰肌、梨状肌和闭孔内肌；髋外肌位于骨盆外，主要有臀大肌、臀中肌、臀小肌和闭孔外肌。大腿肌分为前、内、后三群，分别位于股部的前面、内侧面和后面。前群有股四头肌和缝匠肌。内群位于大腿内侧，有耻骨肌、长收肌、短收肌、大收肌和股薄肌等。后群包括外侧的股二头肌和内侧的半腱肌、半膜肌。小腿肌可分为前、外、后三群。足肌可分为背肌与足底肌（见图2-26）。

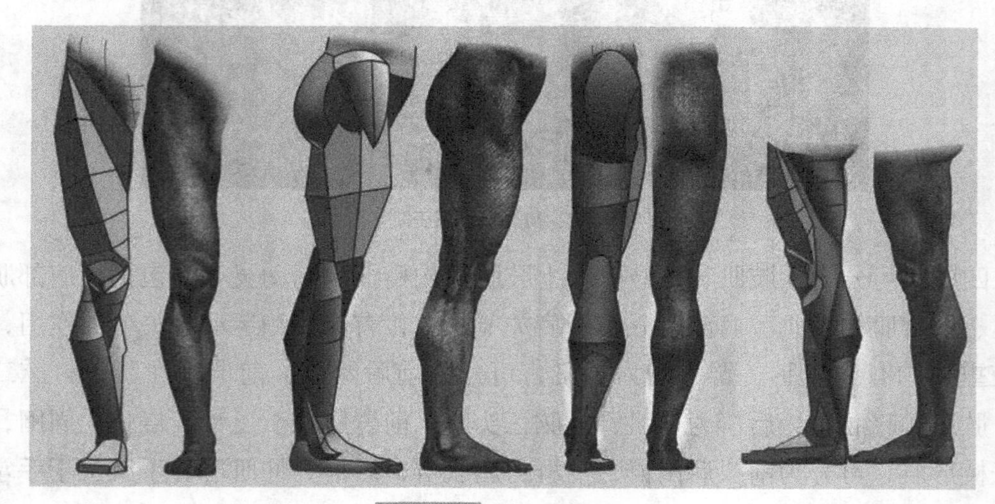

图2-26 人体下肢肌肉

学习和了解人体的肌肉结构对于3D角色制作来说有着十分重要的意义，因为3D角色的建模就是创建人体的肌肉结构，其布线方法和规律都是按照人体的肌肉分布进行制作。根据人体肌肉的大块分布，首先利用几何体模型对结构进行归纳，创建模型的基本形态，然后再根据具体的肌肉结构进行模型细节的深化和塑造（见图2-27）。

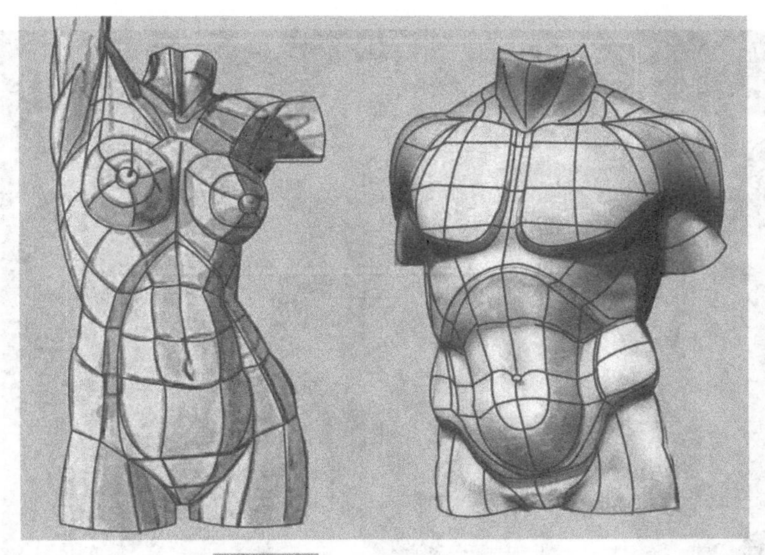

图2-27 根据肌肉结构进行布线

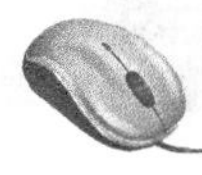

2.4 3D角色模型制作要求及规范

无论是应用于3D动画还是3D游戏中的角色模型，在制作的时候都必须要遵循一定的规范和要求，尤其是3D游戏角色模型，由于受到游戏引擎和电脑硬件等多方面的限制，其模型在布线和面数等方面有着更加严格的制作要求。

首先，在进入正式的模型制作之前，我们要针对角色的原画设定图仔细分析，掌握模型的整体比例结构及角色的固有特点，以保证后续整体制作方向和思路的正确性。

无论是3D动画角色模型还是游戏角色模型，其模型布线不仅要清晰突出模型自身的结构，而且整体布线必须有序和工整，模型线面以三角形和四边形为主，不能出现四边以上的多边形面，同时还要考虑后续的UV拆分及贴图的绘制，合理的模型布线是3D角色制作的基础（见图2-28）。

图2-28 3D角色模型布线

对于3D动画而言，在模型面数制作上并没有过多的要求，通常来说，3D动画角色模型都制作成高精度模型，然后通过后期渲染来完成动画的制作。而对于游戏角色模型来说，由于游戏中的图像属于即时渲染，不能在同一图像范围内出现过多的模型面数，所以3D游戏角色模型在制作的时候都以低精度模型来呈现，也就是我们通常所说的低模。下面我们就来了解一下3D游戏角色低模的制作要求。

对于3D游戏尤其是网络游戏来说，在进行模型制作的时候，要严格地遵守模型的面数限制（面数多少的限制一般取决于游戏引擎）。如何使用低模去塑造复杂的形体结构，这就需要对于模型布线的精确控制及后期贴图效果的配合。模型上有些结构是需要拿面去表现的，而有些结构则可以使用贴图去表现，见图2-29，这个模型的结构十分简单，其细节的装饰结构完全是用贴图来表现的，这样的模型的面数虽然很低，但仍可以达到理想的效果。

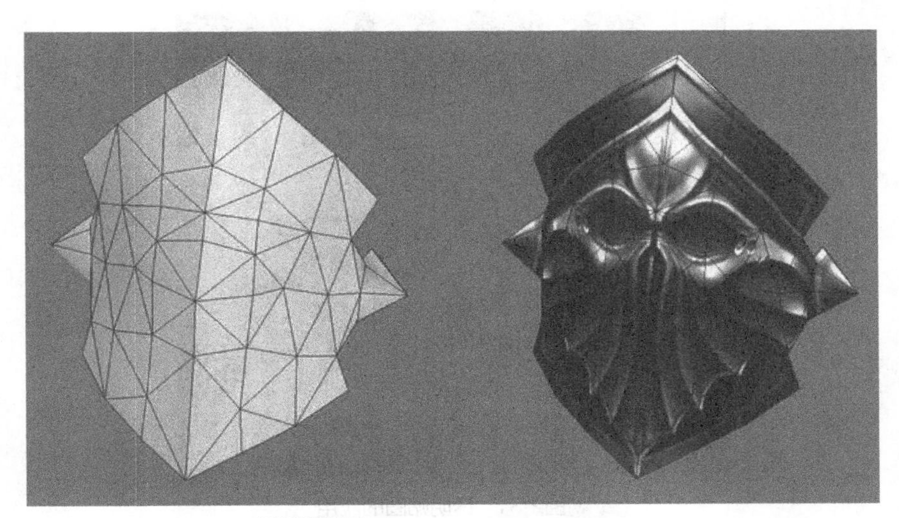

图2-29 低模利用贴图表现模型结构

另外，为了进一步降低模型面数，在模型制作完成后，我们可以将从外表看不到的模型面都进行删除，如角色头盔、衣服或装备覆盖下的身体模型等（见图2-30）。这些多余的模型面数不会为模型增加任何可视效果，但如果删除将大大节省模型面数。

图2-30 删除多余的模型面

除此以外，透明贴图也是节省模型面数的一种方式。透明贴图也叫做Alpha贴图，是指带有Alpha通道的贴图，在游戏角色模型的制作中主要是用在模型的边缘处，如头发边缘及盔甲边缘等（见图2-31），这样可以使模型边缘的造型看起来更为复杂，但同时并没有增加过多的模型面数。

图2-31 透明贴图的应用

3D角色模型的布线除了之前我们说的要考虑模型结构、面数和贴图等因素外，还要考虑模型制作完成后动画的制作，也就是角色的骨骼绑定。在创建模型的时候，一定要注意角色关节处布线的处理，这些部位是不能太吝啬面数的，因为这直接关系到之后骨骼绑定及动画的调节。如果面数过少，会导致模型在运动时，关节处出现锐利的尖角，十分不美观。通常来说，角色关节处都有一定的布线规律，合理的布线让模型运动起来更加圆滑和自然。图2-32左侧为错误的关节布线，右侧是正确的关节布线。

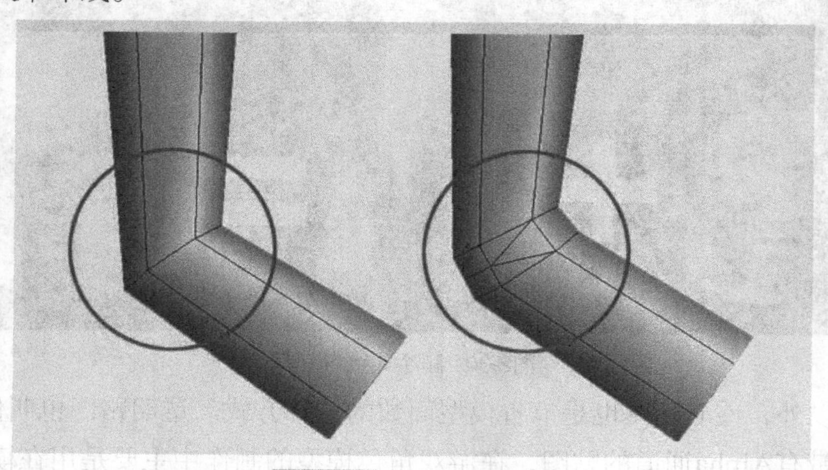

图2-32 角色关节处布线

当模型制作完成后，需要对模型UV进行平展，以方便后面贴图的绘制。对于3D游戏角色模型来说，需要严格控制贴图的尺寸和数量。由于贴图比较小，所以在分配UV的时候，我们尽量将每一寸UV框内的空间都占满，争取在有限的空间中达到最好的贴图效果（见图2-33）。

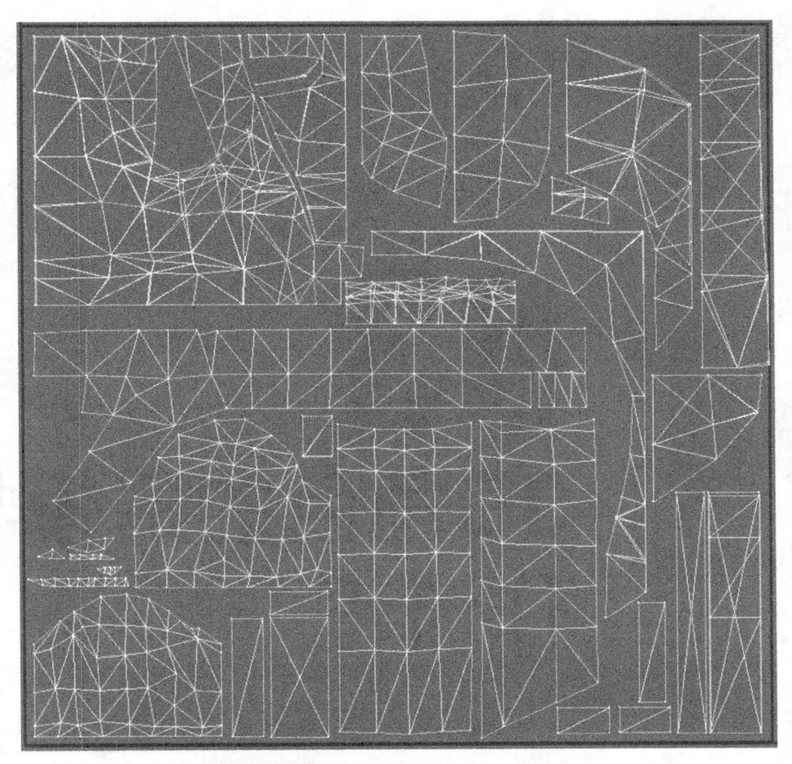

图2-33 游戏角色模型UV网格拆分

虽然说不要浪费UV空间，但是也不要让UV线离UV框过于近，要保持至少3个像素的距离，如果距离过近，可能会导致角色模型在游戏中产生接缝。UV分配得合理与否，会直接影响以后的贴图的效果和质量。通常我们会把需要细节表现的地方，将UV分配得大一些，方便对其细节的绘制，反之，不需要太多细节的地方，UV可以分配得小一些。主次关系是模型UV拆分中一个重要的原则依据。

如果是不添加法线贴图的游戏角色模型，我们可以把相同模型的UV重叠在一起，如左右对称的角色装备和左右脸等，这样做是为了提高绘制效率，在有限的时间里达到更精彩的效果。但如果要添加法线贴图，模型的UV就不能重叠了，因为法线贴图不支持这种重叠的UV，后期容易出现贴图显示的错误。这种情况下，对于对称结构，可以先制作一个模型，另一个通过复制来完成。

当我们制作了大量的角色模型后，会逐渐形成自己的模型素材库。在制作新的角色模型的时候，我们可以从素材库选取体形相近模型进行修改，比如模型之间的相似部位，手、护腕、胸部等，会给自己的工作带来很多的便利。

CHAPTER

03

3D角色的建模与制作流程

对于3D角色制作来说，建模是一切工作开始的基础，只有将模型成功创建出来，后面关于模型贴图、骨骼绑定及动画调节等工作才能正常有序进行，所以建模对于3D角色的制作有着至关重要的作用。而建模的基础是对于3D制作软件整体的掌握和熟练操作。本章将针对3ds Max软件具体讲解建模的基础操作及通过多边形编辑制作基础的人体结构，同时还将全面解析3D角色模型的贴图技术，从模型和贴图两大内容全面掌握3D角色的制作技巧。

3.1 3ds Max角色建模基础

3ds Max全称为3D Studio Max，是Autodesk公司开发的基于PC系统的3D动画渲染和制作软件，其前身是基于DOS操作系统的3D Studio系列软件，在Windows NT出现以前，工业级的CG制作都是被SGI图形工作站所垄断，3D Studio Max + Windows NT组合的出现一下子降低了CG制作的门槛。

作为最元老级的3D设计软件3ds Max和Maya一样都是具有独立完整设计功能。2005年，Autodesk公司正式宣布收购Maya软件开发商Alias，之后Autodesk公司在3ds Max软件的研发上也吸收了Maya软件的众多优点，比如在3ds Max 2011版本加入的岩板材质，就是借鉴了Maya的节点式材质系统的特点。如今3ds Max与Maya一样广泛应用于广告、影视、工业设计、建筑设计、多媒体制作、游戏、辅助教学及工程可视化等众多3D设计领域。

3.1.1 3ds Max建模基础操作

3ds Max的建模技术博大精深、内容繁杂，这里我们没有必要面面俱到，而是有选择性的着重讲解与3D角色制作相关的建模知识，从基本操作入手，循序渐进地学习三维角色模型的制作。

在3ds Max右侧的工具命令面板中，Create创建面板下第一项Geometry就是主要用来创建几何体模型的命令面板，其中下拉菜单第一项Standard Primitives用来创建基础几何体模型，下面就是3ds Max所能创建的基本几何体模型（见表3-1和图3-1）。

表3-1 3ds Max能创建的基础几何体模型

Box	立方体	Cone	圆锥体
Sphere	球体	Geosphere	三角面球体
Cylinder	圆柱体	Tube	管状体
Torus	圆环体	Pyramid	角锥体
Teapot	茶壶	Plane	平面

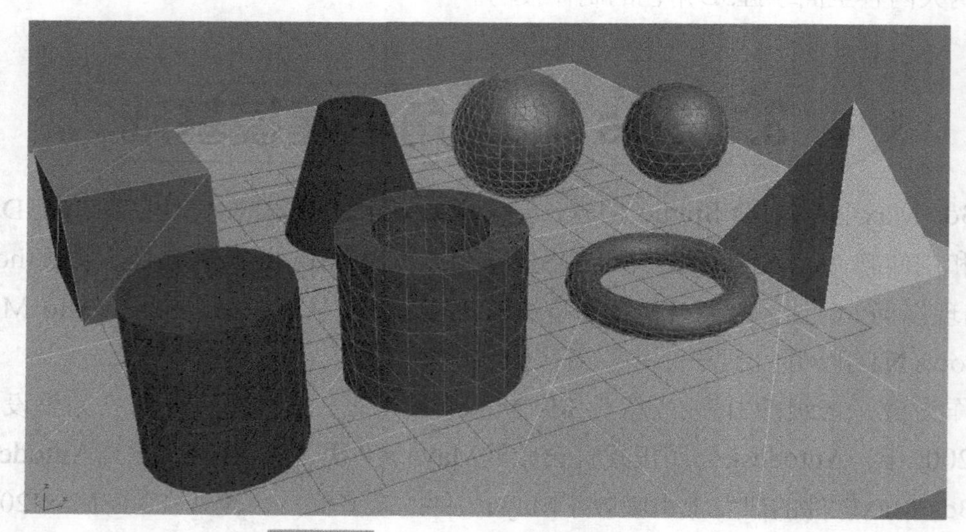

图3-1 3ds Max创建的基础几何体模型

鼠标点击选择想要创建的几何体，在视图中用鼠标拖拽就可以完成模型的创建，在拖拽过程中点击鼠标右键可以随时取消创建。创建完成后切换到工具命令面板的Modify修改面板，可以对创建出的几何模型进行参数设置，包括：长、宽、高、半径、角度、分段数等。在修改面板和创建面板中都能对几何体模型的名称进行修改，名称后面的色块用来设置几何体的边框颜色。这些基础的几何体模型就是我们之后创建角色模型的基础，任何复杂的多边形模型都是由这些基础几何体编辑而成。

在3ds Max中创建基础几何体模型，这对于真正的模型制作来说仅仅是第一步，之后要通过模型的多边形编辑才能完成对模型最终的制作。在3ds Max 6.0以前的版本中，几何体模型的编辑主要是靠Edit Mesh（编辑网格）命令来完成的，在3ds Max 6.0之后Autodesk公司研发出了更加强大的多边形编辑命令Edit Poly（编辑多边形），并在之后的软件版本中不断增强和完善该命令，到3ds Max 8.0时，Edit Poly命令已经十分完善。

Edit Mesh与Edit Poly这两个模型编辑命令不同之处在于，Edit Mesh编辑模型时是以三角面作为编辑基础，模型物体的所有编辑面最后都转化三角面，而Edit Poly编辑多边形命令在处理几何模型物体时，编辑面是以四边形面作为编辑基础，而最后也无法自动转化为三角形面。在早期的电脑游戏制作过程中，大多数的游戏引擎技术支持的模型都为三角面模型，而随着技术的发展，Edit Mesh已经不能满足3D游戏制作中对于模型编辑的需要，之后逐渐被强大的Edit Poly编辑多边形命令所代替，而且Edit Poly物体还可以和Edit Mesh进行自由转换，以应对各种不同的需要。

将模型物体转换为多边形编辑模式，可以通过以下3种方法。

① 在视图窗口中对模型物体单击鼠标右键，在弹出的视图菜单中选择Convert to Editable Poly（塌陷为可编辑的多边形）命令，即可将模型物体转换为Edit Poly。

② 在3ds Max界面右侧修改面板的堆栈窗口中对需要的模型物体单击右键，同样选择Convert to Editable Poly命令，也可将模型物体转换为Edit Poly。

③ 在堆栈窗口中可以对想要编辑的模型直接添加Edit Poly命令，也可让模型物体进入多边形编辑模式，这种方式相对前面两种来说有所不同。对于添加Edit Poly命令后的模型在编辑的时候还可以返回上一级的模型参数设置界面，而上面两种方法则不可以，所以第三种方法相对来说更有一定灵活性。

在多边形编辑模式下共分为5个层级，分别是：Vertex（点）、Edge（边）、Border（边界）、Polygon（面）和Element（元素）。每个多边形从“点”“线”“面”到整体互相配合，共同围绕着为多边形编辑而服务，通过不同层级的操作最终完成模型整体的搭建制作。

在进入每个层级后，菜单窗口会出现不同层级的专属面板，同时所有层级还共享统一的多边形编辑面板。图3-2就是编辑多边形的命令面板，包括：Selection（选择）、Soft Selection（软选择）、Edit Geometry（编辑几何体）、Subdivision Surface（细分表面）、Subdivision Displacement（细分位移）和Paint Deformation（绘制变型）。下面我们将针对每个层级详细讲解模型编辑中常用的命令。

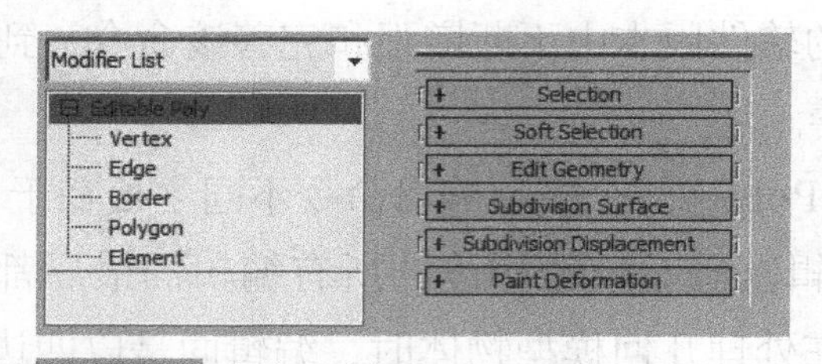

图3-2 多边形编辑中的层级和各种命令面板

1. Vertex点层级

点层级下的Selection选择面板中，有一个重要的命令选项Ignore backfacing（忽略背面），当点选这个选项的时候，在视图中选择模型可编辑点将会忽略所有当前视图背面的点，此选项命令在其他层级中也同样适用。

Edit Vertices（编辑顶点）命令面板是点层级下独有的命令面板，其中大多数命令都是常用的编辑多边形命令（见图3-3）。

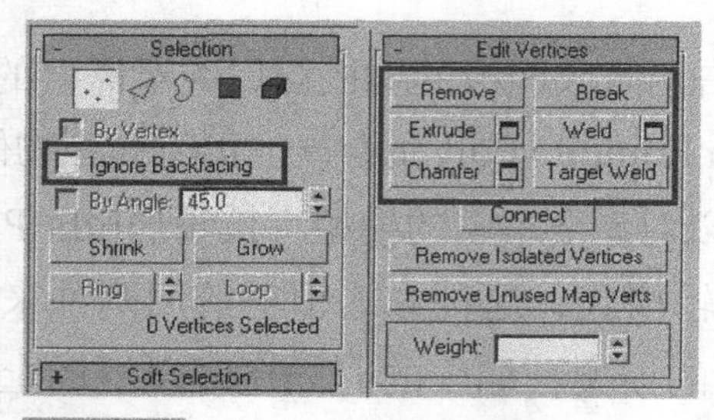

图3-3 Edit Vertices面板中的常用命令

Remove（移除）：当模型物体上有需要移除的顶点时，选中顶点执行此命令，Remove（移除）不等于Delete（删除），当移除顶点后该模型顶点周围的面还将存在，而删除命令则是将选中的顶点连同顶点周围的面一起删除。

Break（打散）：选中顶点执行此命令后该顶点会被打散为多个顶点，打散的顶点个数与打散前该顶点链接的边数有关。

Extrude（挤压）：挤压是多边形编辑中常用的编辑命令，而对于点层级的挤压简单来说就是将该顶点以突出的方式挤出到模型以外。

Weld（焊接）：这个命令与打散命令刚好相反，是将不同的顶点结合在一起的操作。选中想要焊接的顶点，设定焊接的范围然后点击焊接命令，这样不同的顶点就被结合到了一起。

Target Weld（目标焊接）：此命令的操作方式是，首先点击此命令出现鼠标图形，然后依次用鼠标点选想要焊接的顶点，这样这两个顶点就被焊接到了一起。要注意的是，焊接的顶点之间必须有边相连接，而对于类似四边形面对角线上的顶点是无法焊接到一起的。

Chamfer（倒角）：对于顶点倒角来说就是将该顶点沿着相应的实线边以分散的方式形成新的多边形面的操作。挤压和倒角都是常用的多边形编辑命令，在多个层级下都包含这两个命令，但每个层级的操作效果不同，图3-4能更加具象地表现点层级下挤压、焊接和倒角命令的作用效果。

Connect（连接）：选中两个没有边连接的顶点，点击此命令则会在两个顶点之间形成新的实线边。在挤压、焊接、倒角命令按钮后面都有一个方块按钮，这表示该命令存在子级菜单可以对相应的参数进行设置，选中需要操作的顶点后单击此方块按钮，就可以通过参数设置的方式对相应的顶点进行设置。

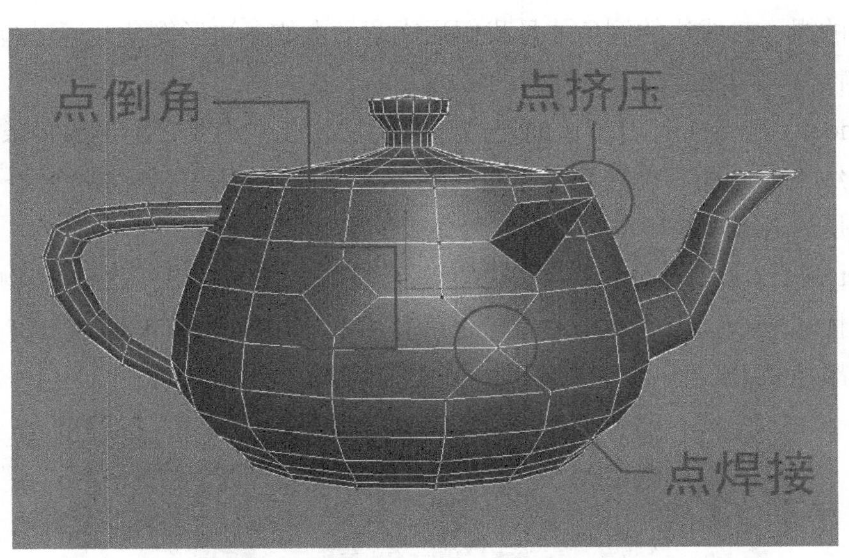

图3-4 点层级下挤压、倒角和焊接的效果

2. Edge边层级

在Edit Edges（编辑边）层级面板中（见图3-5），常用的命令主要有以下几个。

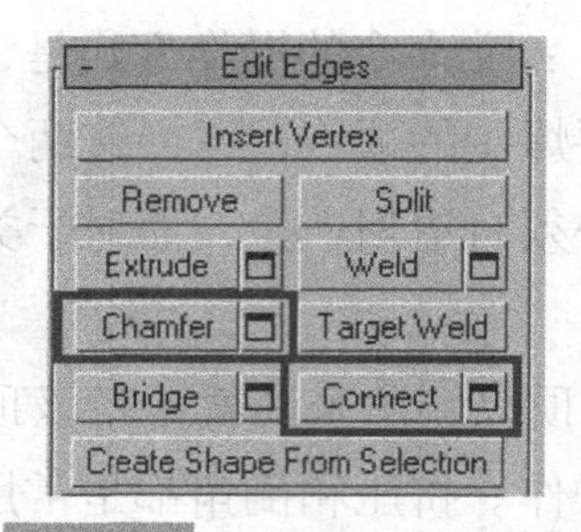

图3-5 Edit Edges层级面板

Remove（移除）：将被选中的边从模型物体上移除的操作，与前面讲过的相同，移除并不会将边周围的面删除。

Extrude（挤压）：在边层级下挤压命令操作效果几乎等同于点层级下的挤压命令。

Chamfer（倒角）：对于边的倒角来说就是将选中的边沿相应的线面扩散为多条平行边的操作，线边的倒角才是我们通常意义上的多边形倒角，通过边的倒角可以让模型物体面与面之间形成圆滑的转折关系。

Connect（连接）：对于边的连接来说就是在选中边线之间形成多条平行的边线，边层级下的倒角和连接命令也是多边形模型物体常用的布线命令之一。图3-6中表现的是边层级下挤压、倒角和连接命令的具体操作效果。

Insert vertex（插入顶点）：在边层级下可以通过此命令在任意模型物体的实线边上添加插入一个顶点。这个命令与之后要讲的共用编辑菜单下的Cut（切割）命令一样，都是多边形模型物体加点添线的重要手段。

图3-6 边层级下挤压、倒角和焊接的效果

3. Border边界层级

所谓的模型Border主要是指在可编辑的多边形模型物体中那些没有完全处于多边形面之间的实线边。通常来说Border层级菜单较少应用，菜单里面只有一个命令需要讲解，那就是Cap（封盖）命令。这个命令主要用于给模型中的Border封闭加面，通常在执行此命令后还要对新加的模型面进行重新布线和编辑（见图3-7）。

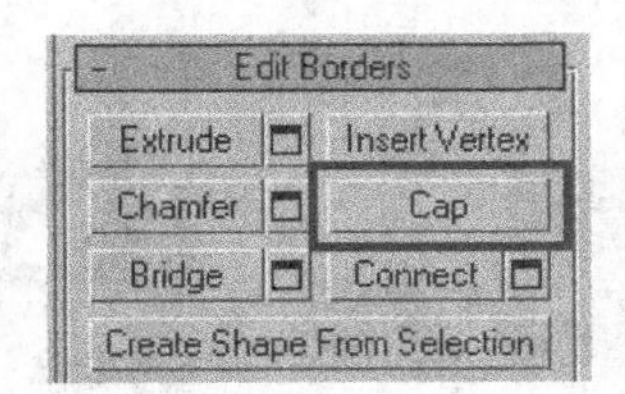

图3-7 Border面板中最常用的Cap命令

4. Polygon多边形面层级

Polygon层级面板中大多数命令也是多边形模型编辑中最常用的编辑命令（见图3-8）。

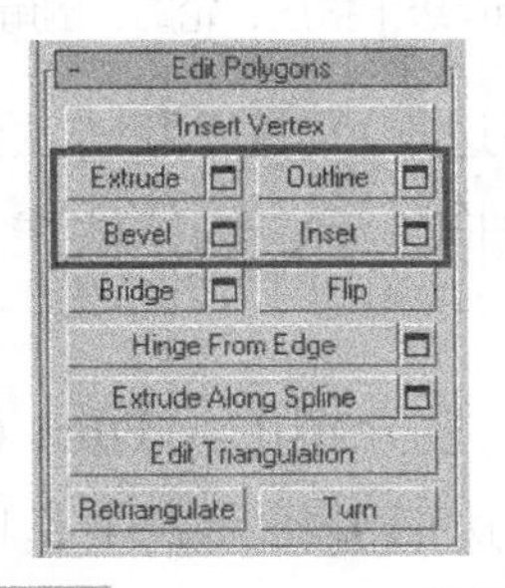

图3-8 Edit Polygons层级面板

Extrude（挤压）：在多边形面层级的挤压就是将面沿一定方向挤出的操作。单击后面的方块按钮，在弹出的菜单中可以设定挤出的方向，分为三种类型：Group整体挤出；Local Normal沿自身法线方向整体挤出；By Polygon按照不同的多边形面分别挤出。这三种操作方法在3ds Max的很多操作中都能经常看到。

Outline（轮廓）：是指将选中的多边形面沿着它所在的平面扩展或收缩的操作。

Bevel（倒角）：这个命令是多边形面的倒角命令，具体是将多边形面挤出再进行缩放操作，后面的方块按钮可以设置具体挤出的操作类型和缩放操作的参数。

Inset（插入）：将选中的多边形面按照所在平面向内收缩产生一个新的多边形

面的操作，后面的方块按钮可以设定插入操作的方式是整体插入还是分别按多边形面插入，通常插入命令要配合挤压和倒角命令一起使用。图3-9表示多边形面层级中挤压、轮廓、倒角和插入命令的效果。

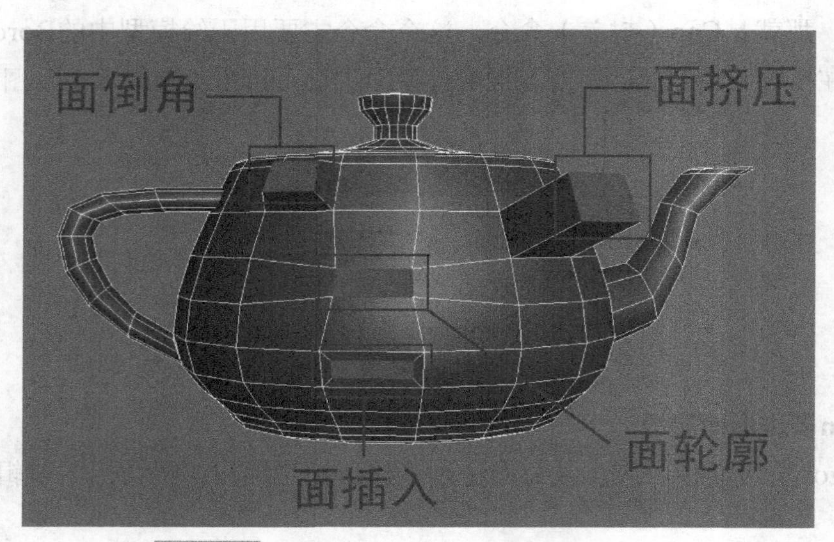

图3-9 面层级下挤压、轮廓、倒角和插入的效果

Flip（翻转）：将选中的多边形面进行翻转法线的操作，在3ds Max中法线是指物体在视图窗口中可见性的方向指示，物体法线朝向我们则代表该物体在视图中为可见，相反为不可见。

另外，这个层级菜单中还需要介绍的是Turn（反转）命令，这个命令不同于刚才介绍的Flip命令。虽然在多边形编辑模式中是以四边形的面作为编辑基础，但其实每一个四边形的面仍然是由两个三角形面所组成，但划分三角形面的边是作为虚线边隐藏存在的，当我们调整顶点时这条虚线边也恰恰作为隐藏的转折边。单击Turn（反转）命令后，所有隐藏的虚线边都会显示出来，然后单击虚线边就会使之反转方向。对于有些模型物体特别是游戏场景中的低精度模型来说，Turn（反转）命令也是常用的命令之一。

在多边形面层级下还有一个十分重要的命令面板——Polygon Properties（多边形属性）面板，这也是多边形面层级下独有的设置面板，主要用来设定每个多边形面的材质序号和光滑组序号（见图3-10）。其中，Set ID是用来设置当前选择多边形面的材质序号；Select ID是通过选择材质序号来选择该序号材质所对应的多边形面；Smoothing Groups窗口中的数字方块按钮用来设定当前选择多边形面的光滑组序号（见图3-11）。

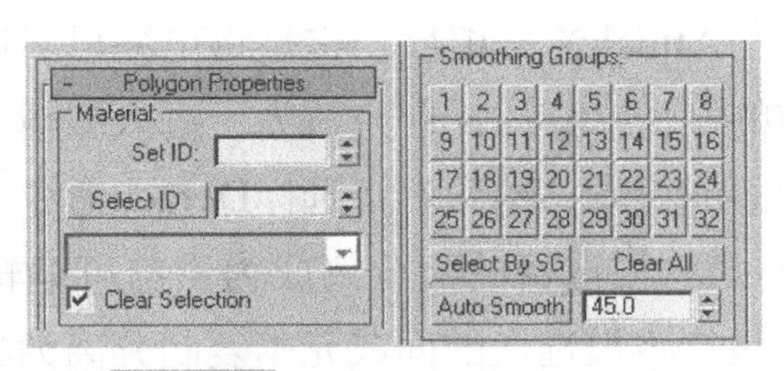

图3-10 Polygon Properties面板

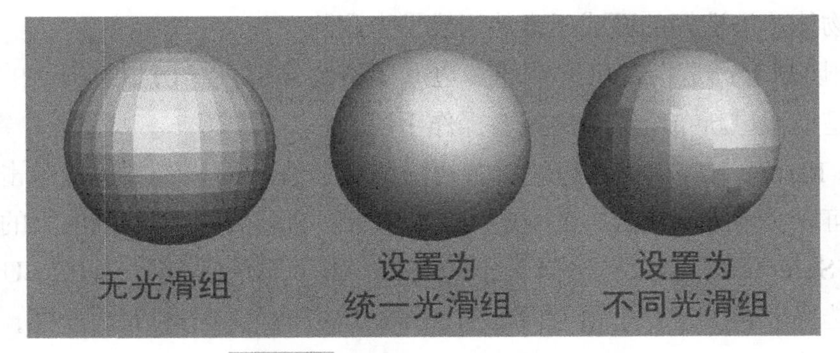

图3-11 模型光滑组的不同设置效果

编辑多边形第五个层级面板为Element元素层级，这个层级主要用来整体选取被编辑的多边形模型物体，此层级面板中的命令在游戏场景制作中较少用到，所以这里不做详细讲解。以上就是多边形编辑模式下所有层级独立面板的详细讲解，下面来介绍下所有层级都共用的Edit Geometry（编辑几何体）面板中常用命令（见图3-12）。这个命令面板看似复杂但其实在游戏场景模型制作中常用的命令并不是很多。

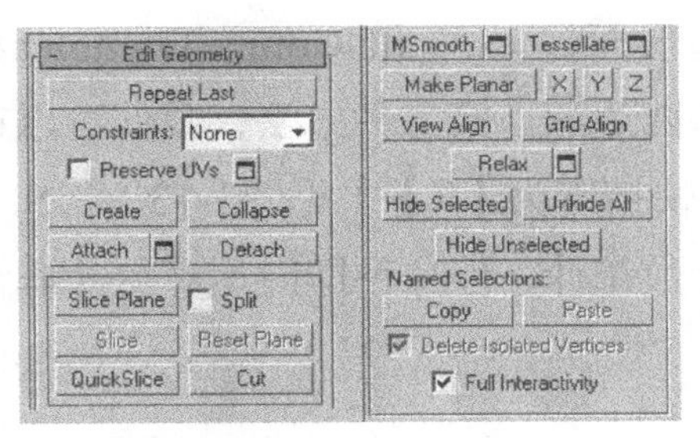

图3-12 Edit Geometry面板

Attach（结合）：将不同的多边形模型物体结合为一个可编辑多边形物体的操作。具体步骤为：先单击选择Attach命令，然后单击选择想要被结合的模型物体，这样被选择的模型物体就被结合到之前的可编辑多边形的模型下。

Detach（分离）：与Attach恰好相反，它是将可编辑多边形模型下的面或者元素分离成独立模型物体的操作。具体操作方法为：进入编辑多边形的面或者元素层级下，选择想要分离的面或元素，然后单击选择Detach命令会弹出一个命令窗口，勾选Detach to Element是将被选择的面分离成为当前可编辑多边形模型物体的元素，而Detach as Clone是指将被选择的面或元素复制分离为独立的模型物体（被选择的面或元素保持不变），如果什么都不勾选则将被选择的面或元素直接分离为独立的模型物体（被选择的面或元素从原模型上删除）。

Cut（切割）：是指在可编辑的多边形模型物体上直接切割绘制新的实线边的操作，这是模型重新布线编辑的重要操作手段。

Make Planar X/Y/Z：在可编辑多边形的点、线、面层级下通过单击击这个命令按钮，可以实现模型被选中的点、线、面在X、Y、Z三个不同轴向上的对齐。

Hide Selected（隐藏被选择）、Unhide All（显示所有）、Hide Unselected（隐藏被选择以外）这三个命令同之前视图窗口右键菜单中的完全一样，只不过这里是用来隐藏或显示不同层级下的点、线、面的操作。对于包含众多点、线、面的复杂模型物体，有时往往需要用隐藏和显示命令让模型制作更加方便快捷。

最后再来介绍一下模型制作中即时查看模型面数的方法和技巧，一共有两种方法。第一种方法可以利用Polygon Count（多边形统计）工具来进行查看，在3ds Max命令面板最后一项的工具面板中可以通过Configure Button Sets（快捷工具按钮设定）来找到Polygon Count工具。Polygon Counter是一个非常好用的多边形面数计数工具，其中 Selected Objects显示当前所选择的多边形面数，All Objects显示场景文件中所有模型的多边形面数。下面的Count Triangles和Count Polygons用来切换显示多边形的三角面和四边面。第二种方法，我们可以在当前激活的视图中启动Statistics计数统计工具，快捷键为【7】（见图3-13）。Statistics可以即时对场景中模型的点、线、面进行计数统计，但这种即时运算统计非常消耗硬件，所以通常不建议在视图中一直开启。

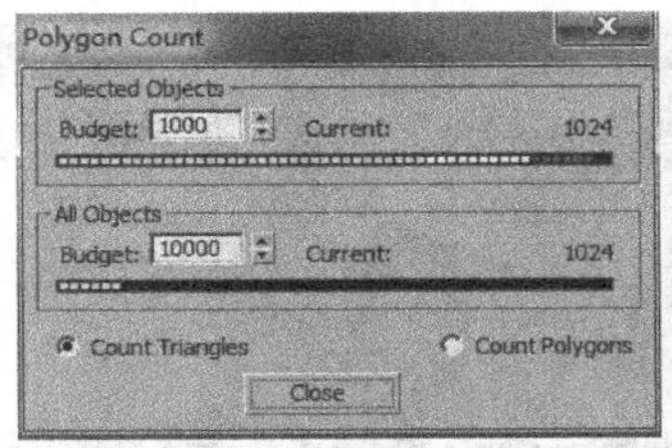

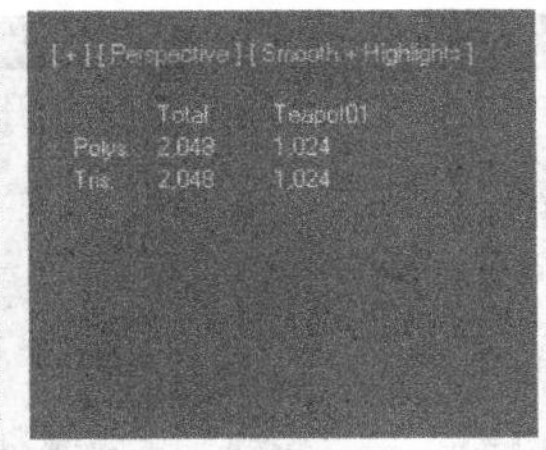

图3-13 两种统计模型面数的方法

3D制作软件的最大特点就是真实性。所谓的真实性就是指可以从各个角度去观察视图中的模型和各种美术元素。3D引擎为我们营造了一个360°的真实感官世界，在模型制作的过程中，我们要时刻记住这个概念，保证模型各个角度都要具备模型结构和贴图细节的完整度，在制作中要通过视图多方位旋转观察模型，避免漏洞和错误的产生。

另外，在游戏模型制作初期最容易出现的问题就是模型中会存在大量"废面"，要善于利用多边形计数工具，及时查看模型的面数，随时提醒自己不断修改和整理模型，保证模型面数的精简。除了模型的面数的简化外，在多边形模型的编辑和制作时还要注意避免产生四边形以上的模型面，尤其是在切割和添加边线的时候，要及时利用Connect命令连接顶点。尤其对于游戏模型来说，自身的多边形面可以是三角面或者四边面，但如果出现四边以上的多边形面，在之后导入游戏引擎时会出现模型的错误问题，所以要极力避免这种情况的发生。

3.1.2 通过编辑多边形制作基本人体结构

当我们掌握了编辑多边形的建模方式后，就可以用其来制作各种3D模型，这也是3D动画和游戏最为常用的建模方式。下面我们将在3ds Max软件中创建一个基本几何体，然后通过编辑多边形命令制作一个基本的人体结构形态模型。这种练习可以帮助我们进一步巩固编辑多边形的建模方式和命令，同时还能够培养对于人体基本结构的认知和造型能力。

首先，在3ds Max视图中创建一个BOX几何体模型，设置合适的分段数（Segment），然后将其转换为可编辑的多边形，通过基本的点线调整，制作出图3-14中左侧的模型形态，将其作为人体躯干的基本模型。进一步编辑模型，见图3-14中，然后编辑制作躯干与颈部交接位置的模型结构，为后面制作颈部和头部做准备（见图3-14右）。

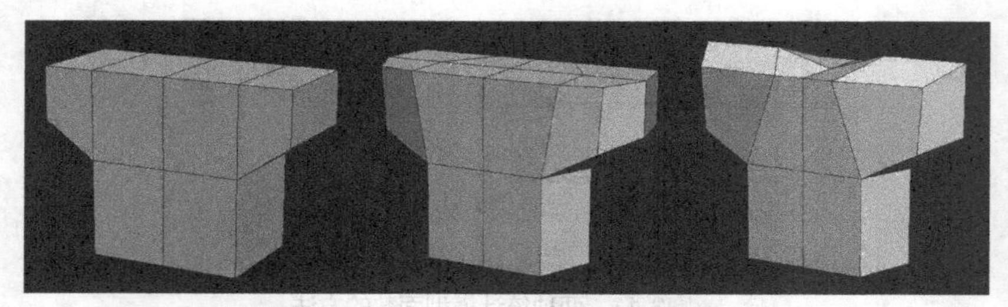

图3-14 通过基础几何体编辑人体躯干基本形态

在多边形面层级下，选中颈部交接处的模型面，通过Extrude命令挤出（见图3-15左），然后调整整体模型，将模型结构处理得更加平滑（见图3-15中），选中模型顶部的面，继续挤出，将其作为人体颈部和头部的基础模型（见图3-15右）。

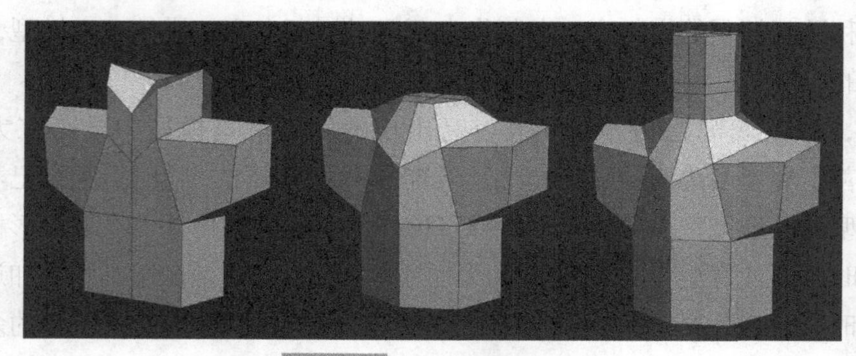

图3-15 制作头颈模型结构

接下来在之前模型的基础上，通过点线调整进一步编辑头颈部分的模型结构，制作出人体头部的大型（见图3-16左），然后继续调整头颈部的模型结构，并在躯干模型上添加布线分段（见图3-16中）。调整添加布线后的模型，让整体更加平滑，同时编辑制作出肩膀和胸肌的大致形态（见图3-16右）。

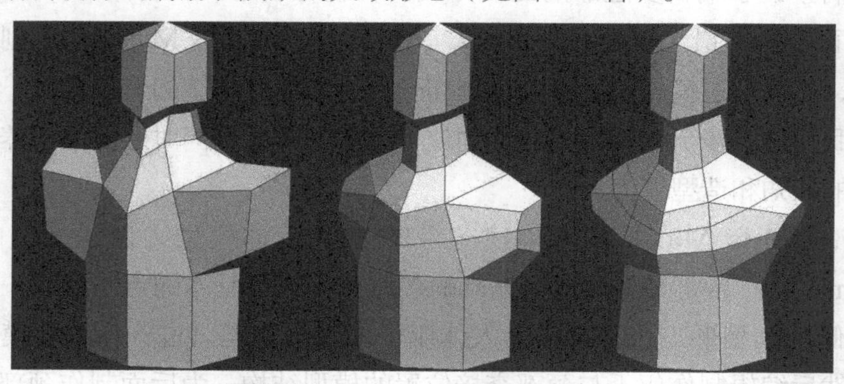

图3-16 进一步编辑躯干和头部模型

继续编辑模型，制作出锁骨处的模型结构（见图3-17左）。接下来调整颈部模型结构和姿态，让头部自然下垂，同时进一步处理锁骨区的模型结构及胸大肌的基本位置形态（见图3-17右）。

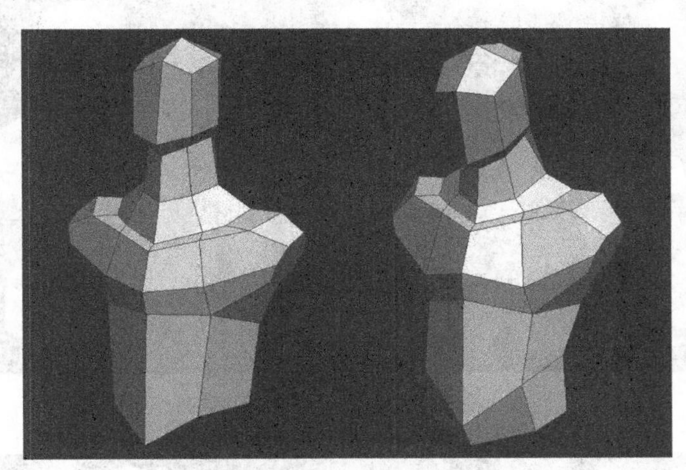

图3-17 编辑锁骨和胸肌模型结构

在编辑制作的时候要善于利用3ds Max的多视图进行操作，正确处理模型侧面及背部的模型结构。在侧视图要针对人体脊柱正常的生理弯曲进行调节，通常来说颈部与腰部内凹，背部隆起（见图3-18左）。背部的模型主要处理肩胛骨与腰肌的结构形态（见图3-18右）。

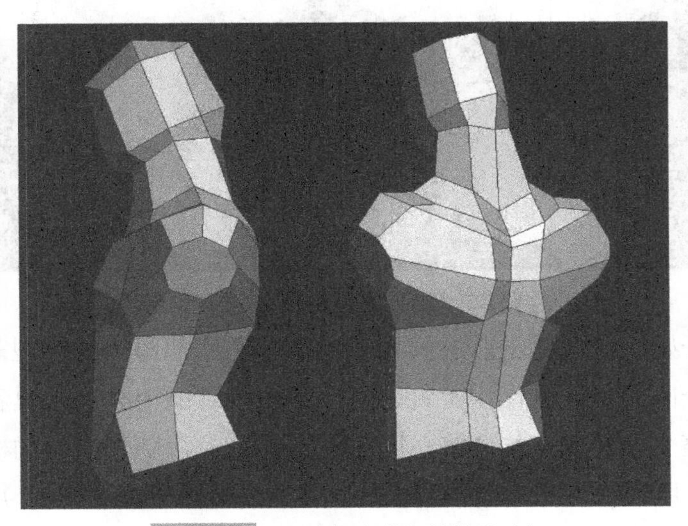

图3-18 人体侧面与背部的模型形态

接下来制作肩部与上臂交接处的模型结构，首先利用面层级下的挤出命令，然后调整点线，同时进一步为模型添加布线，完善锁骨及腰部的模型结构（见图3-19）。图3-20为调整后人体模型前视图和背视图的布线结构。

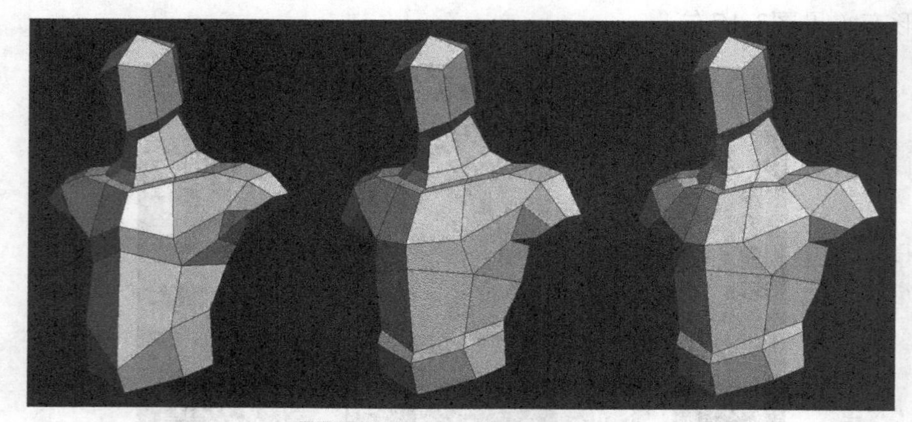

图3-19 编辑肩部和腰部结构

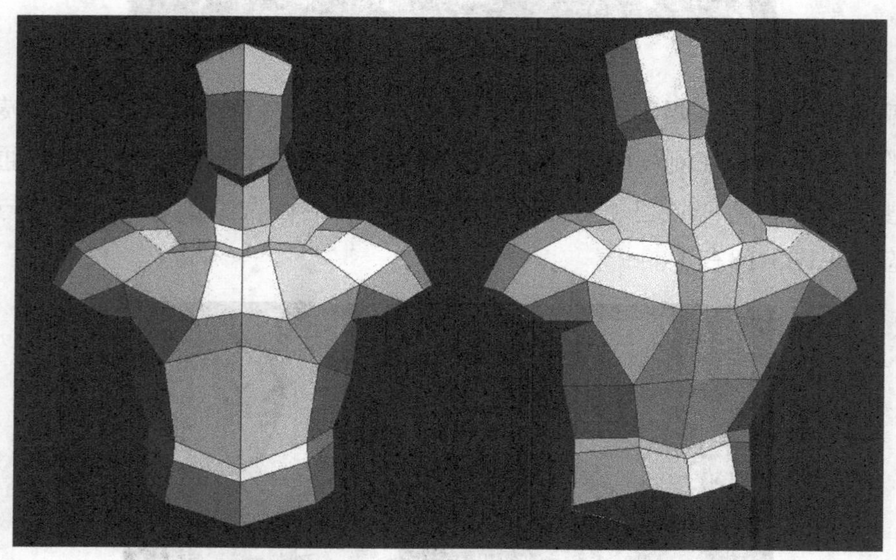

图3-20 前视图和背视图的模型布线结构

然后我们开始制作人体上肢的模型结构，利用肩部留出的模型截面，通过面层级下的挤出命令向下延伸制作出上臂、肘关节及下臂的模型，这里着重要注意模型结构的分段及整个上肢姿态的调整。同时向下继续编辑制作出手的模型结构，由于手指关节较多，所以在制作的时候需要更多的分段布线（见图3-21）。

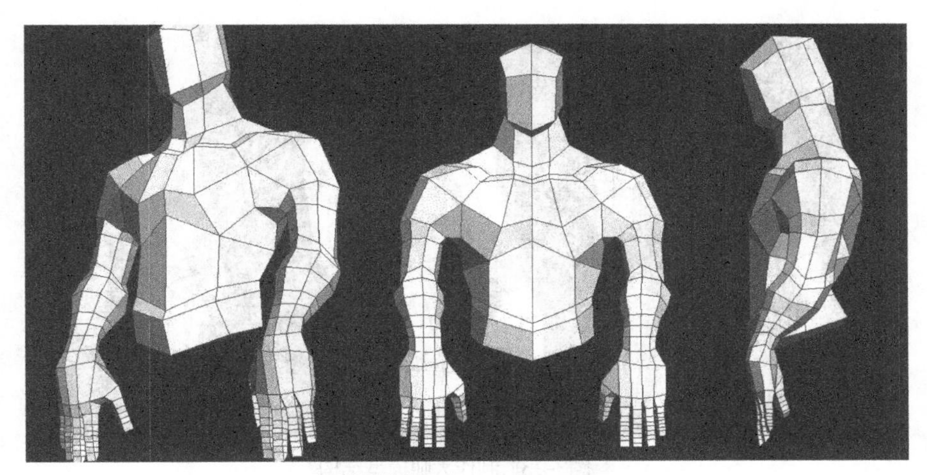

图3-21 制作人体上肢模型

在腹部添加分段布线，编辑制作出腹肌的基本结构，同时调整腰部的基本形态，并向下延伸制作出胯部的结构，为后面下肢的制作打下基础（见图3-22）。

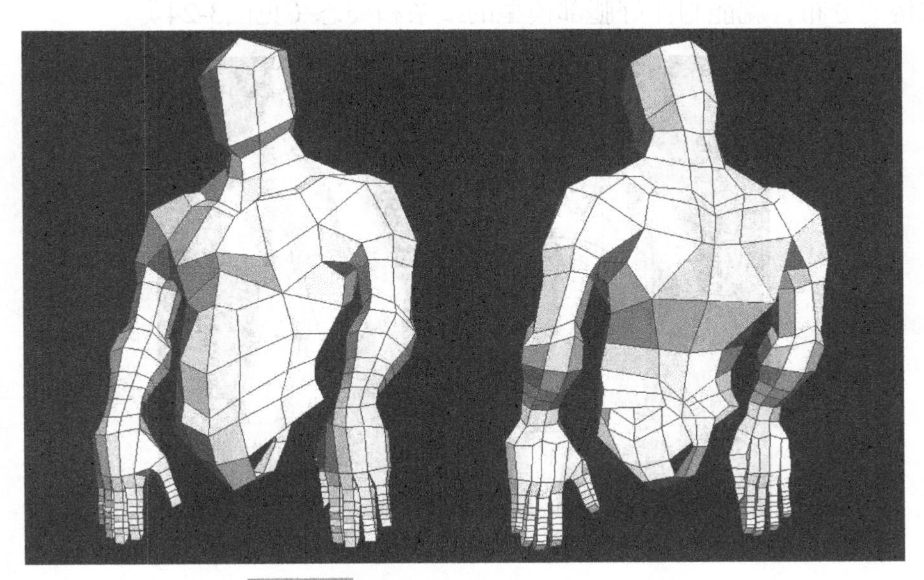

图3-22 制作腹肌、腰部和胯部模型结构

接下来开始制作下肢，首先沿着胯部留出的截面位置向下延伸挤出，制作出大腿的基本模型结构，这里要注意臀部模型结构的处理（见图3-23）。

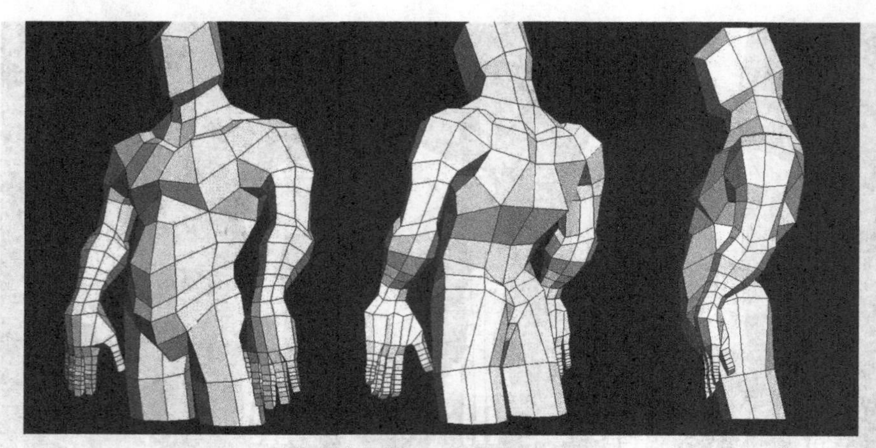

图3-23 制作大腿模型结构

沿着大腿模型，向下继续挤出，制作出膝关节和小腿的模型结构，由于腿部结构线条比较明显且关节较少，所以并不需要太多的布线分段，只要掌握住整个腿部肌肉结构的分布，就能制作好腿部模型的线条和姿态（见图3-24）。

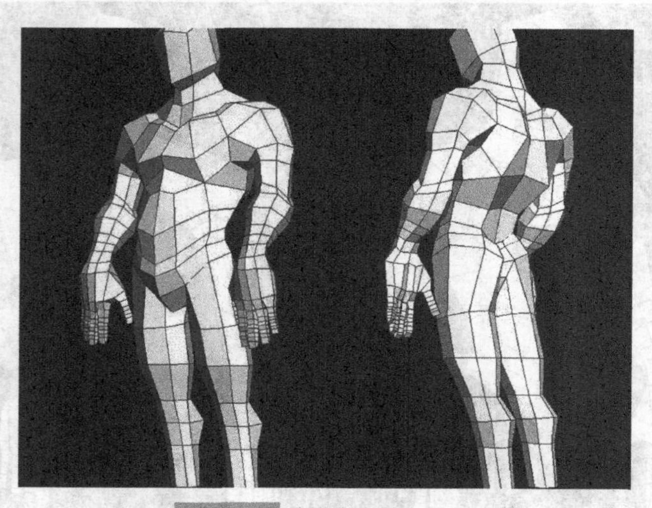

图3-24 制作腿部模型结构

最后开始制作人体足部的模型结构。首先利用BOX模型制作出足部基本的模型结构，然后将模型插入到小腿下方，方便结合调整模型整体形态，然后进一步编辑足部的模型细节，同时制作出脚趾的模型结构。最后将足部上方的模型面删除，与小腿进行衔接，通过点层级下的目标焊接命令，将小腿下方与足部的模型顶点进行接合。同时在脚踝处添加分段布线，进一步编辑脚踝内外两侧的模型结构（见图3-25）。图3-26为最终制作完成的人体结构模型。

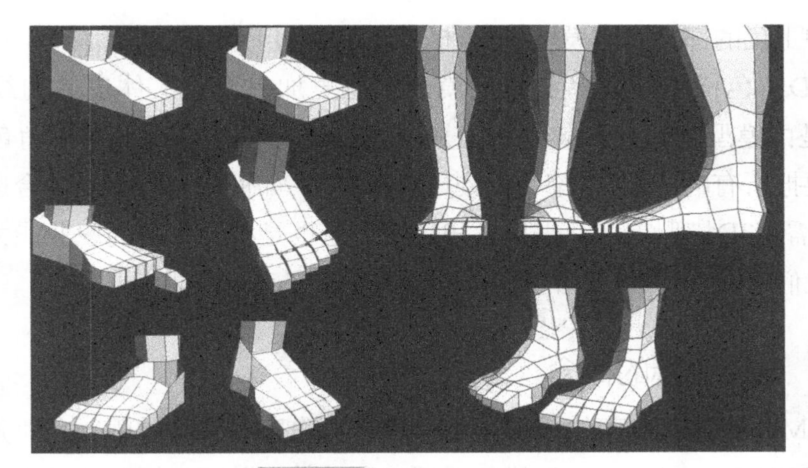

图3-25 制作人体足部模型

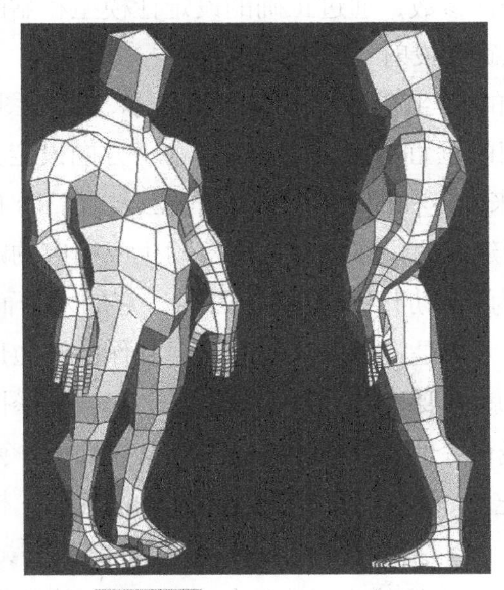

图3-26 最终完成的模型效果

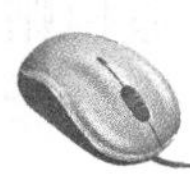

3.2 3D角色模型贴图技术详解

对于3D模型美术师来说，仅利用3ds Max完成模型的制作是远远不够的，3D模型的制作只是开始，是之后工作流程的基础。如果把3D制作比喻为绘画的话，那么模型的制作只相当于绘画的初步线稿，后面还要为作品增加颜色，而在3D设计制作过程中上色的部分就是模型UV、材质及贴图的工作。

对于3D角色模型而言，贴图比模型显得更加重要，人体皮肤的纹理、质感和细节都是由模型材质贴图实现的，尤其是游戏角色模型。而对于角色模型的贴图，要求要把所有的UV网格都平展到UV框之内，如何在有限空间内合理排布模型UV，这就需要3D模型美术师来把握和控制，这也是必须具备的职业能力。在本节内容中，我们将详细讲解模型的UV、材质及贴图的理论和制作方法。

3.2.1 贴图坐标的概念

在3ds Max默认状态下的模型物体，想要正确显示贴图材质，必须先对其“贴图坐标（UVW Coordinates）”进行设置。所谓的“贴图坐标”就是模型物体确定自身贴图位置关系的一种参数，通过正确的设定让模型和贴图之间建立相应的关联关系，保证贴图材质正确地投射到模型物体表面。

模型在3ds Max中的3D坐标用X、Y、Z来表示，而贴图坐标则使用U、V、W与其对应，如果把位图的垂直方向设定为V，水平方向设定为U，那么它的贴图像素坐标就可以用U和V来确定在模型物体表面的位置。在3ds Max的创建面板中建立基本几何体模型，在创建的时候系统会为其自动生成相应的贴图坐标关系，当我们创建一个BOX模型并为其添加一张位图的时候，它的六个面会自动显示出这张位图。但对于一些模型，尤其是利用Edit Poly编辑制作的多边形模型，自身不具备正确的贴图坐标参数，这就需要我们为其设置和修改UVW贴图坐标。

在3ds Max的堆栈命令列表中可以找到UVW Map命令，这是一个指定模型贴图坐标的修改器。它界面基本参数设置包括Mapping（投影方式）、Channel（通道）、Alignment（调整）和Display（显示）四部分，在这其中最为常用的是Mapping和Alignment。在堆栈窗口中添加UVWMap修改器后，可以用单击前面的“+”展开Gizmo分支，进入Gizmo层级后可以对其进行移动、旋转、缩放等调整，对Gizmo线框的编辑操作同样会影响模型贴图坐标的位置关系和贴图的投射方式。

在Mapping面板中包含了贴图的七种投射方式和相关参数设置（见图3-27），这七种投射方式分别是：Planar（平面）、Cylindrical（圆柱）、Spherical（球面）、Shrink Wrap（收缩包裹）、Box（立方体）、Face（面贴图）及XYZ to

UVW。右边的参数是调节Gizmo的尺寸和贴图的平铺次数，在实际制作中并不常用。这里需要掌握的是能够根据不同形态的模型物体选择出合适的贴图投射方式，以方便之后展开贴图坐标的操作。下面针对每种投射方式来了解其原理和应用方法。

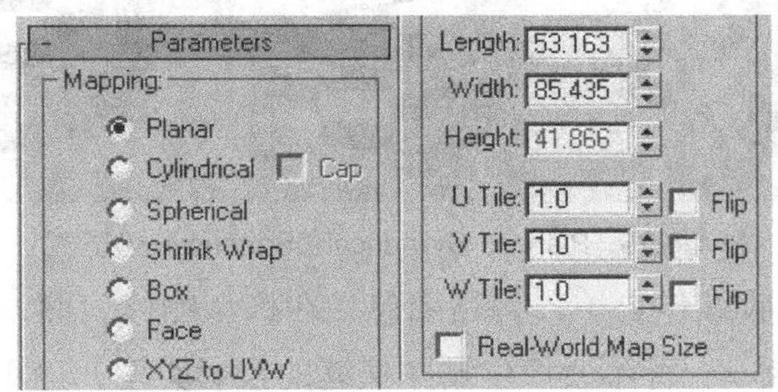

图3-27 Mapping面板中的七种投射方式

Planar（平面）：将贴图以平面的方式映射到模型物体表面，它的投影平面就是Gizmo的平面，所以通过调整Gizmo平面就能确定贴图在模型上的贴图坐标位置。Plannar适用于平面化的模型物体，也可以选择模型面进行指定，一般是在可编辑多边形的面层级下选择想要贴图的表面，然后添加UVW Mapping修改器选择平面投射方式，并在Unwrap UVW修改器中调整贴图位置（见图3-28）。

Cylindrical（圆柱）：将贴图沿着圆柱体侧面映射到模型物体表面，它将贴图沿着圆柱的四周进行包裹，最终圆柱立面左侧边界和右侧边界相交在一起。相交的这个贴图接缝也是可以控制的，单击进入Gizmo层级可以看到Gizmo线框上有一条绿线，这就是控制贴图接缝的标记，通过旋转Gizmo线框可以控制接缝在模型上的位置。Cylindrical后面有一个Cap选项，如果激活则圆柱的顶面和底面将分别使用Planar方式。这种贴图映射方式适用于圆柱体结构的模型，如角色模型的四肢。

Spherical（球面）：将贴图沿球体内表面映射到模型物体表面，其实球面贴图与圆柱贴图类型相似，贴图的左端和右端同样在模型物体表面形成一个接缝，同时贴图上下边界分别在球体两极收缩成两个点，与地球仪十分类似。为角色脸部模型贴图时，通常使用球面贴图。

图3-28 Planar、Cylindrical和Spherical贴图方式

Shrink Wrap（收缩包裹）：将贴图包裹在模型物体表面，并且将所有的角拉到一个点上，这是唯一一种不会产生贴图接缝的投影类型，也正因为这样，模型表面的大部分贴图会产生比较严重的拉伸和变形（见图3-29）。由于这种局限性，多数情况下使用它的物体只能显示贴图形变较小的那部分，而“极点”那一端必须要被隐藏起来。在游戏场景制作中，包裹贴图有时还是相当有用的，如制作石头这类模型的时候，使用别的贴图投影类型都会产生接缝或者一个以上的极点，而使用收缩包裹就完全解决了这个问题，即使存在一个相交的“极点”，只要把它隐藏在石头的底部就可以了。

图3-29 Shrink Wrap收缩包裹贴图方式

Box（立方体）：按六个垂直空间平面将贴图分别映射到模型物体表面，对于规则的几何模型物体，这种贴图投影类型会十分方便快捷，比如场景模型中的墙面、方形柱子或者类似的盒式结构的模型（见图3-30）。

Face（面贴图）：为模型物体的所有几何面同时应用平面贴图，这种贴图投影方式与材质编辑器Shader Basic Parameters参数中的Face Map作用相同。

XYZ to UVW这种贴图投射方式在模型制作中较少使用，所以在这里不作过多讲解。

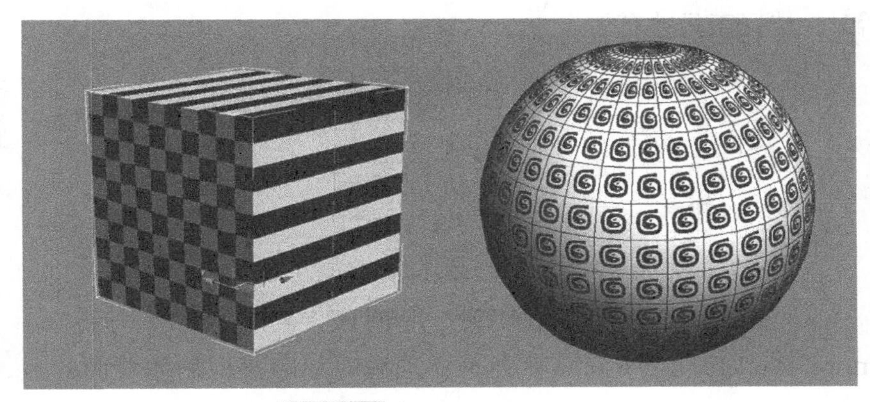

图3-30 Box和Face贴图方式

3.2.2 UV编辑器的操作

在了解了UVW贴图坐标的相关知识后，我们可以用UVW Map修改器来为模型物体指定基本的贴图投射方式。但UVW Map修改器定义的贴图投射方式只能从整体上为模型赋予贴图坐标，对于更加精确的贴图坐标的修改却无能为力，要想解决这个问题必须通过Unwrap UVW展开贴图坐标修改器来实现。

1. Unwrap UVW修改器

Unwrap UVW修改器是3ds Max中内置的一个功能强大的模型贴图坐标编辑系统，通过这个修改器可以更加精确地编辑多边形模型点线面的贴图坐标分布，尤其是对于生物体和场景雕塑等结构较为复杂的多边形模型。

在3ds Max修改面板的堆栈菜单列表中可以找到Unwrap UVW修改器，Unwrap UVW修改器的参数窗口主要包括Selection Parameters（选择参数）、Parameters（参数）和Map Parameters（贴图参数）三部分。在Parameters面板下还包括一个Edit UVWs编辑器。总地来看Unwrap UVW修改器十分复杂，包含众多的命令和编辑面板，对于初学者上手操作有一定的难度。其实对于游戏3D制作来说，只需要了解掌握修改器中一些重要的命令参数即可，不需要做到全部精通，游戏场景中建筑模型的结构都比较规则，使用Unwrap UVW修改器操作将会更加容易。下面针对

Unwrap UVW修改器不同的参数面板进行详细讲解。

① Selection Parameters选择参数面板中能使用不同的方式快速地选择需要编辑的模型部分（见图3-31）。“+”按钮可以扩大选集范围，“–”按钮则是减小选集范围。这里要注意，只有当Unwrap UVW修改器的Select Face（选择面）层级被激活时，选择工具才有效。

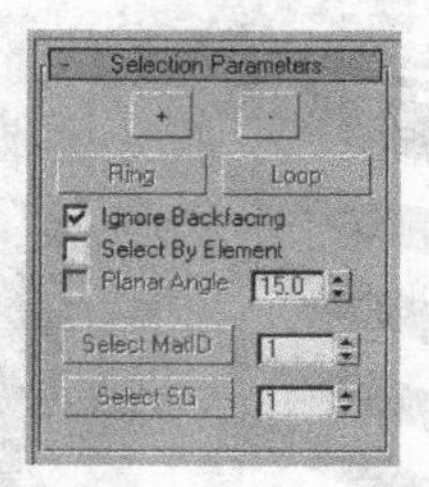

图3-31 Selection Parameters选择参数面板

Ignore Backfacing（忽略背面）：选择时忽略模型物体背面的点、线、面等对象。

Select By Element（选择元素）：选择时按照模型物体元素单元为单位进行选择操作。

Planar Angle（平面角度）：这个参数命令默认是关闭的，它提供了一个数值设定，这个数值指的是面的相交角度。当这个命令被激活后，选择模型物体某个面或者某些面的时候，与这个面成一定角度内的所有相邻面都会被自动选择。

Select MatID（选择材质ID）：通过模型物体的贴图材质ID编号来选择。

Select SG（选择光滑组）：通过模型物体的光滑组来进行选择。

② Parameters参数面板最主要的功能是用来打开UV编辑器，同时还可以对已经设置完成的模型UV进行存储（见图3-32）。

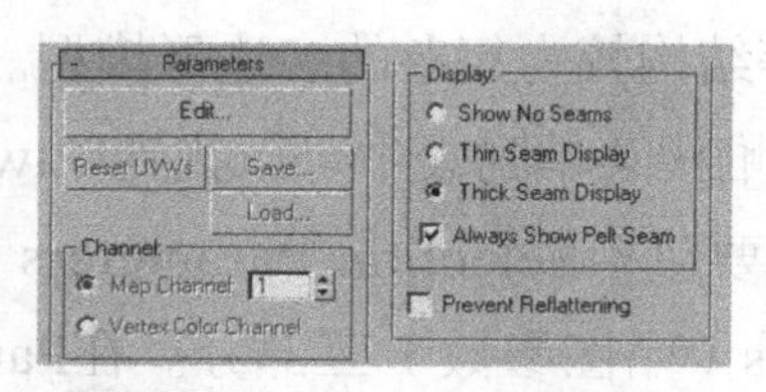

图3-32 Parameters参数面板

Edit（编辑）：用来打开Edit UVWs编辑窗口。对于其具体参数设置下面将会讲到。

Reset UVWs（重置UVW）：放弃已经编辑好的UVW，使其回到初始状态，这也就意味着之前的全部操作都将丢失，所以一般不使用这个按钮。

Save（保存）：将当前编辑的UVW保存为“.UVW”格式的文件，对于复制的模型物体可以通过载入文件来直接完成UVW的编辑。其实在游戏场景的制作中我们通常会选择另外一种方式来操作：单击模型堆栈窗口中的Unwrap UVW修改器，然后点住鼠标左键直接拖拽这个修改器到视图窗口中复制出的模型物体上，松开鼠标左键即可。这种拖拽修改器的操作方式在其他很多地方也会用到。

Load（载入）：载入“.UVW”格式的文件，如果两个模型物体不同，则此命令无效。

Channel（通道）：包括Map channel（贴图通道）与Vertex color channel（顶点色通道）两个选项，在游戏场景制作中并不常用。

Display（显示）：使用Unwrap UVW修改器后，模型物体的贴图坐标表面会出现一条绿色的线，这就是展开贴图坐标的缝合线，这里的选项就是用来设置缝合线的显示方式，从上到下依次为：不显示缝合线、显示较细的缝合线、显示较粗的缝合线、始终显示缝合线。

③ Map Parameters贴图参数面板看似十分复杂，但其实常用的命令并不多（见图3-33）。在面板上半部分的按钮中包括5种贴图映射方式和7种贴图坐标对齐方式。由于这些命令操作大多在UVW Map修改器中都可以完成，所以这里较少用到。

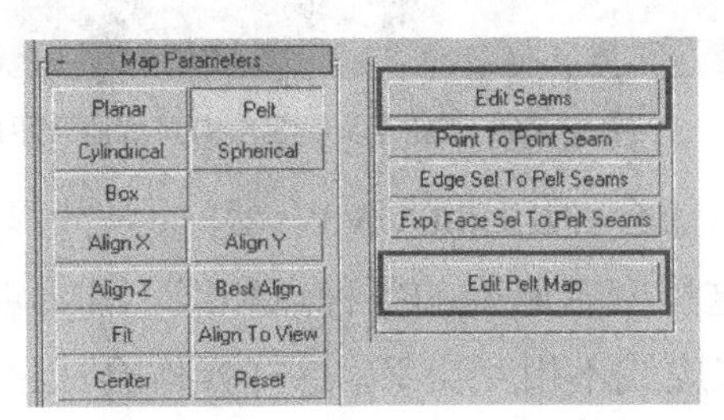

图3-33 Map Parameters贴图参数面板

这里需要着重讲到的是Pelt（剥皮）工具，这个是角色模型UV平展最主要的应用命令。Pelt的含义就是指把模型物体的表面剥开，并将其贴图坐标平展的一种贴图映射方式。这是UVW Map修改器中没有的一种贴图映射方式，相较其他的贴图映射方式来说相对复杂，适合结构复杂的模型物体。下面来具体讲解操作流程。

总体来说Pelt平展贴图坐标的流程分为三大步：一，重新定义编辑缝合线；二，选择想要编辑的模型物体或者模型面，单击Pelt按钮，选择合适的平展对齐方式；三，单击Edit Pelt Map按钮，对选择对象进行平展操作。

图3-34中是一个场景石柱模型，模型上的绿线为原始的缝合线。进入Unwrap UVW修改器的Edge层级后，单击Map Parameters面板中的Edit Seams按钮就可以对模型重新定义缝合线。在Edit Seams按钮激活状态下，单击模型物体上的边线就会使之变为蓝色，蓝色的线就是新的缝合线路经，按住键盘上的【CTRL】键再单击边线就是取消蓝色缝合线。我们在定义编辑新的缝合线的时候，通常会在Parameters参数设置中选择隐藏绿色缝合线，重新定义编辑好的缝合线如图3-34中间模型的蓝线。

然后要进入Unwrap UVW修改器的Face层级，选择想要平展的模型物体或者模型面，然后单击Pelt按钮，会出现类似于UVW Map修改器中的Gizmo平面，这时选择Map Parameters面板中合适的展开对齐方式，见图3-34右侧。

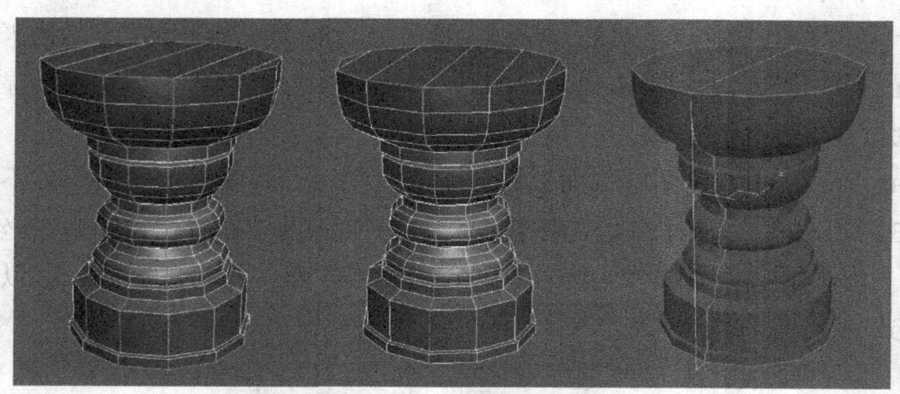

图3-34 重新定义缝合线并选择展开平面

单击Edit Pelt Map按钮会弹出Edit UVWs窗口，从模型UV坐标每一个点上都会引申出一条虚线，对于这里密密麻麻的各种点和线不需要精确调整，只需要遵循一个原则：尽可能地让这些虚线不相互交叉。这样操作会让之后的UV平展更加便捷。

单击Edit Pelt Map按钮后，同时会弹出平展操作的命令窗口，这个命令窗口中包含许多工具和命令，但对于平时一般制作来说很少用到，只需要单击右下角的Simulate Pelt Pulling（模拟拉皮）按钮就可以继续下一步的平展操作。接下来整个模型的贴图坐标将会按照一定的力度和方向进行平展操作，具体原理就是相当于将模型的每一个UV顶点沿着引申出来的虚线方向进行均匀的拉拽，形成贴图坐标分布网格（见图3-35）。

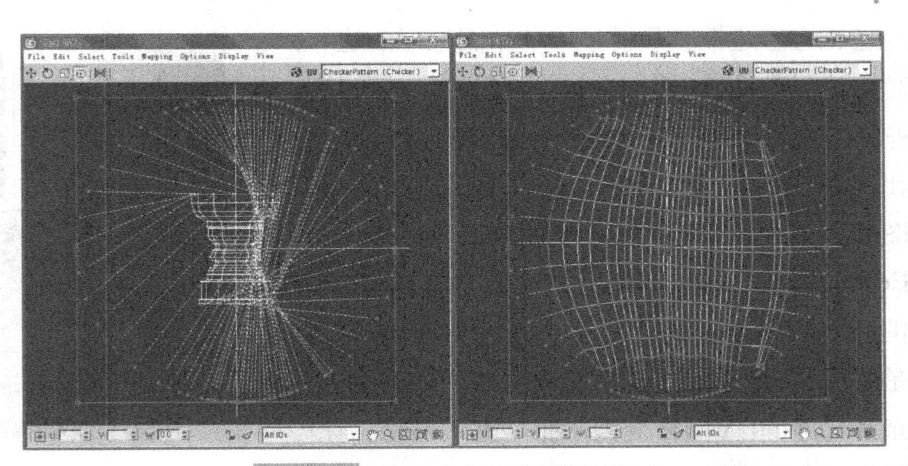

图3-35 利用Pelt命令展平模型UV

之后我们需要对UV网格进行顶点的调整和编辑，编辑的原则就是让网格尽量均匀的分布，这样最后当贴图添加到模型物体表面时才不会出现较大的拉伸和撕裂现象。我们可以单击UV编辑器视图窗口上方的棋盘格显示按钮来查看模型UV的分布状况，当黑白色方格在模型表面均匀分布没有较大变形或拉伸的状态，就说明模型的UV是均匀分布的（见图3-36）。

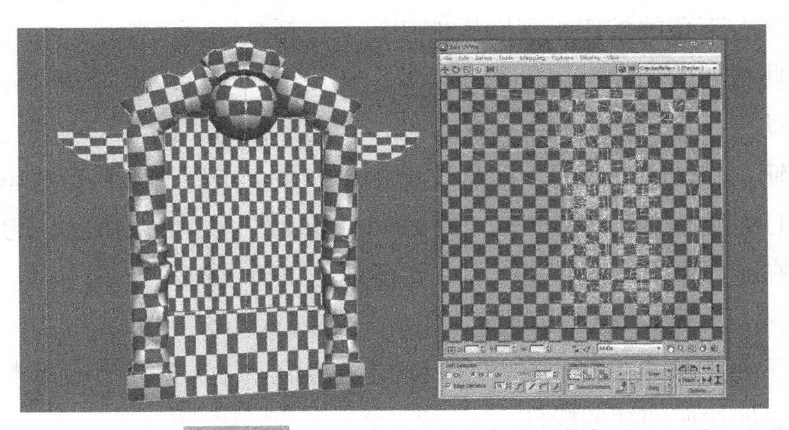

图3-36 利用黑白棋盘格来查看UV分布

2. Edit UVWs编辑器

模型UV编辑器是调整和平展模型UV最主要的工具面板。图3-37中就是Edit UVWs编辑器的操作窗口，从上到下依次包括：菜单栏、操作按钮、视图区和层级选择面板四个部分。虽然看似复杂，但其实在游戏制作中常用的命令却不多，图中红框标识的区域基本涵盖了常用的命令和操作，下面来具体讲解。

首先来看视图区域，在模型物体UV网格线的底下是贴图的显示区域，在中间的深蓝色正方形边框就是模型物体贴图坐标的边界，任何超出边界的UV网格都会被重复贴图，类似增加贴图的平铺次数。对于3D角色模型来说，UV网格都不能超出蓝色边界，这样才能在贴图区域内正确绘制模型贴图。

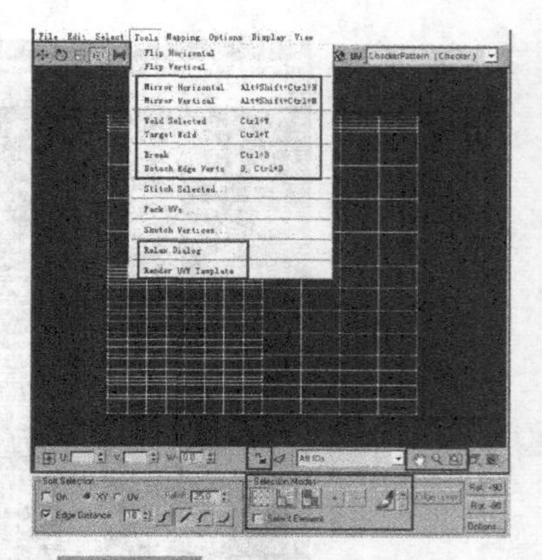

图3-37　UV编辑器视图窗口

Edit UVWs的视图操作区域是最为核心的区域，所有的命令和操作都是要在这个区域中实现，换句话说就是要通过一切操作来实现UV网格的均匀平展，将最初杂乱无序的UV网格变为一张平整的网格，让模型的贴图坐标和模型贴图找到最佳的结合点。

在视图区左上边的五个按钮是编辑UV网格最为常用的工具，从左往右分别为Move（移动）、Rotate（旋转）、Scale（缩放）、Freeform Mode（自由变换）和Mirror（镜像）。移动、旋转、缩放及镜像自然不用多说，跟前面讲到的3ds Max操作基本一致。自由变换工具是最为常用的UV编辑工具，因为在自由变换模式下包含所有的移动、旋转和缩放的操作，让操作变得十分便捷。

视图区右下角的按钮是视图操作按钮，包括视图基本的平移和缩放等，在实际操作中这些按钮的功能用鼠标都能代替，按住鼠标中键或鼠标滚轮拖动视图为视图平移，滑动鼠标滚轮为视图的缩放操作。在这一排按钮区域正中间有一个“锁”形的图标按钮，默认状态下是“开锁”图标，如果点击后变为锁定状态，则不能对视图中任何UV网格进行编辑操作，因为3ds Max对于这个按钮默认的快捷键是【空格】键，在操作中很容易被意外激活，所以这里着重提示一下。

视图区下方是层级选择面板，包含基本的Vertex（点）、Edge（线）、Face（面）等子物体层级的操作。三种层级各有优势，在UV网格编辑中通过适当的切换来实现更加快速便捷的操作。

Select Element（选择元素）：当激活这个命令时，对于选取视图中任何一个坐标点，都将会选取整片的UV网格。

Sync to Viewport（与视图同步）：默认状态是激活的，在视图窗口中的选择操作会实时显示出来。

“+”按钮是扩大选择范围，“ - ”按钮是减少选择范围。

在Edit UVWs的菜单栏中需要着重讲解的是Tools（工具）菜单，在这个菜单中包含对UV网格镜像、合并、分割和松弛等常用的操作命令。

Weld Selected（焊接所选）：将UV网格中选择的点全部焊接都一起，这个合并的条件没有任何限制，任意的选择区域的点都可以被焊接合并到一起，快捷键是【CTRL+W】。

Target Weld（目标焊接）：跟多边形编辑中的目标焊接方式一致，单击这个命令选择需要焊接的点，将其拖拽到目标点上即可完成焊接合并，快捷键是【CTRL+T】。

Break（打断）：在Vertex点层级下，此命令会将一个点分解为若干个新的点，新点的数目取决于这个点共用边面的个数。由于会产生较多的点，所以Break命令更多用于Edge和Face的层级操作，具有更强的可控性。断开边时需要注意，如果不与边界相邻，需要选中两个以上的边，Break命令才会起作用，快捷键是【CTRL+B】。

Detach Edge Verts（分离边点）：与Break不同，这个命令是用来分离局部的，它对于单独的点、边不起作用，对面和完全连续的点、边才有效，快捷键是【CTRL+D】。

Relax Dialog（松弛）：在之前介绍的Pelt操作流程完成后，往往就需要用到Relax Dialog命令。所谓的Relax就是将选中的UV网格对象进行“放松”处理，让过于紧密的UV坐标变得更加松弛，在一定程度上解决了贴图拉伸问题。

Render UVW Template（渲染UVW模板）：这个命令能够将Edit UVWs视图中蓝色边界内的UV网格渲染为“.BMP”“.JPG”等平面图片文件，以方便在Photoshop中绘制贴图。

模型贴图坐标的操作在3ds Max软件中是一个比较复杂的部分，对于新手学习来说有一定难度，但只要理解其中的核心原理并掌握关键的操作部分，其实这部分内容并没有想象中的困难。想要熟练掌握模型贴图坐标的编辑操作技巧不是一朝一夕的，往往需要经年累月的积累，在每次实践操作中不断总结经验，为自己的专业技能打下坚实的基础。想了解更多关于游戏贴图坐标方面的内容，可以扫描二维码来观看视频课程（见图3-38）。

图3-38 《3ds Max贴图坐标详解》视频课程

http://182.92.225.223/web/shareVideo/index.action?id=1000121&ajax=1

3.2.3 模型贴图的绘制

3D动画模型是通过渲染来呈现最终效果的，贴图只是中间步骤，对模型贴图在格式和尺寸等方面并没有严格的限定。但对于3D游戏来说，由于一切模型都是在游戏引擎中即时呈现的，所以在制作中游戏贴图会有诸多的要求和限制。本节我们就来讲解游戏模型贴图的制作流程和规范，并结合具体实例掌握游戏贴图的制作技巧。

1. 模型贴图概述

现在大多数游戏公司尤其是3D网络游戏制作公司，最常用的模型贴图格式为.DDS，这种格式的贴图在游戏中可以随着玩家操控角色与其他模型物体间的距离来改变贴图自身尺寸，在保证视觉效果的同时节省了大量资源（见图3-39）。贴图的尺寸通常为8 像素×8像素、16像素×16像素、32像素×32像素、64像素×64像素、128像素×128像素、512像素×512像素、1024像素×1024像素等，一般来说常用的贴图尺寸是512像素×512像素和1024像素×1024像素，可能在一些次时代游戏中还会用到2048像素×2048像素的超大尺寸贴图。有时候为了压缩图片尺寸，节省资源，贴图不一定是等边的，竖长方形和横长方形也是可以的，如128像素×512像素、1024像素×512像素等尺寸。

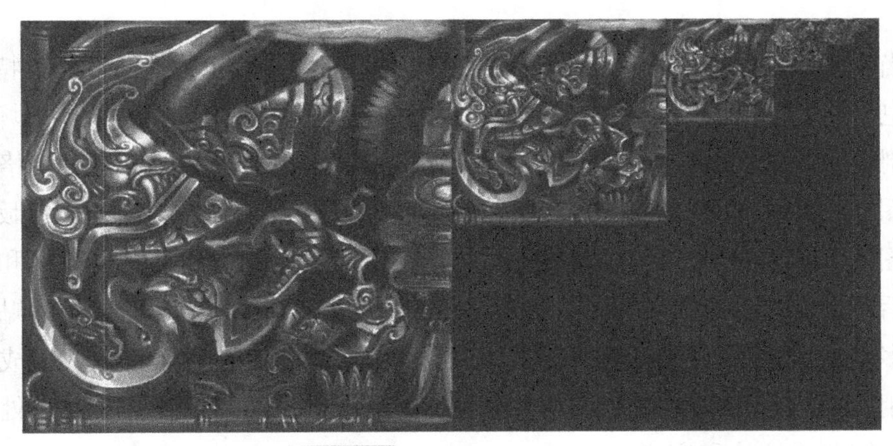

图3-39 DDS格式贴图的特点

3D游戏的制作其实可以概括为一个“收缩”的过程，考虑到引擎能力、硬件负荷、网络带宽等因素，都不得不迫使在游戏制作中必须要尽可能地节省资源。游戏模型不仅要制作成低模，而且在最后导入游戏引擎前还要进一步删减模型面数。游戏贴图也是如此，作为游戏美术师要尽一切可能让贴图尺寸降到最低，把贴图中的所有元素尽可能地堆积到一起，并且还要尽量减少模型应用的贴图数量。总之，在导入引擎前，所有美术元素都要尽可能的精炼，这就是“收缩”的概念。虽然现在的游戏引擎技术飞速发展，对于资源的限制逐渐放宽，但节约资源的理念应该是每一位3D游戏美术师所奉行的基本原则。

对于要导入游戏引擎的模型，其命名都必须要用英文，不能出现中文字符。在实际游戏项目制作中，模型的名称要与对应的材质球和贴图命名统一，以便于查找和管理。模型的命名通常包括前缀、名称和后缀三部分，如建筑模型可以命名为JZ_Starfloor_01，不同模型之间不能出现重名。

与模型命名一样，材质和贴图的命名同样不能出现中文字符。模型、材质与贴图的名称要统一，不同贴图不能出现重名现象，贴图的命名同样包含前缀、名称和后缀，如jz_Stone01_D。在实际游戏项目制作中，不同的后缀名代指不同的贴图类型，通常来说_D表示Diffuse贴图，_B表示凹凸贴图，_N表示法线贴图，_S代表高光贴图，_AL表示带有Alpha通道的贴图。

接下来再谈一下游戏贴图的风格。一般来说游戏贴图风格主要分为：写实风格和手绘风格。写实风格的贴图一般都是用真实的照片来进行修改，而手绘风格的贴图主要是靠制作者的美术功底来进行手绘。其实贴图的美术风格并没有十分严格的界定，只能看是侧重于哪一方面，是偏写实或者是偏手绘。写实风格主要用于真实背景的游戏当中，手绘风格主要用在Q版卡通游戏中，当然一些游戏为了标榜独特的视觉效果，也采用偏写实的手绘贴图。贴图的风格并不能真正决定一款游戏的好坏，重要的还是制作的质量，这里只是简单介绍让大家了解不同贴图所塑造的美术风格。

图3-40左侧是手绘风格的游戏贴图，整体风格偏卡通，适合用于Q版游戏。手绘贴图的优点是：整体都是用颜色绘制，色块面积比较大，而且过渡柔和，在贴图放大后不会出现明显的贴图拉伸和变形痕迹。图3-40右侧为写实风格的贴图，图片中大多数元素的素材都是取自真实照片，通过Photoshop的修改编辑形成了符合游戏使用的贴图，写实贴图的细节效果和真实感比较强，但如果模型UV处理不当会造成比较严重拉伸和变形。

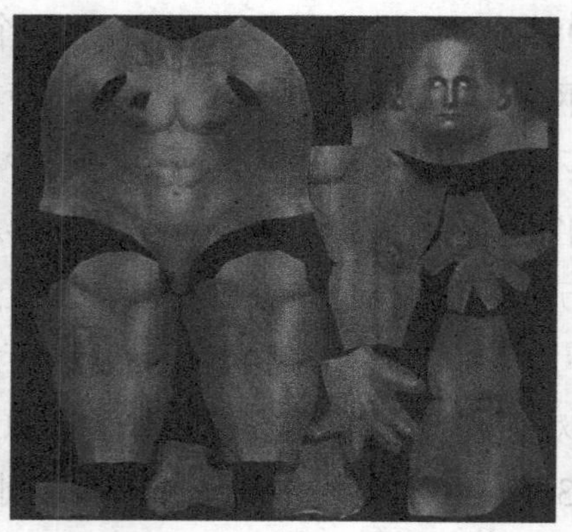

图3-40 手绘贴图与写实贴图

当我们完成了模型UV的平展工作后，可以通过UV编辑器菜单中的Render UVW Template命令来渲染模型的UV网格，将其作为一张图片输出并导入到平面软件中，作为贴图绘制的参考依据。不同的UV网格分布对应模型不同的部位，然后我们可以在平面软件中对应3D视图来完成模型贴图的绘制（见图3-41）。

图3-41 参照UV网格来绘制贴图

2. 模型贴图的制作流程

下面我们通过一张金属元素贴图的制作实例来学习模型贴图的基本绘制流程和方法。首先，在Photoshop中创建新的图层，根据模型UV网格绘制出贴图的底色，铺垫基本的整体明暗关系（见图3-42）。然后，在底色的基础上，绘制贴图的纹饰和结构部分（见图3-43）。

图3-42 绘制贴图底色

图3-43 绘制纹饰和结构

接下来绘制结构的基本阴影，同时调整整体的明度和对比度（见图3-44）。选用一些肌理丰富的照片材质进行底纹叠加，可以叠加多张不同的材质。图层的叠加方式可以选择Overlay、Multiply或者Softlight，强度可以通过图层透明度来控制（见图3-45）。通过叠加纹理增强了贴图的真实感和细节，这样制作出来的贴图就是偏写实风格贴图。

图3-44 绘制阴影

图3-45 叠加纹理

然后绘制金属的倒角结构，同时提亮贴图的高光部分（见图3-46）。金属材质的边缘部分会有些细小的倒角，可以单独在一个图层内用亮色绘制，图层的叠加方式可以是Overlay或者Colordodge，强度可以通过图层透明度来控制。接下来利用色阶或曲线工具，整体调整贴图的对比度，增强金属质感（见图3-47）。

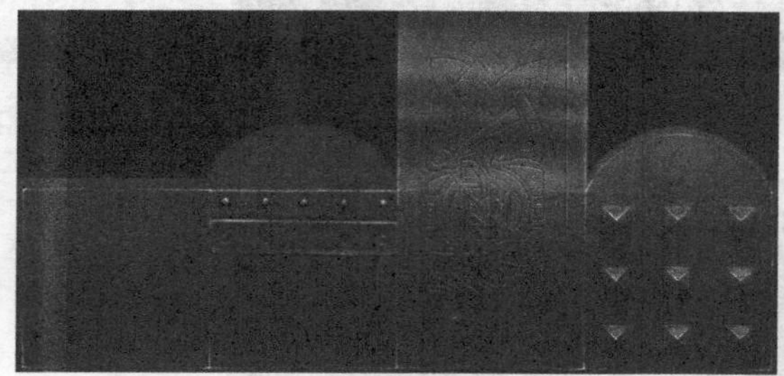

图3-46 绘制高光

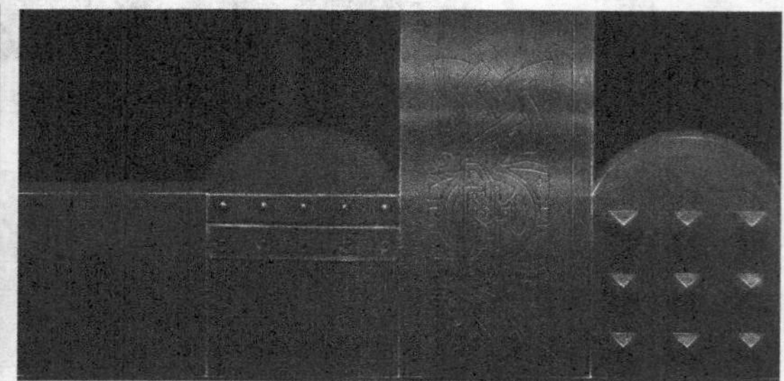

图3-47 调整对比度

最后，可以用一些特殊的笔刷纹理在金属表面一些平时不容易被摩擦到的地方绘制污迹或者类似金属氧化的痕迹，以增强贴图的细节和真实感，这样就完成了贴图的绘制（见图3-48）。

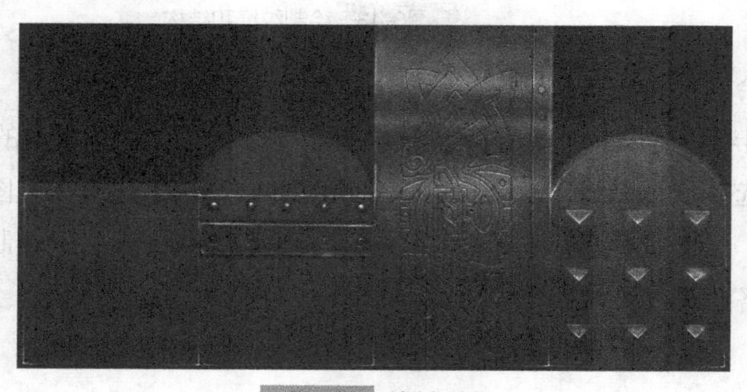

图3-48 绘制污渍

制作完成的贴图要通过材质编辑器添加到材质球上，然后才能赋予模型。在3ds Max的工具按钮栏单击材质编辑器按钮或者按键盘上的【M】键，可以打开Material Editor材质编辑器。材质编辑器的内容复杂并且功能强大，然而对于游戏制作来说这里应用的部分却十分简单，因为游戏当中的模型材质效果都是通过游戏引擎中的设置来实现的，材质编辑器里的参数设定并不能影响游戏实际场景中模型的材质效果。在3D模型制作时，我们仅仅利用材质编辑器将贴图添加到材质球的贴图通道上。普通的模型贴图只需要在Maps（贴图通道）的Diffuse Color（固有色）通道中添加一张位图（Bitmap）即可，如果游戏引擎支持高光和法线贴图（Normal Map），那么可以在Specular Level（高光级别）和Bump（凹凸）通道中添加高光和法线贴图（见图3-49）。

Maps

	Amount	Map
Ambient Color	100	None
Diffuse Color	100	Map #1 (LRS_M_Luzi_D.dds)
Specular Color	100	None
Specular Level	100	Map #3 (LRS_M_Luzi_D.dds)
Glossiness	100	None
Self-Illumination	100	None
Opacity	100	Map #1 (LRS_M_Luzi_D.dds)
Filter Color	100	None
Bump	30	Map #2 (LRS_M_Luzi_B.dds)

图3-49 常用的材质球贴图通道

除此以外，在模型贴图还有一种特殊的类型就是透明贴图，所谓透明贴图就是带有不透明通道的贴图，也称Alpha贴图。例如游戏制作中的植物模型的叶片、建筑模型中的栏杆等复杂结构及生物模型的毛发等都必须用透明贴图来实现。图3-50左边就是透明贴图，右边就是它的不透明通道，在不透明通道中白色部分为可见，黑色部分为不可见，这样最后在游戏场景中就实现了带有镂空效果的树叶。

图3-50 Alpha贴图效果

通常在实际制作中我们会将图片的不透明通道直接作为Alpha通道保存到图片中，然后将贴图添加到材质球的Diffuse Color和Opacity（透明度）通道中。要注意只将贴图添加到Opacity通道还不能在3ds Max视图中实现镂空的效果，必须要进入此通道下的贴图层级，将Mono Channel Output（通道输出）设定为Alpha模式，这样贴图才会在视图中实时显示镂空效果。

3. 贴图常用工具及问题解决技巧

最后再来为大家介绍一下3ds Max中关于贴图方面的常用工具及实际操作中常见的问题和解决技巧。在3ds Max命令面板的最后一项工具面板中，可以找到Bitmap/Photometric Paths（贴图路径）工具（见图3-51），这个工具可以方便我们在游戏制作中快速指定材质球所包含的所有贴图路径。在项目制作过程中，我们会经常接到从别的制作人员电脑中传输过来的3ds Max制作文件，或者是从公司服务器中下载的文件。当我们在自己的电脑上打开这些文件的时候，有时会发现模型的贴图不能正常显示，其实大多数情况下并不是因为贴图本身的问题，而是因为文件中材质球所包含的贴图路径发生了改变。如果单纯用手工去修改贴图路径，操作将变得十分烦琐，这时如果用Bitmap/Photometric Paths工具，那么将会非常简单方便。

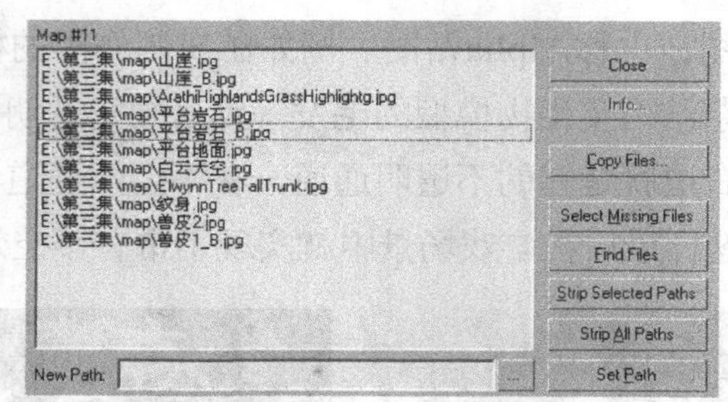

图3-51 Bitmap/Photometric Paths工具面板窗口

打开Bitmap/Photometric Paths工具，单击Edit Resources按钮会弹出一个面板窗口。右侧的按钮Close是关闭面板，Info可以查看所选中的贴图，Copy Files可以将所选的贴图复制到指定的路径或文件夹中，Select Missing Files可以选中所有丢失路径的贴图，Find Files可以显示本地贴图和丢失贴图的信息，Strip Selected Paths是取消所选贴图之前指定的贴图路径，Strip All Paths是取消所有贴图之前指定的贴图路径，New Path和Set Path用来设定新的贴图路径。

单击Select Missing Files按钮，首先查找并选中丢失路径的贴图，然后在New Path中输入当前文件贴图所在的文件夹路径，并通过Set Path将路径进行重新指定，这样就可以正确显示贴图了。

电脑首次装入3ds Max软件后，打开模型文件会发现原本清晰的贴图变得非常模糊，遇到这种情况并不是贴图的问题，也不是场景文件的问题，是需要对3ds Max的驱动显示进行设置。在3ds Max菜单栏Customize（自定义）菜单下单击Preferences，在弹出的窗口中选择Viewports（视图设置），然后通过面板下方的Display Drivers（显示驱动）来进行设定。Choose Driver是选择显示驱动模式，这里要根据计算机自身显卡的配置来选择。Configure Driver是对显示模式进行详细设置，单击后会弹出面板窗口（见图3-52）。

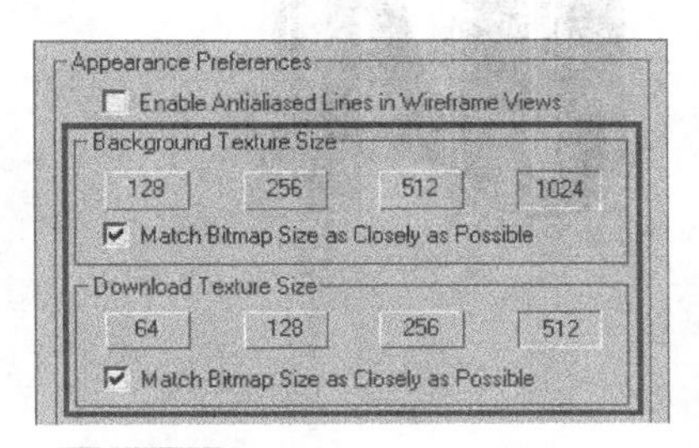

图3-52 对软件显示模式进行设置

将Background Texture Size（背景贴图尺寸）和Download Texture Size（下载贴图尺寸）分别设置为最大的1024和512，并分别勾选Match Bitmap Size as Closely as Possible（尽可能接近匹配贴图尺寸），然后点击保存并关闭3ds Max软件，当再次启动3ds Max的时候贴图就可以清晰地显示了。想了解更多关于游戏贴图方面的内容，可以扫描下方二维码来观看视频课程（见图3-53）。

图3-53 《网络游戏贴图的奥秘》视频课程

http://182.92.225.223/web/shareVideo/index.action?id=1000122&ajax=1

CHAPTER

04

3D人体模型的制作

人体模型是3D角色建模中最为常见的模型类型，也是制作3D角色的基础模型。无论我们想要制作何种风格的3D角色，都必须首先要创建人体模型，然后根据角色的风格及背景设定来制作服饰、装备和装饰的附属模型。本章我们将制作一个男性角色的3D人体模型，从建模到分展UV再到贴图的绘制，通过完整的制作过程为大家展示和讲解3D角色的基本制作流程和标准，为之后学习更为复杂的3D角色制作打下基础。

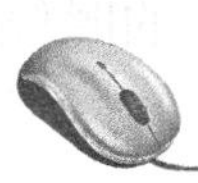

4.1 人体模型制作前的准备

在开始正式制作前，我们要确定制作的人体模型的基本形态和比例，是制作男性还是女性，身材比例如何，肌肉的发达程度等，通俗来讲就是要掌握所制作人物的高矮胖瘦。不同形态的体型在初期建模的时候会存在较大的差别，所以这是模型制作前必须要确定和掌握的基本问题。然后我们需要搜集一些参考图片，比如人体肌肉、骨骼结构或者一些3D的效果图片等，这样可以帮助我们在建模的时候正确处理模型结构（见图4-1）。

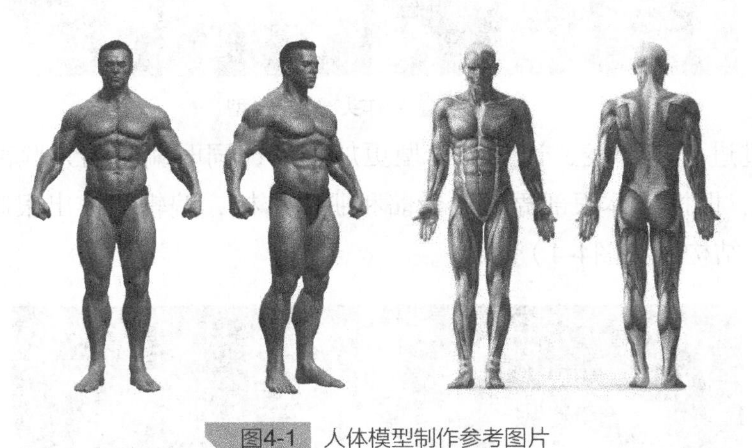

图4-1 人体模型制作参考图片

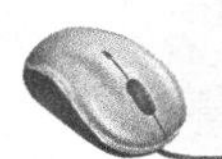

4.2 头部的制作

整个人体模型的制作，我们基本按照头、颈、躯干和四肢这样的顺序来进行。

首先制作头部模型，在3ds Max视图中创建基础几何体模型，作为编辑制作头部模型的基础。可以根据个人习惯来进行选择，立方体、圆柱体和球体都可以作为基础几何体，这里我们选择BOX模型。将创建出的BOX模型塌陷为可编辑的多边形，然后通过加线分段对模型进行编辑，制作出人体头部和颈部的基本外形轮廓（见图4-2）。

另外，由于人体为左右完全对称的模型结构，所以在利用BOX编辑出基本头部模型后，我们可以将中间对称边线一侧的模型删除，然后对剩下的模型添加Symmetry修改器，这样模型就进行了镜像对称，在后面模型制作的时候只需调整一侧模型即可。

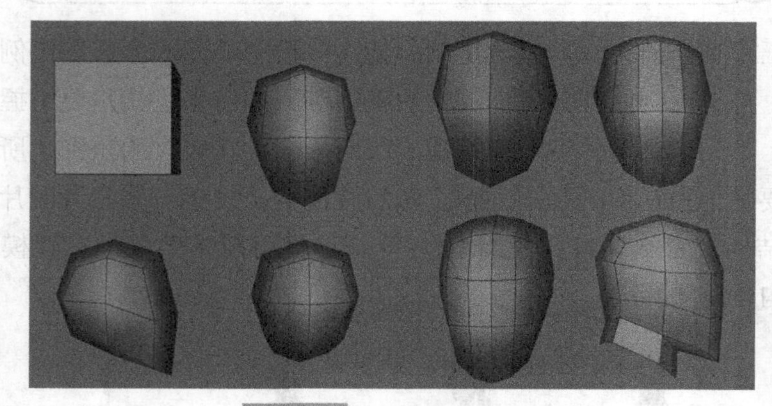

图4-2 制作头部基础模型

然后通过进一步加线，让头部模型更加圆滑，同时编辑出人脸部的基本轮廓（见图4-3）。根据人体眼部周围的骨骼和肌肉结构，编辑制作出眼眶、眼窝及鼻梁部分的模型结构（见图4-4）。

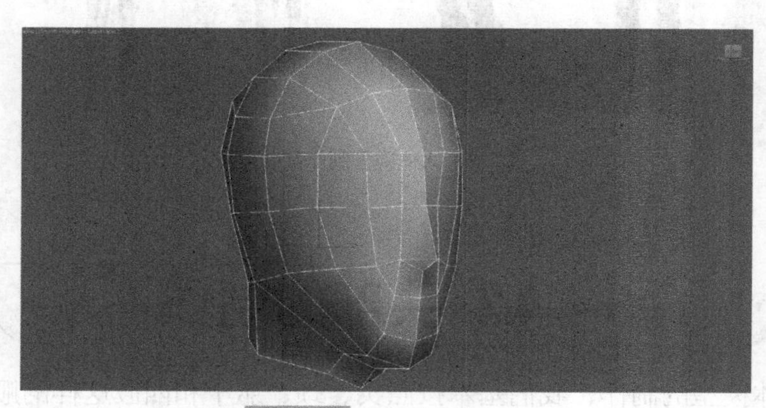

图4-3 制作脸部轮廓

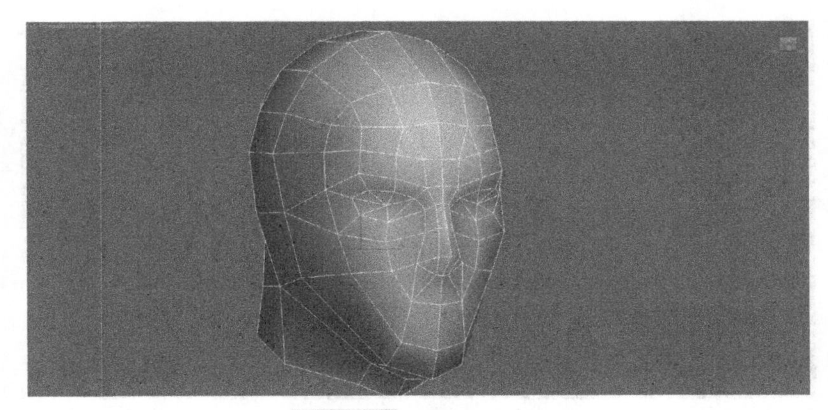

图4-4 制作眼部结构

接下来进一步加线，让脸部结构更趋完善，制作鼻翼结构，切割划分嘴部的线面结构（见图4-5），然后制作嘴巴和下巴的结构（见图4-6），进一步细化鼻部结构，简单制作出鼻孔（见图4-7）。制作完成的效果见图4-8。

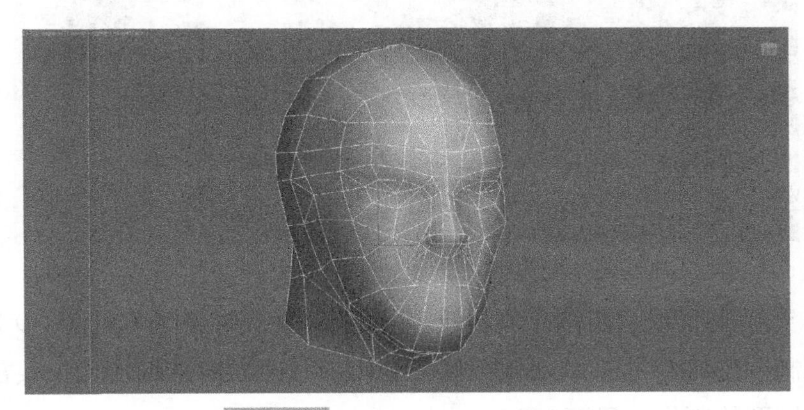

图4-5 细化鼻部和嘴部线面结构

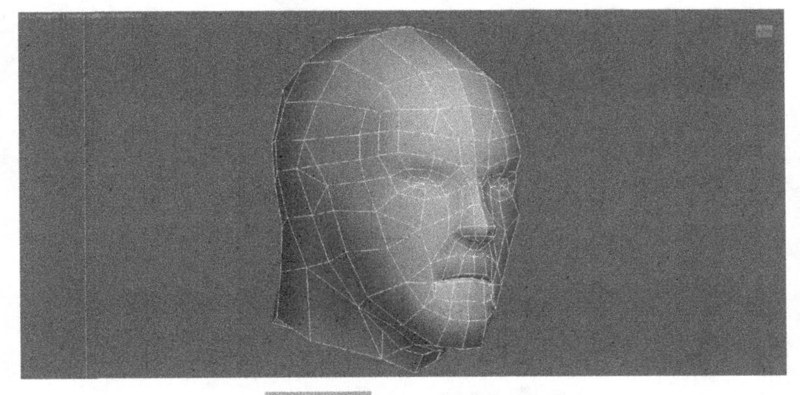

图4-6 制作嘴部和下巴

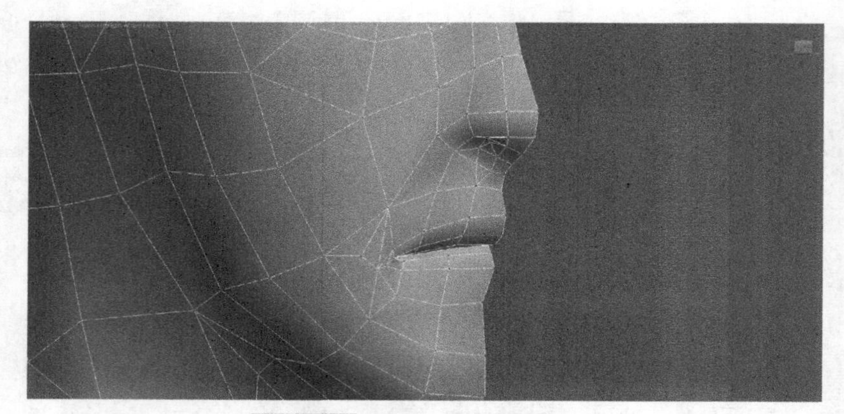

图4-7 嘴部和鼻部的布线细节

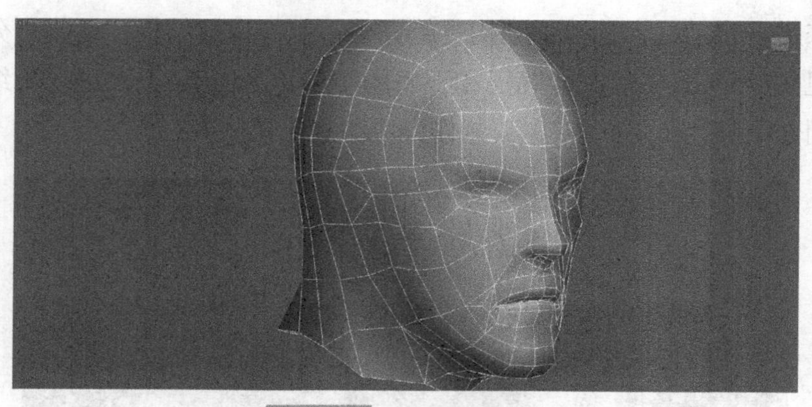

图4-8 完成的模型效果

然后再头部侧面开始切割布线，准备下一步耳朵的制作（见图4-9）。通过挤出命令编辑制作出耳朵的基本结构（见图4-10）。最后继续细化整个头部模型，完成最终头部模型的制作，见图4-11。

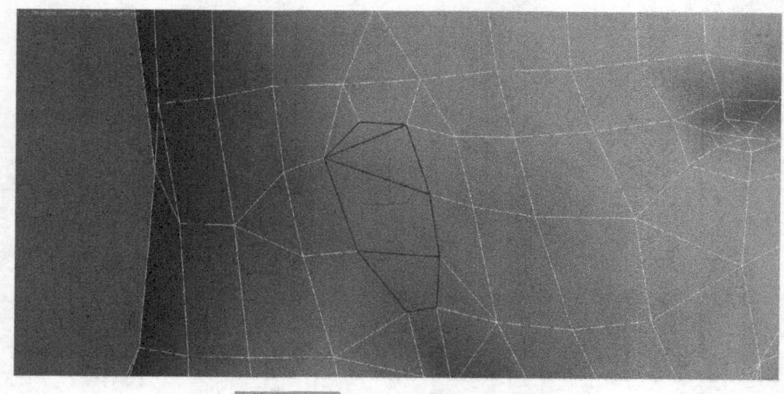

图4-9 划分耳朵的线面结构

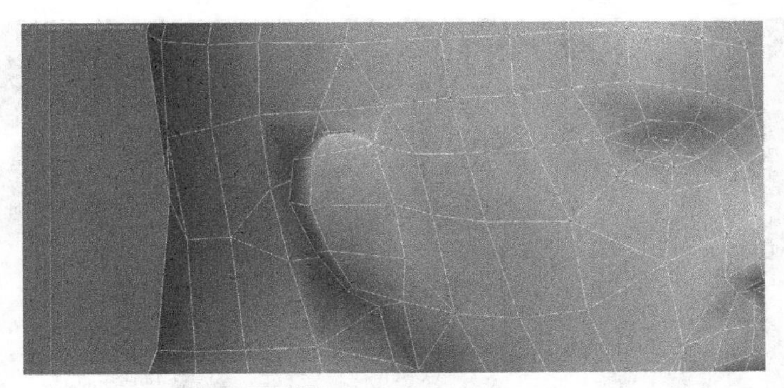
图4-10 通过挤出命令制作耳朵

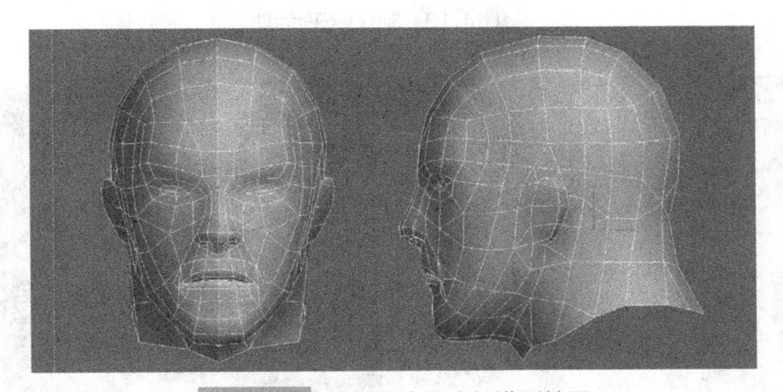
图4-11 最终完成的头部模型效果

想了解更多关于角色头部建模方面的内容，可以扫描下方二维码来观看视频（见图4-12）。

图4-11 角色头部模型速建流程视频
http://182.92.225.223/web/shareVideo/index.action?id=1000123&ajax=1

4.3 躯干的制作

接下来沿着头颈部往下，延伸制作人体的身体部分。首先利用简单的几何体面制作出身体的大致形态（见图4-13），然后通过加线进一步细化躯干模型（见图4-14）。

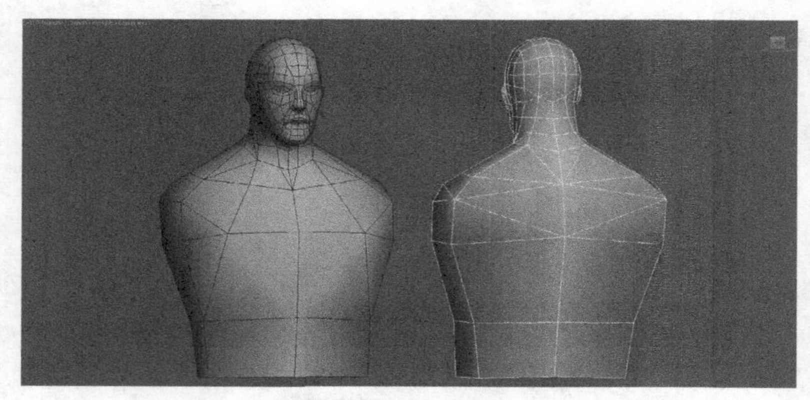

图4-13 制作躯干大型

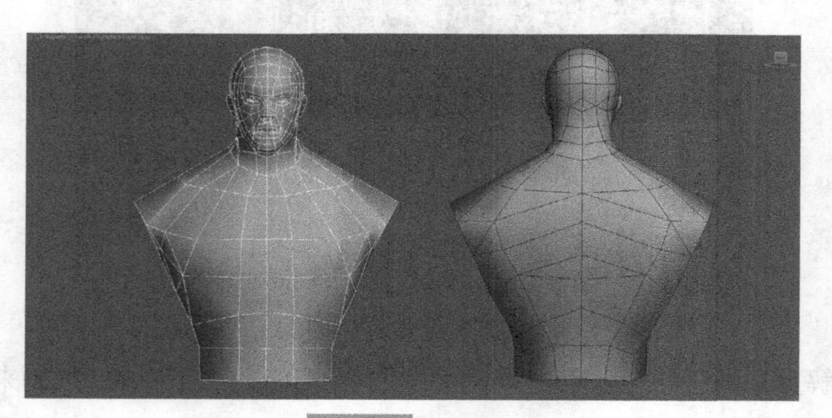

图4-14 细化模型

继续深化模型结构，制作出胸大肌基本结构及锁骨周围的肌肉结构（见图4-15、图4-16），然后根据人体肌肉结构制作腹部和背部的肌肉结构，布线的方式和走向要遵循人体肌肉的结构分布（见图4-17）。最后我们再制作出人体的肩膀部分，为下一步制作手臂做准备，这样整个人体躯干就制作完成了（见图4-18）。

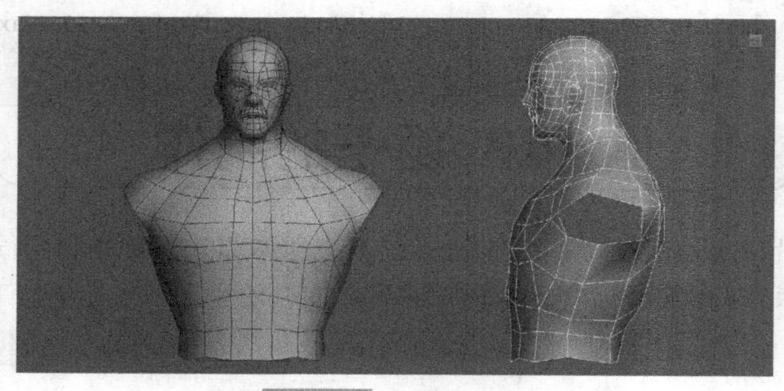

图4-15 制作胸肌结构

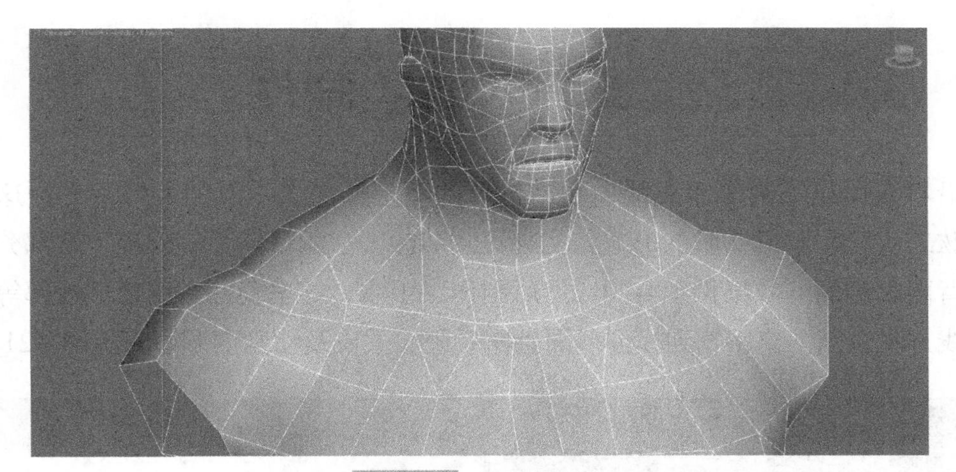

图4-16 制作锁骨结构

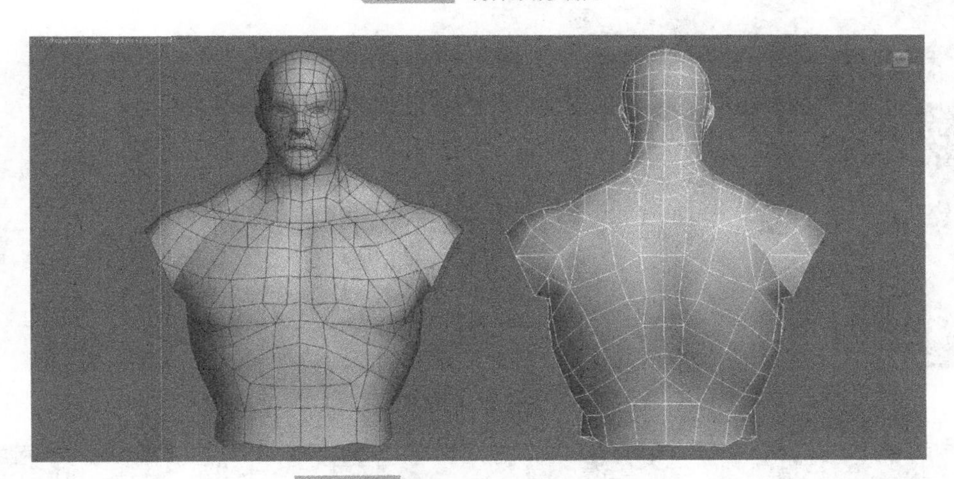

图4-17 制作腹部和背部肌肉结构

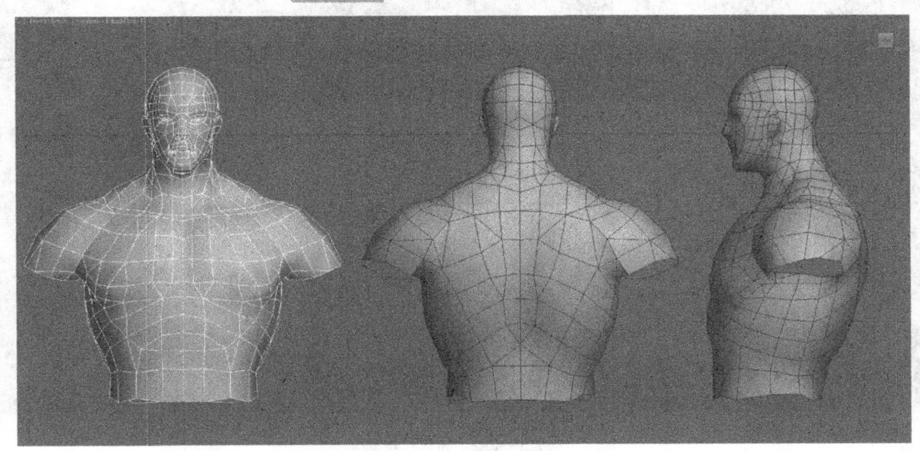

图4-18 制作肩膀部分

4.4 四肢的制作

沿着人体躯干制作完成的肩膀结构，向下延伸制作上肢的上臂部分，这里要注意肱二头肌和肱三头肌的形态结构（见图4-19）。继续向下制作出下臂部分，正面、背面和侧面的效果见图4-20。然后制作出手掌，这里要注意腕部、肘部等关键的布线方式，因为它影响到模型后面骨骼系统、蒙皮及动画的调节（见图4-21）。

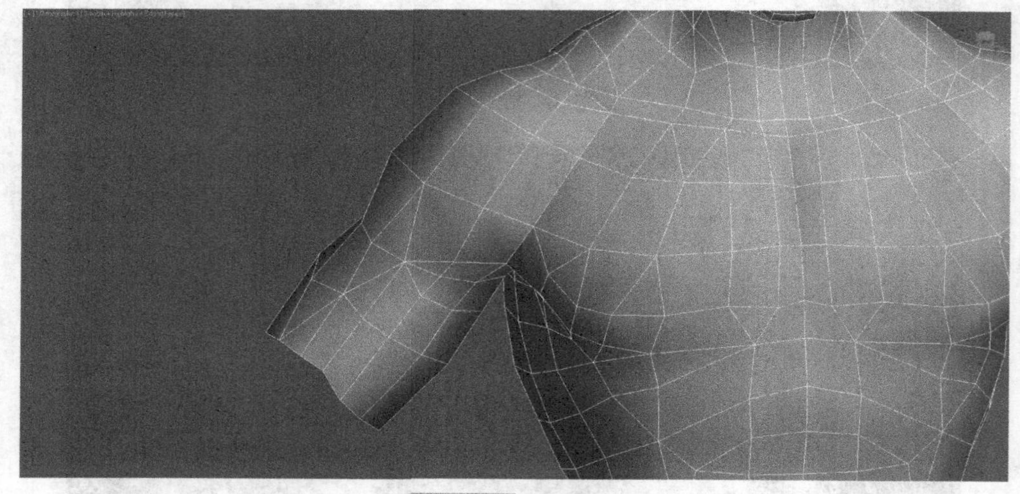

图4-19 制作上臂

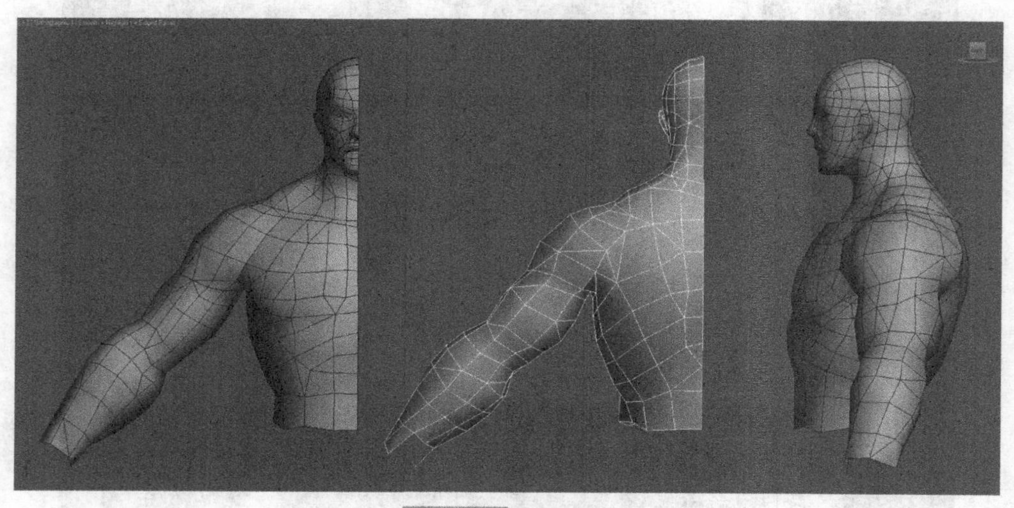

图4-20 制作下臂

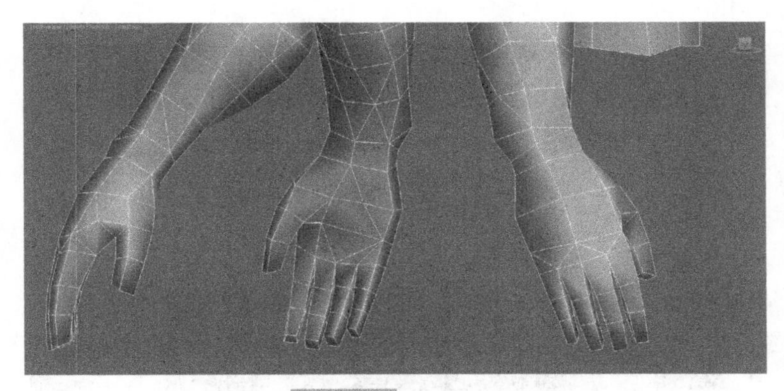

图4-21 制作手部

上肢制作完成后，我们开始完善躯干下面腰部和臀部的模型结构，为接下来制作下肢做准备，腰部要注意胯部人体骨骼和肌肉的结构形态（见图4-22）。然后向下制作出大腿和小腿部分，着重注意膝盖关节结构的布线，要充分考虑到动画的制作（见图4-23、图4-24）。最后制作脚部模型，这样整个下肢的模型结构就完成了（见图4-25）。

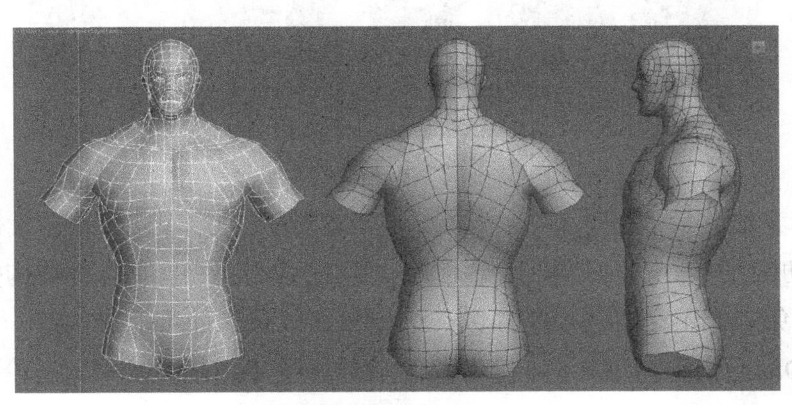

图4-22 制作腰部和臀部

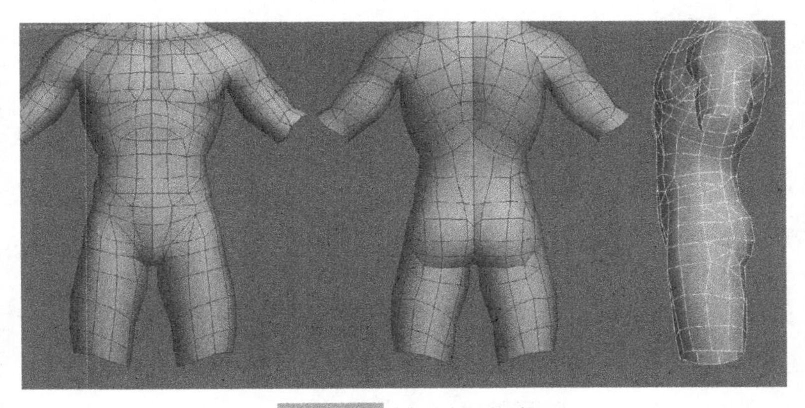

图4-23 制作大腿部分

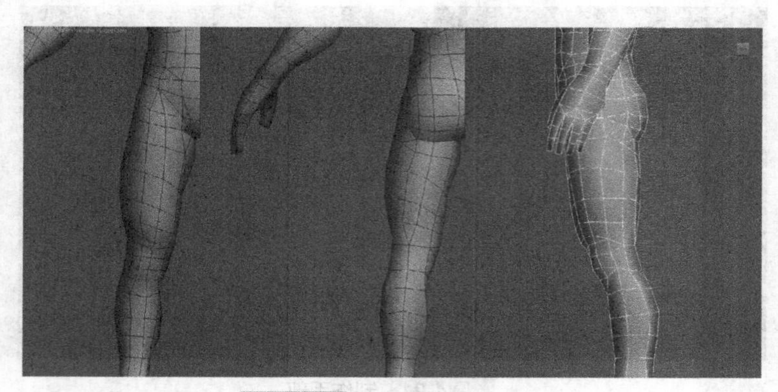

图4-24 制作膝关节和小腿

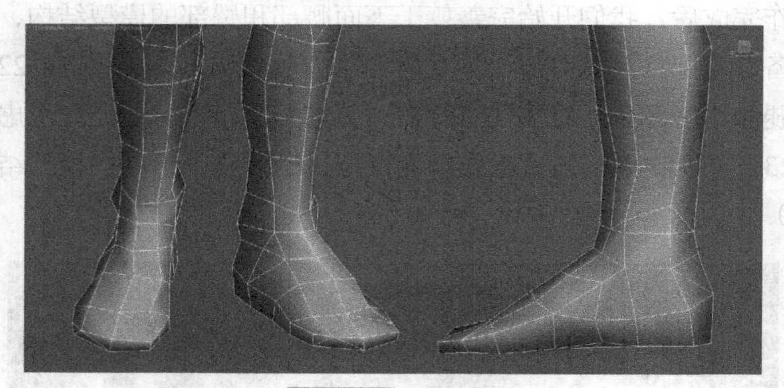

图4-25 制作足部

图4-26为最终完成的人体模型效果。其实对于这个模型来说，我们既可以将其用于3D动画制作，也可以将其作为游戏角色模型。在保证所有结构完善的情况下，尽量避免制作不必要的模型面数，达到模型效果和面数的最佳统一。如果想要将其作为3D动画角色模型，我们可以为其添加一个Turbosmooth（涡轮平滑）修改器命令，这样就转化为了更加圆滑的高精度模型（见图4-27）。

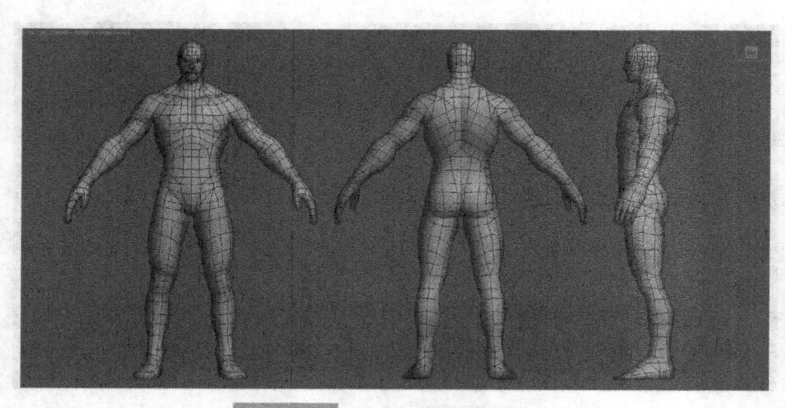

图4-26 完成的人体模型效果

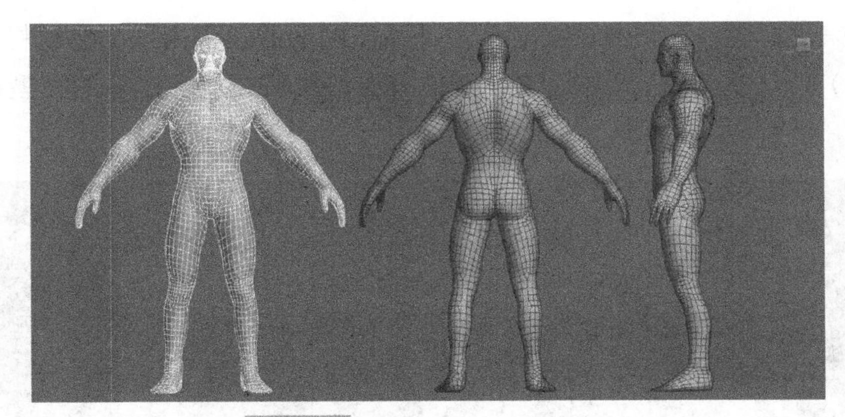

图4-27 添加光滑修改器后的模型

4.5 模型UV的拆分

在角色模型制作完成后，在进行贴图绘制以前，必须要完成的工作就是模型UV的设置和平展。与场景模型不同，由于3D角色模型为一体化模型，不能应用循环贴图，必须要把整个UV平展在UV网格之内。对于这里我们制作的人体角色模型，我们需要将其所有UV平展到一张贴图之上，之后再进行贴图的绘制工作。3D角色模型的UV平展整体来说分为以下几个步骤。

① 为模型添加Unwrap UVW修改器。

② 在修改器Edge层级下，通过Edit Seam命令设定缝合线。

③ 在修改器Face层级下，选择想要平展的模型面。

④ 通过Pelt命令对模型面UV网格进行平展。

⑤ 调整每一块UV的大小比例，将所有平展的UV拼放在UV编辑器的UV框中。

UV网格的分展要尽量将网格按照模型的布线走势进行平铺，要避免产生过大的拉伸和扭曲，尤其是面部的UV。我们可以利用黑白格贴图来检验UV的平铺状况，对于拉伸和扭曲严重的UV部分要进行深入调节。我们要将UV网格尽量铺满UV框，尽可能地利用UV框的空间，这样可以提高贴图绘制的像素细节。

下面我们来具体看一下一块UV网格的划分和平展。由于人体模型是利用对称修改器制作的，所以在分展UV时也只需要分展一侧的模型UV即可（见图4-28）。但这里需要注意，如果是制作普通的3D动画或游戏角色模型，其UV可以按照以上的方法来进行制作，但如果要制作添加法线贴图的角色模型，必须将模型结合（Attach）后对整个模型进行UV平展，因为法线贴图对于镜像的模型会有显示错误。

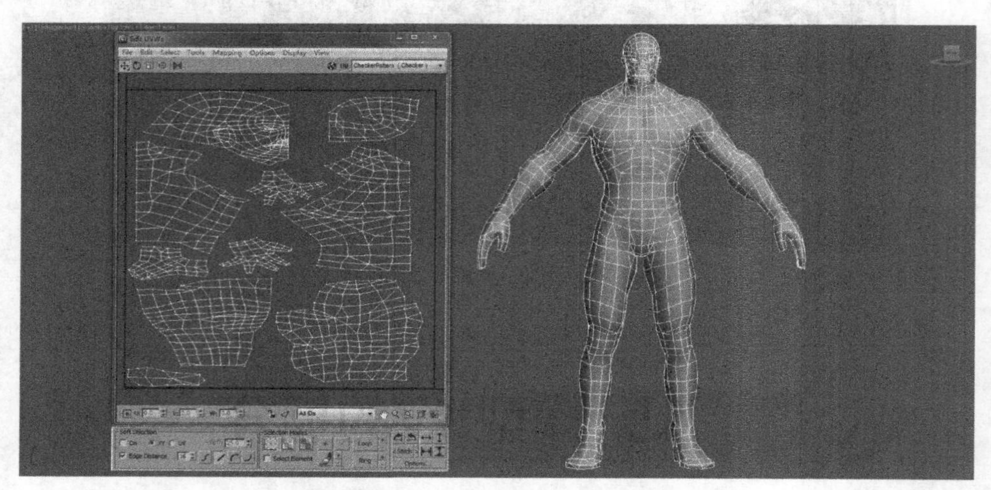

图4-28 人体模型UV分展后的效果

通常来说，我们将头部模型UV单独分展，方便面部贴图的绘制（见图4-29），然后再来平展颈部和躯干的UV，躯干的UV可以整体平展为一块网格，也可以将缝合线设置在身体侧面，然后将躯干前后分展为两块UV，这里我们就选择后一种方式进行分展（见图4-30、图4-31）。

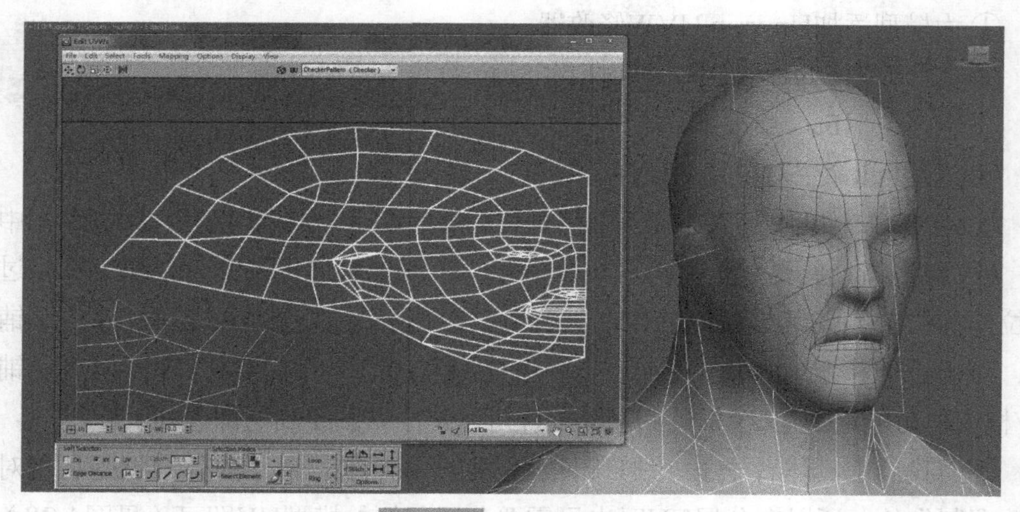

图4-29 头部UV的分展

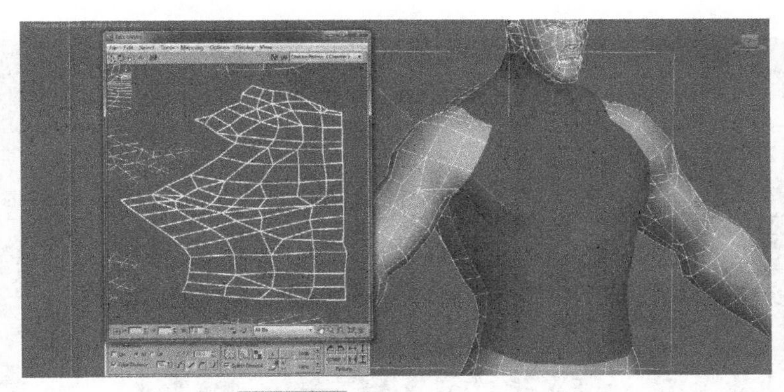

图4-30 躯干正面的UV分展

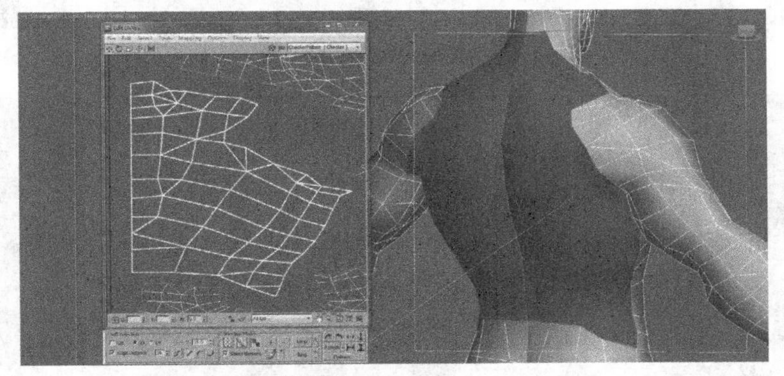

图4-31 躯干背面的UV分展

胳膊单独分展成一块UV，通常来说胳膊的缝合线要设置在内侧，也就是与躯干相邻的一侧，这样可以很好地避免接缝明显的问题（见图4-32）。另外，这里我们把腰、臀和胯部的UV单独进行拆分（见图4-33），然后对腿部UV进行拆分，缝合线还是要设置在腿的内侧（见图4-34）。

最后对手部和足部的UV进行拆分（见图4-35、图4-36）。

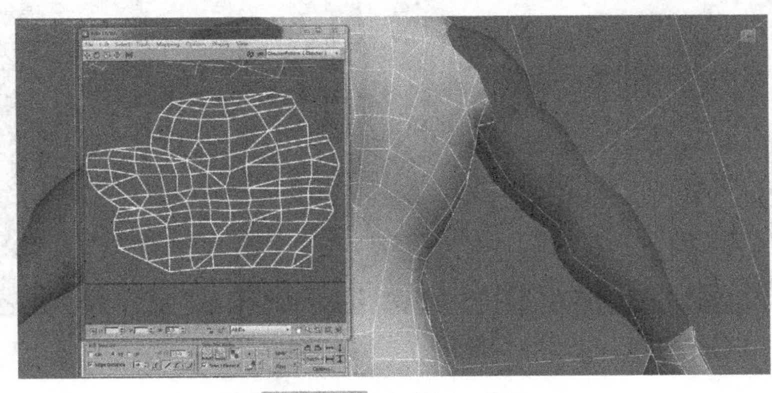

图4-32 胳膊的UV分展

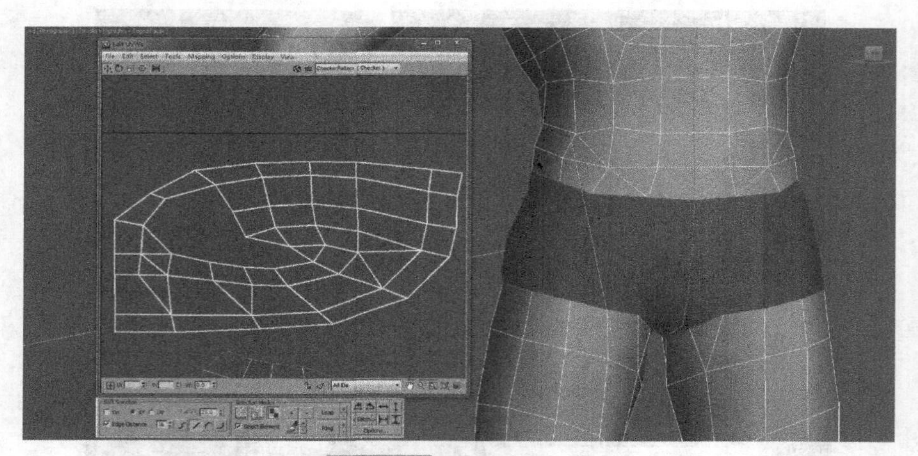

图4-33 胯部的UV分展

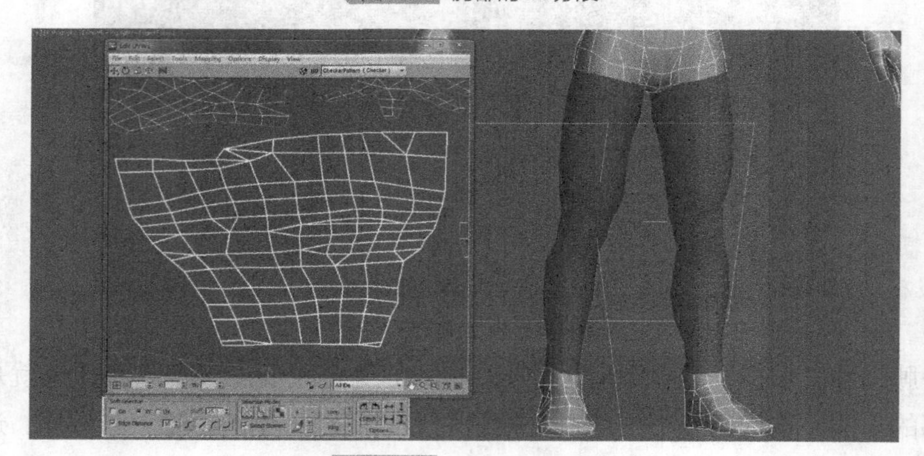

图4-34 腿部的UV分展

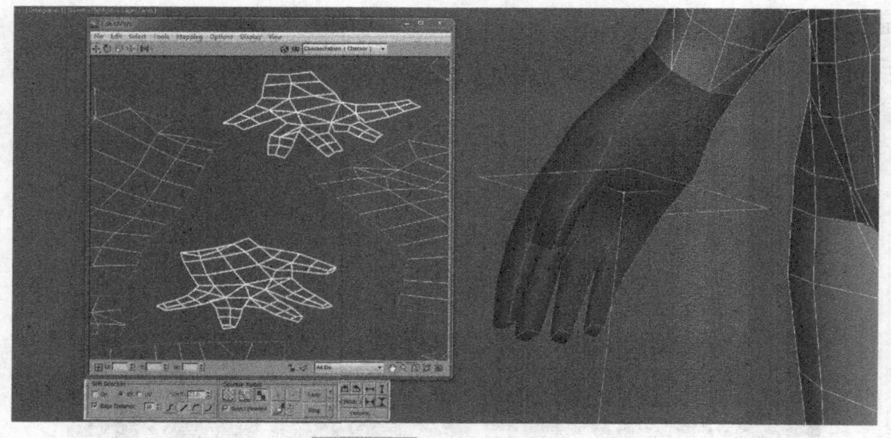

图4-35 手部的UV分展

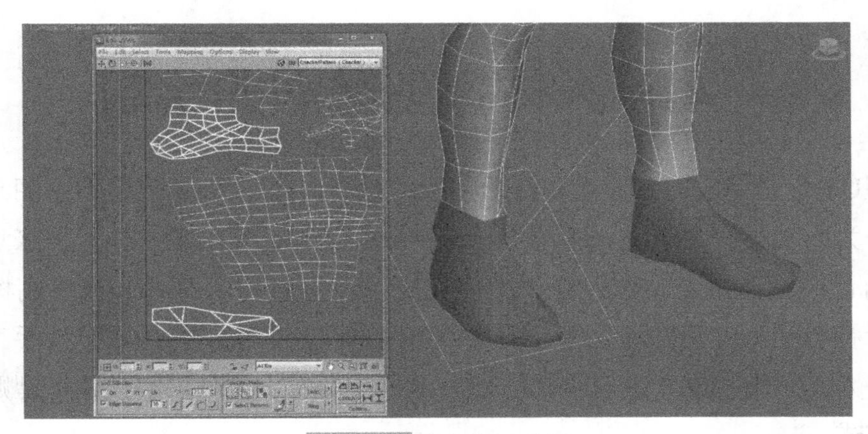

图4-36 足部的UV分展

我们将所有UV分展完成后，集中拼合到UV框之内，然后可以通过UV编辑器中的渲染命令，将UV网格进行渲染输出为图片，方便接下来的贴图绘制（见图4-37）。

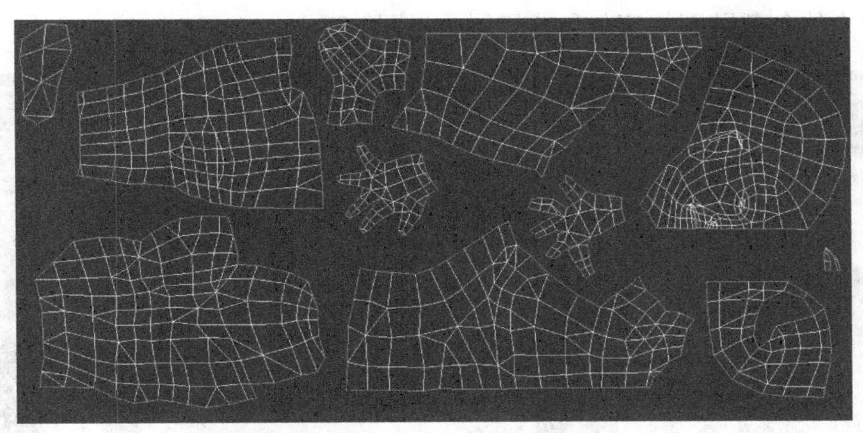

图4-37 最终人体模型的UV网格分布

想了解更多关于角色模型UV分展方面的内容，可以扫描下方二维码来观看视频教程（见图4-38）。

图4-38 《3D角色模型UV的分展》视频教程
http://182.92.225.223/web/shareVideo/index.action?id=1000124&ajax=1

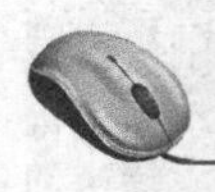

4.6 人体模型贴图的绘制

模型UV分展完成后下面就要开始贴图的绘制。对于3D角色模型贴图来说，从整体上分为两大类：写实类和手绘类。这种分类是根据模型的整体风格来划分的，写实类角色贴图通常是由照片修改制作完成，也可以利用Zbrush或者高模烘焙生成，最后叠加一个皮肤材质纹理。手绘类角色贴图则是完全利用数位板手工绘制的方式，将人体肌肉和皮肤纹理绘制出来，本章我们就主要来讲解人体模型贴图的手绘制作方式。

首先，我们要将UV编辑器渲染出的UV线框网格图片导入到Photoshop中，然后将图片中的黑色区域选中并删除，只留下网格图层，将图层置于最顶层，方便绘制贴图时参考。在网格层下方新建图层，沿着每一块UV网格绘制选区，然后填充颜色作为人体角色贴图的底色和背景层（见图4-39）。

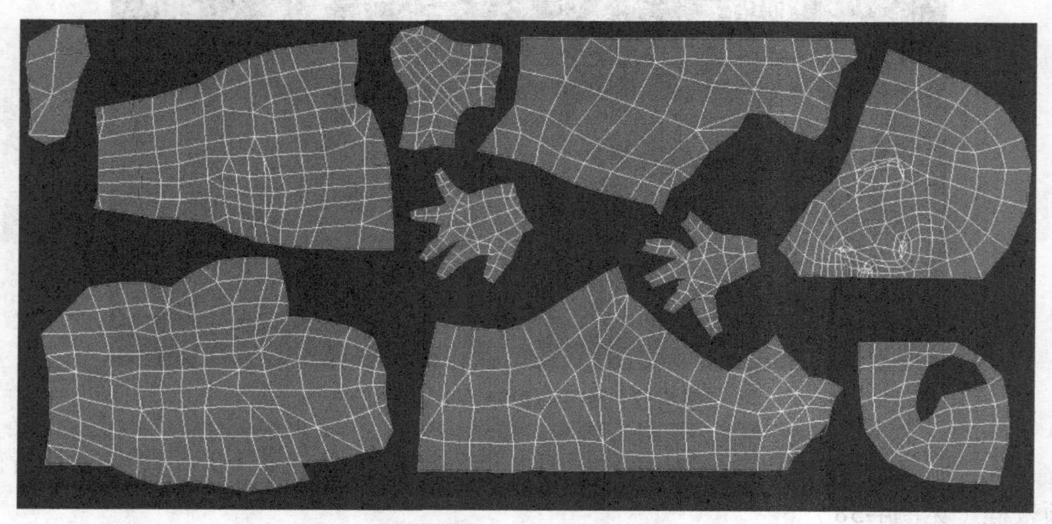

图4-39 填充底色和背景层

然后就可以开始人体模型贴图的绘制工作。在正式绘制前我们首先要了解人体皮肤的一些基本知识。如果把人体的皮肤看作是一种材质的话，可将其视为一种接近于3S（SSS 3D软件中的专业材质术语）的材质，也就是次表面散射材质。用通俗一点的比喻来说，人体的皮肤与蜡有很多共通之处，在逆光下皮肤也能在一定程度上透出光线。所以，在绘制人体贴图的时候除了肤色、肌肉线条和皮肤肌理的表现外，我们还要把皮肤的通透质感表现出来，这也是绘制皮肤真实感最重要的一点（见图4-40）。

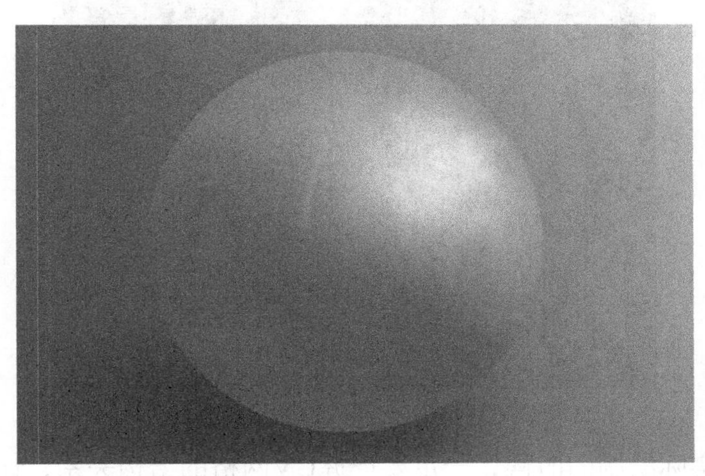

图4-40 手绘的皮肤材质球效果（见彩页）

对于纯手绘的人体皮肤贴图，我们通常利用素描法来制作。所谓素描法，就是在绘制前期只利用黑白灰颜色来进行贴图细节的绘制，包括肌肉的纹络和整体的明暗关系等，然后新建一个图层，填充肤色，再选择Photoshop中的图层叠加方式来进行叠加，见图4-41。

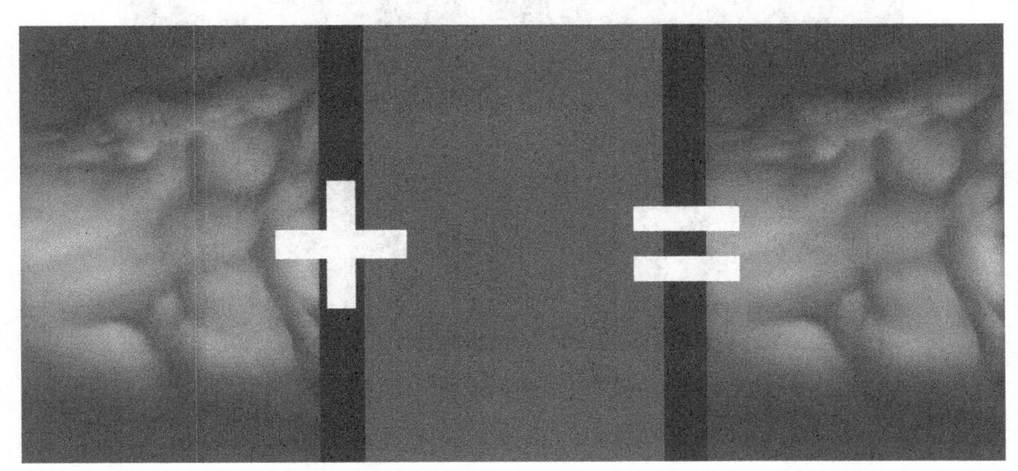

图4-41 利用素描法绘制人体贴图（见彩页）

利用素描法绘制贴图的好处是简单、容易上手，同时可以避免直接利用颜色绘制可能导致的颜色不均。在以上步骤完成后，我们还需要对贴图添加一些皮肤的质感和纹理效果，可以叠加一些皮肤纹理或者绘制皮肤上的血管和青筋效果，见图4-42。

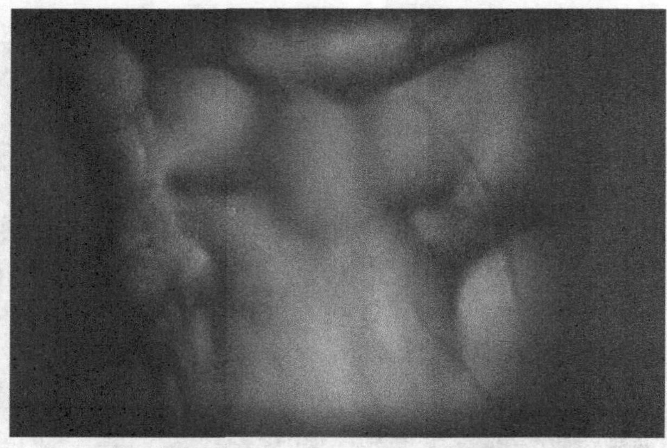

图4-42 进一步制作皮肤细节（见彩页）

另外，在实际绘制的时候，一定要把握UV网格的结构关系，让绘制的贴图符合模型的结构，且绘制过程中要不断将贴图及时保存，返回3ds Max查看贴图在模型上的效果，然后再进行修改和调整。对于手绘皮肤贴图整体的细节和质量更多是依赖于制作者的美术功底和修养，所以要想成为一名出色的3D角色设计师，对于传统美术和绘画的学习是十分必要的。图4-43是本章人体模型贴图最终绘制完成的效果。

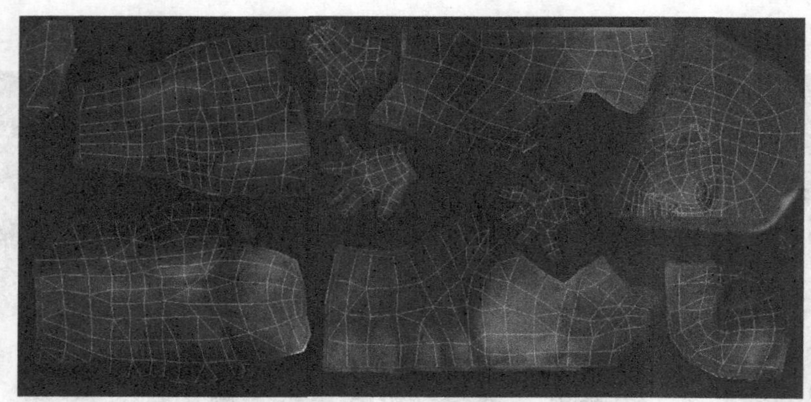

图4-43 贴图绘制完成的效果

4.7 游戏角色模型的制作

在传统印象当中，游戏角色模型通常为低精度模型，但随着游戏制作技术和硬件技术的发展，如今游戏角色模型的精细程度早已获得质的飞跃和发展。在上一世代的家用游戏机平台，游戏角色的多边形面数可以达到3万面左右，而如今的次世代平台，游戏角色的模型面数可以高达10万面，再配合法线贴图的显示效果，游戏角色模型早已不逊于3D动画模型，甚至在强大游戏引擎的烘托之下，其整体视觉效果或许已超越影视级别的高精度模型（见图4-44）。

图4-44 次世代游戏角色模型的高精度细节（见彩页）

对于网络游戏来说，其模型在多边形面数上仍然受到诸多因素的限制，通常，一个3D网络游戏角色模型的面数要控制在5000面以下。因此现在市面上绝大多数的网络游戏风格都是非写实类的，而模型贴图都采用纯手绘的方式来制作，这样只要通过合理的模型布线控制，再加上出色的贴图绘制，低面数的模型仍然能呈现出很好的视觉效果（见图4-45）。

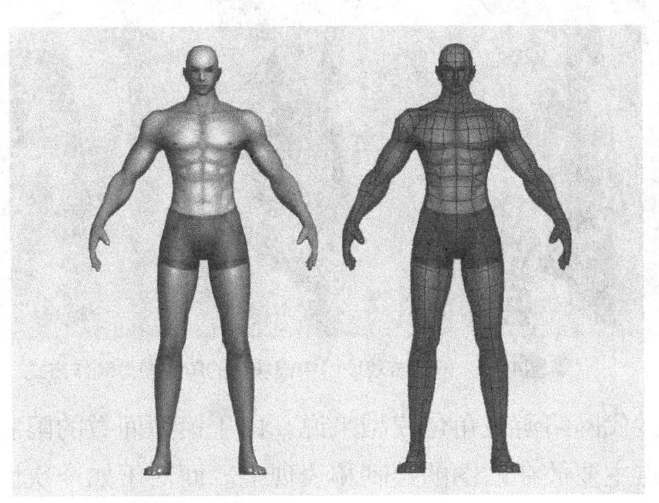

图4-45 网络游戏中的人体角色模型

我们在本章中制作的人体角色模型其实与游戏角色模型并没有很大区别，其整体的制作流程和方法基本相同，无非是根据具体的游戏项目来合理控制模型的多边形面数，除此以外，最大的不同之处可能在于模型UV的细分方式。现在市面上绝大多数的MMO网络游戏中玩家控制的游戏角色都采用了“纸娃娃”换装系统，所谓“纸娃娃”换装系统是指角色的外表服饰和装备被划分为加大部分，比如：衣服、裤子、手套、鞋子、腰带及头盔等，都可以单独进行替换。其实这种系统并不是一种新兴技术，若干年以前在游戏制作当中就已经被广泛应用。

换装系统最大的优势是将角色整体进行了模块化处理，在进行装备替换的时候仅仅通过替换相应模块的模型就可以实现和完成，而对于原本的角色基础人体模型无需重新制作。所以一般在网络游戏的实际项目制作中，除了人体角色模型外，我们还需要制作大量与之相匹配的服装、道具及装备等，以满足游戏中换装的需求。

模型的模块化制作也就要求模型的UV必须也与之对应。在制作网络游戏角色模型时，通常不会讲模型的UV全部平展到一张贴图上，而是进行一定的划分，制作多张贴图，比如：角色头部为一张独立贴图，身体衣服为独立贴图，腿部和裤子、胳膊和手套、腰部、足部等都分展为不同的贴图，这样方便换装模块进行相应的贴图制作（见图4-46）。

图4-46 网络游戏项目中模块化的角色模型制作方式

对于上一世代网络游戏角色模型来说，由于模型面数的限制在制作的时候相对简单，制作重点主要放在贴图的绘制和表现上。而对于如今次世代平台的游戏角色模型来说，制作起来相对要复杂得多，一个次世代游戏主要角色从概念设定开始到模型最后完成往往要经历一个漫长的制作过程。

首先，先要设计角色的概念设定图，找到角色的基本设计理念和制作方向，然后需要绘制出精细的角色设定图，将角色各种细节都表现出来，以方便之后模型的制作（见图4-47）。

图4-47 概念设定图和角色设定图

之后，需要制作一个低精度的角色模型备用（见图4-48）。接下来开始制作高精度模型，用来烘焙法线贴图，高模（高精度模型）制作的精细程度决定了法线贴图的细节效果（见图4-49）。

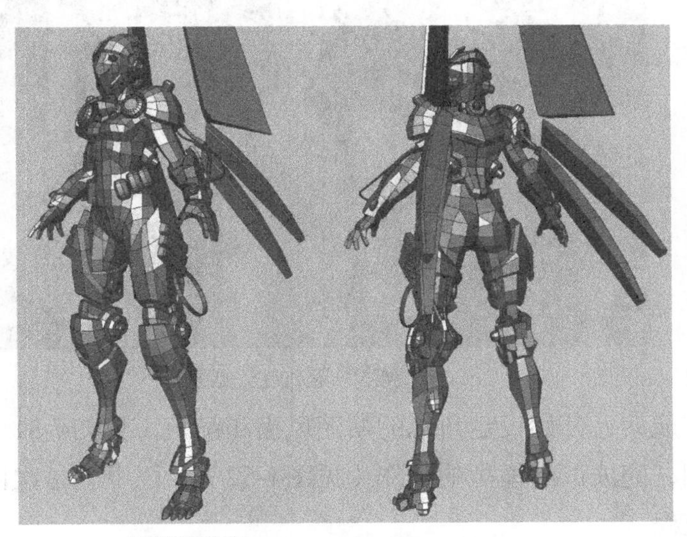

图4-48 制作低精度角色模型（见彩页）

图4-49 制作高精度模型（见彩页）

然后将之前制作的低模（低精度模型）进行细化，增加模型的面数，但无需制作过多的模型细节，增加面数只是为了让模型更加圆润。接下来将高精度模型进行烘焙，生成法线贴图，添加到低模上，这样低模就具备了高模所有的模型细节，但仍然保持了面数上的优势，这就是次世代游戏模型制作的基本原理（见图4-50）。

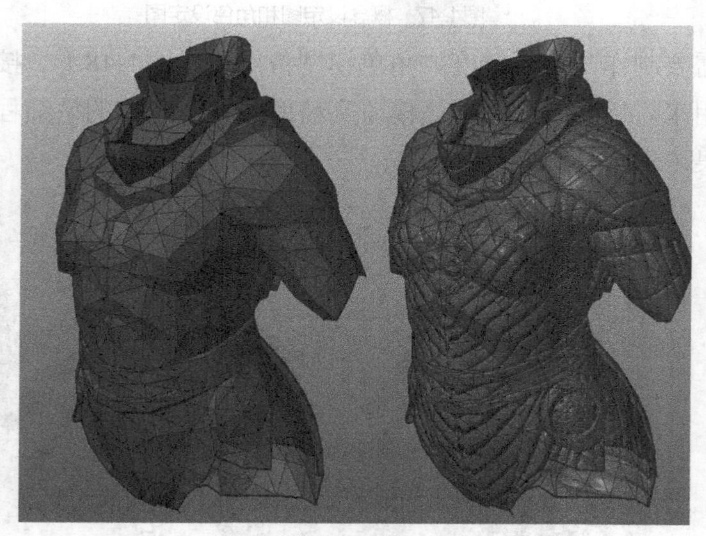

图4-50 添加法线贴图

模型制作完成后，开始设定角色的贴图风格和配色（见图4-51），再为角色模型绘制添加贴图，完成最终模型的制作（见图4-52），以上就是次世代游戏角色模型制作的基本流程。

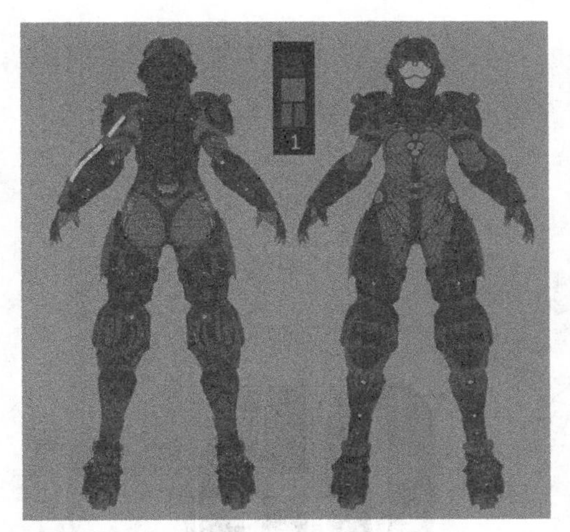

图4-51 贴图风格和配色设定（见彩页）

图4-52 模型最终完成的效果（见彩页）

想要了解更多关于3D游戏角色贴图绘制的内容，可以扫描下方二维码来观看视频课程（见图4-53）。

图4-53 游戏角色头部UV分展和贴图绘制

http://182.92.225.223/web/shareVideo/index.action?id=1000125&ajax=1

CHAPTER 05

3D角色道具模型制作

5.1 角色道具模型的概念

角色道具模型是指与3D角色相匹配的附属物品模型，从广义上来说3D角色的服装、饰品、武器装备及各种手持道具都可以算作3D角色道具。但狭义上3D角色道具的概念更多用于游戏制作中。因为在游戏当中，玩家所操控的游戏角色可以更换各种装备、武器及道具，这就要求在3D游戏角色的制作过程中，不仅要制作角色模型还必须要制作与之相匹配的各种角色道具模型。

在3D游戏角色模型的制作流程和规范中，角色的服装、饰品等装备模型通常是跟角色一起进行制作，并不是在人体模型制作完成后再进行独立制作，所以并不算真正意义上的3D角色道具模型。3D游戏制作中所指的角色道具模型通常是指独立进行制作的角色所持的武器等装备模型。所有的武器装备道具模型都是由专门的3D模型设计师进行独立制作，然后通过设置武器模型的持握位置来匹配给各种不同的游戏角色。

3D游戏角色道具模型常见的类型有：冷兵器、魔法武器及枪械等，根据不同的游戏类型需要制作不同风格的道具模型，比如写实类、魔幻类、科幻类或者Q版等（见图5-1）。本章将带领大家学习常见3D角色道具模型的制作。

图5-1 各种角色道具设定图

5.2 角色道具模型战斧的制作

本节我们将学习制作一个战斧的角色道具模型。战斧是角色装备中最为常见的冷兵器类型之一，通常意义上的斧子是由斧头和斧柄两部分组成，但对于3D动画和游戏中的模型来说，需要进行适当的夸张和设计修饰，图5-2是各种经过设计后的战斧模型。

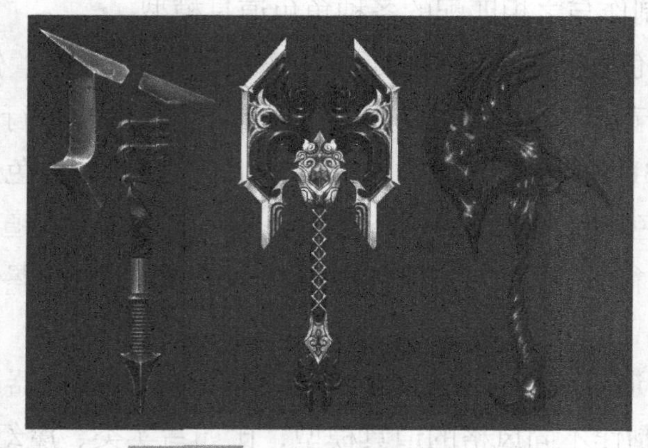

图5-2 经过特别设计的战斧模型

图5-3是本节实例制作战斧的模型最终效果图。整个模型从设计上来说属于一体化，斧头内部采用了类似有机生物体的设计，外边缘包裹了坚硬锋利的斧刃，这种设计一直延伸到斧柄，从整体来看仿佛是一柄钢斧被某种生物结构所包裹。从制作上来说，整个模型是先由基础几何体通过编辑多边形制作，然后按照斧头到斧柄的顺序进行贴图的绘制。下面我们开始讲解实际的制作。

图5-3 战斧模型的最终效果（见彩页）

 5.2.1 战斧模型的制作

首先在3ds Max视图中创建一个BOX基础几何体模型，设置合适的分段数，然后将模型塌陷为可编辑的多边形（见图5-4）。因为战斧可以看作前后完全对称的模型结构，所以在制作的时候只需要制作一侧即可，这里我们删除BOX模型背面的多边形面，然后调整模型的点线，编辑出战斧斧头的基础轮廓（见图5-5）。

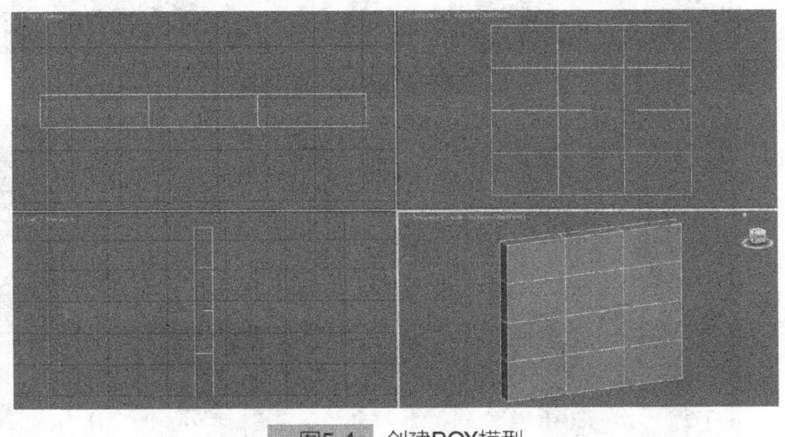

图5-4 创建BOX模型

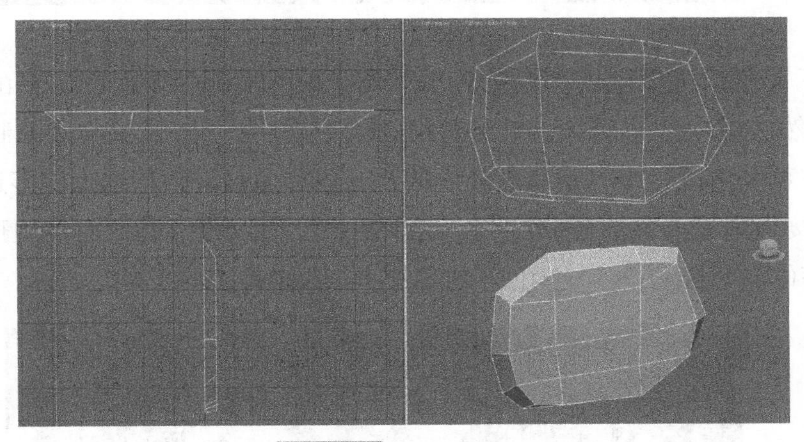

图5-5 编辑模型轮廓

为模型添加分段布线，调整出斧头的基本外形，利用挤出命令制作出左下角和右下角的尖刃结构（见图5-6）。继续添加分段，调整模型结构，制作出图5-7中的形态。

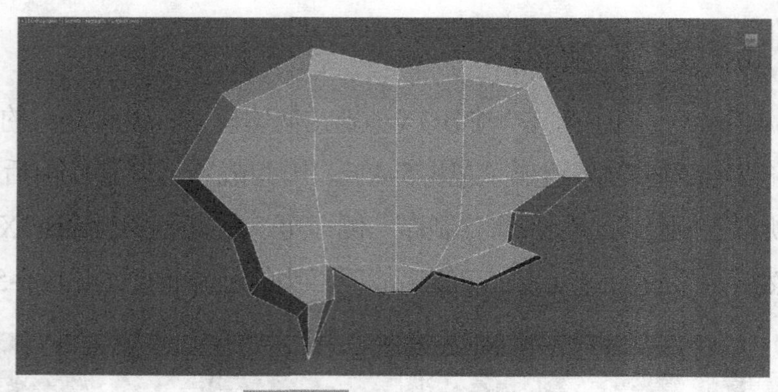

图5-6 调整斧头模型外形

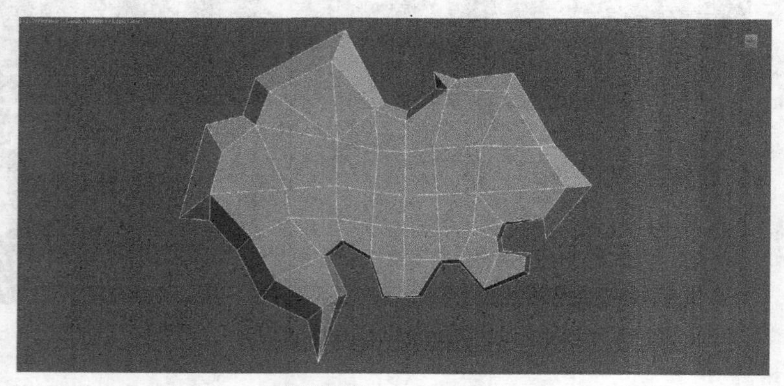

图5-7 细化模型结构

接下来在斧头模型内部沿着轮廓走势，利用Cut命令切割出新的边线（见图5-8）。然后进入边层级，选中刚刚切割出的边线，利用倒角命令制作出新的边线，要注意倒角过程中多余顶点的焊接，避免产生超过四边以上的多边形面（见图5-9）。接下来进入多边形面层级，选中新产生边线内部的所有多边形面，然后将选中面整体向内移动，形成内凹的模型结构（见图5-10）。

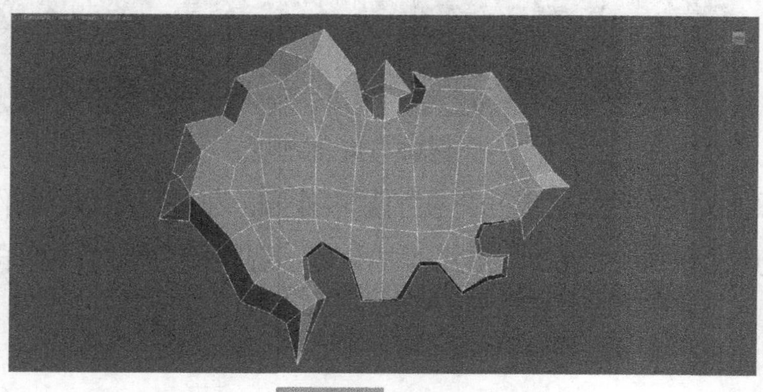

图5-8 切割边线

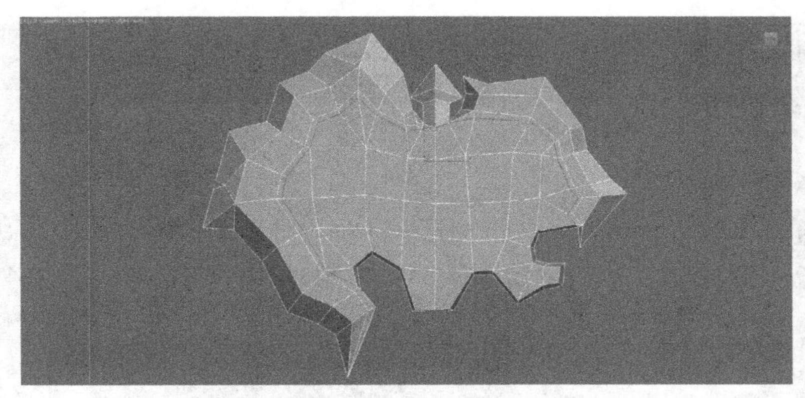

图5-9 利用倒角命令产生相邻边线

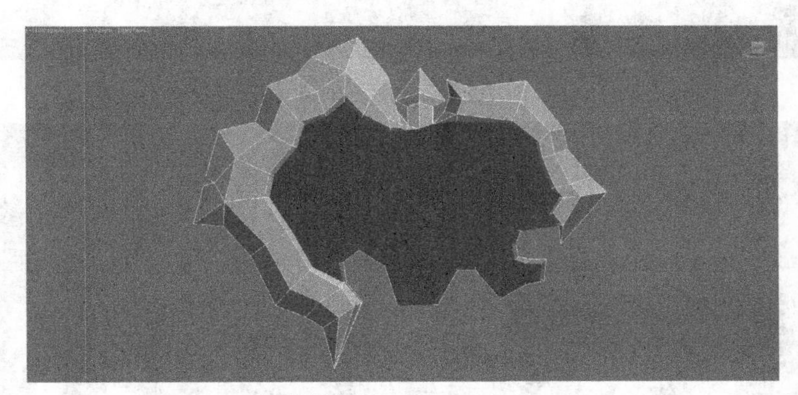

图5-10 制作内凹结构

沿着斧头下方中心部分，向下制作出斧柄的结构（见图5-11），继续向下延伸制作出斧柄尾部的结构（见图5-12）。在斧柄尾部添加边线，利用面层级挤出命令制作出内凹的沟槽结构，然后再凹陷部分内制作添加椭圆形半球模型（见图5-13）。

图5-11 向下延伸制作斧柄

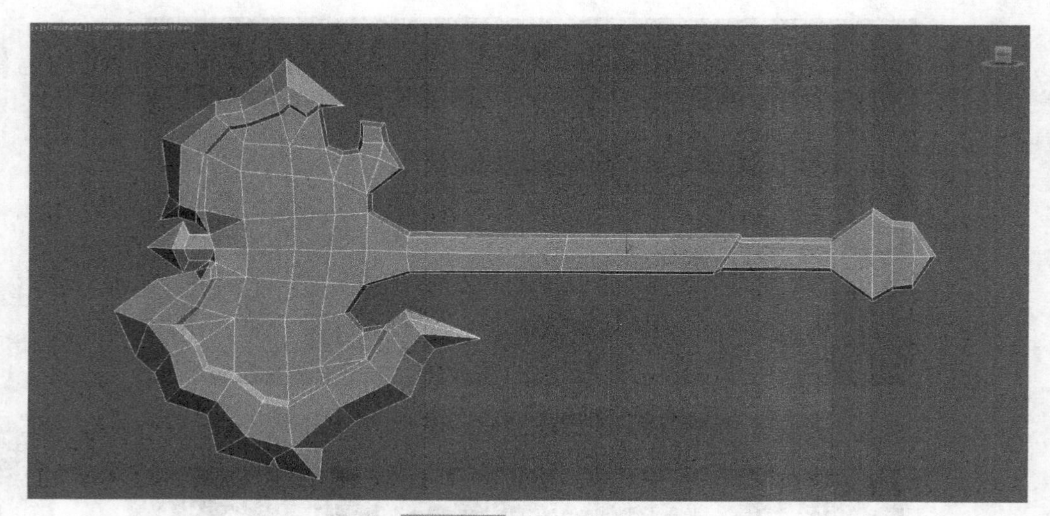

图5-12 制作斧柄尾部

图5-13 制作斧柄尾部模型细节结构

斧柄模型结构基本制作完成后，我们返回去对斧头模型进行细节的深入制作，通过添加分段调整点线等方式细化斧头模型（见图5-14），然后在个别部位制作添加锋利的突刺结构（见图5-15）。

接下来在斧头模型左侧通过加线和基础命令制作隆起的藤条结构，这是为了跟后面贴图进行配合，让模型更富有立体化效果（见图5-16）。在制作这种类似的隆起结构的时候，我们要根据模型面数的要求和限制进行制作方式的选择，可以采用分体模型交叉处理的方式，但如果想要达到完美的效果，还是要尽量利用一体化模型编辑来制作。

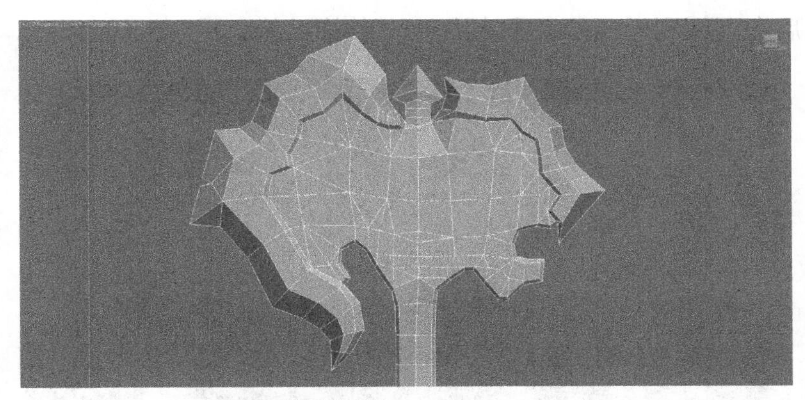

图5-14 细化模型结构

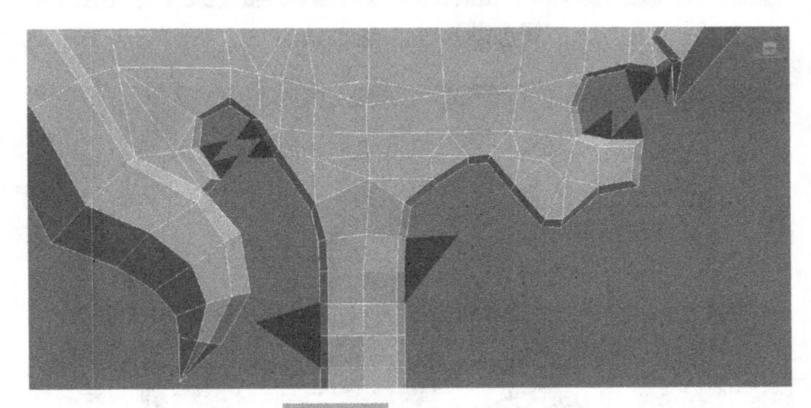

图5-15 制作突刺结构

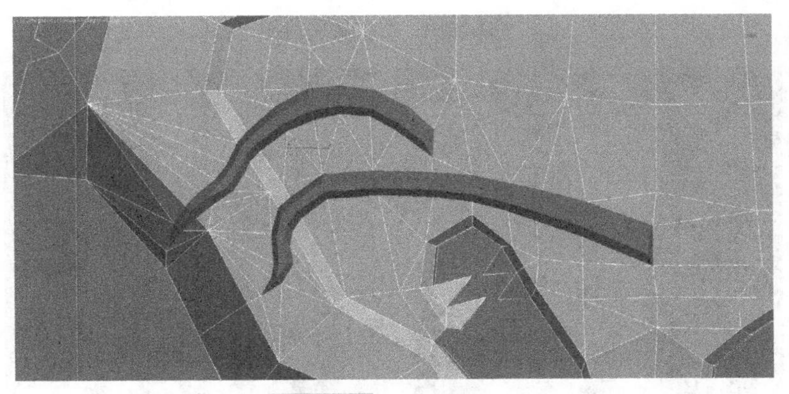

图5-16 制作隆起结构

模型主体基本制作完成后，我们再来为斧头制作添加一些装饰结构。首先在斧头中心制作添加椭圆形的半球结构（见图5-17），然后围绕半球利用BOX模型编辑制作外部的环绕结构，同时利用圆柱体模型制作一些镶嵌半球的抓钩（见图

5-18）。最后在周围利用BOX编辑制作一些装饰结构，见图5-19。

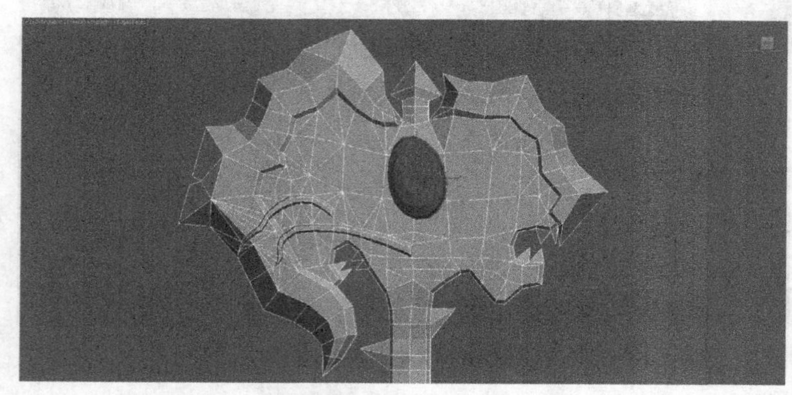

图5-17 制作椭圆形半球

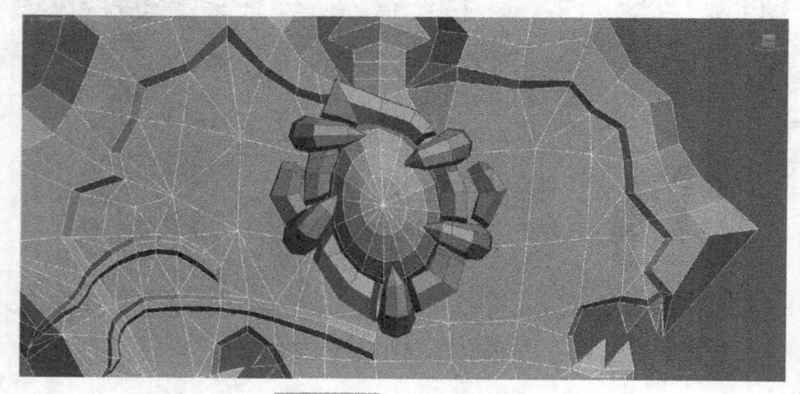

图5-18 制作镶嵌结构

图5-19 制作周边装饰结构

到此基本完成了战斧模型的制作，但在贴图绘制前还需要对模型进行优化处理，可以利用顶点焊接或者移除边线的方法去除制作过程中产生的大量多余的边线和面，最终见图5-20。我们还需要对模型的光滑组进行设置，保证渲染和输出的正确显示，尤其是斧刃部分，通过光滑组的合理设置可以让刃部的层次更加明显，增加刃部的锐利感（见图5-21）。最后为其添加Symmetry修改器命令，选择合适的轴向镜像出另一侧的模型，然后将整体塌陷完成全部模型的制作。

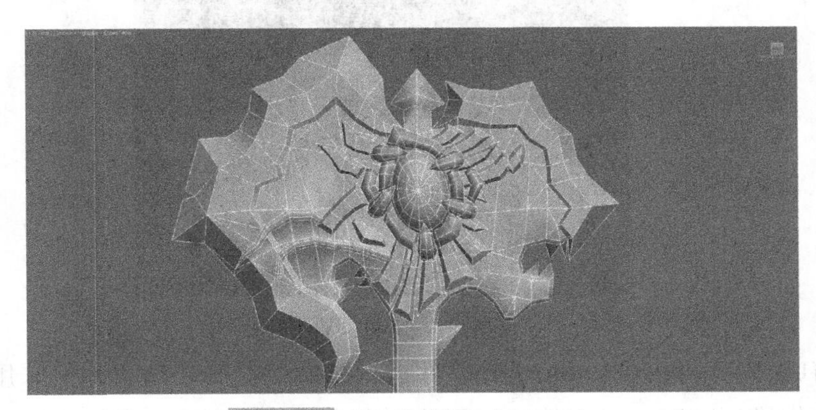

图5-20 优化模型线面（见彩页）

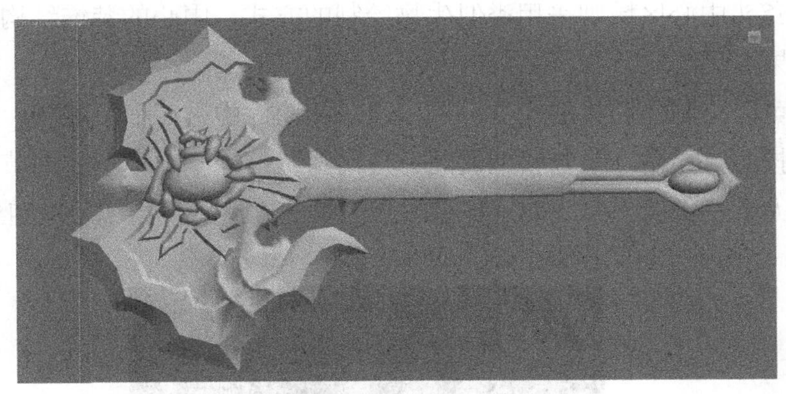

图5-21 设置模型光滑组

5.2.2 战斧模型贴图的绘制

模型制作完成后，我们开始贴图的绘制工作。首先要编辑模型的UV。由于冷兵器模型大多为扁平结构，平面化比较明显，所以在UV编辑时可以选择平面映射的方式，这使得整体UV的处理和编辑非常容易。我们将斧头及斧柄上半部分的UV进行整体平展，斧柄下半部分UV单独平展，然后将斧头中心的各种装饰结构UV一一进行独立平展，最终我们将UV网格导出为平面图片，见图5-22。

图5-22 模型UV网格图

其次将UV网格导入到Photoshop软件进行贴图的绘制，这里我们采用完全手绘的方式来制作模型贴图。斧头的刃部要绘制出金属的锋利度，斧柄末端也采用金属风格绘制，斧头中心区域则采用类似生物绘制的方式，中心的装饰结构要绘制出发光特效的效果（见图5-23）。

我们也可以将制作完成的模型导入到Zbrush软件中进行细节雕刻，然后输出法线贴图，再按照法线贴图绘制模型的固有色贴图，这样整个模型的细节效果会更加丰富，现在大多数次世代游戏模型都是按照这样的方法进行制作（见图5-24）。

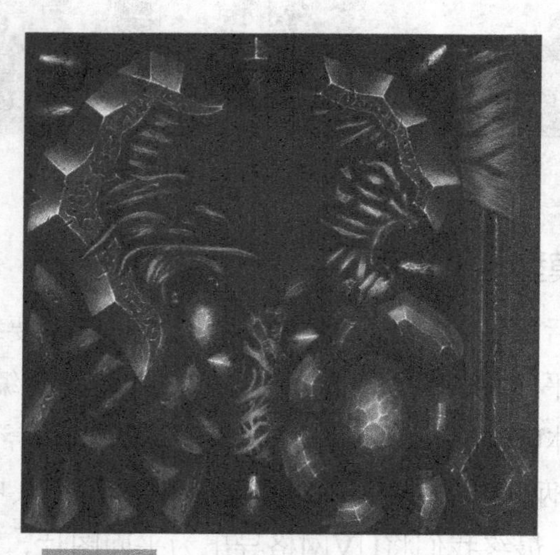

图5-23 绘制完成的模型贴图（见彩页）

图5-24 利用Zbrush雕刻模型细节（见彩页）

5.3 角色道具模型盾牌的制作

本节我们将要制作冷兵器角色道具中的盾牌模型。盾牌也是常见的武器装备之一，通常跟单手剑搭配。从整体结构来说，盾牌的模型部分比较简单，属于扁平化的模型结构，需要设计和制作的部分通常是盾牌的轮廓外形及盾牌上的装饰图案。图5-25是本节实例制作的最终完成效果图。整个盾牌的轮廓结构比较简单，但具有复杂华丽的雕刻纹饰，这些大都需要后期通过贴图的绘制来进行表现。对于左右对称的盾牌模型结构，在实际制作的时候只需要制作出一半的模型即可，另一半通过Symmetry修改器命令镜像得到。下面开始实际制作。

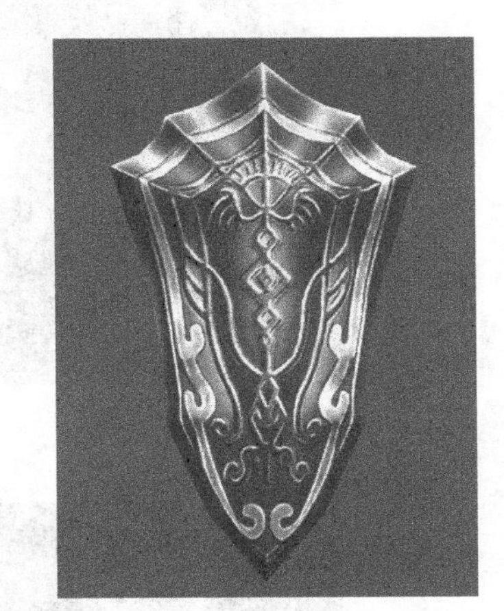

图5-25 实例制作最终完成的盾牌效果（见彩页）

5.3.1 盾牌模型的制作

首先在3ds Max视图中创建BOX模型，设置合适的分段数，将其塌陷为可编辑的多边形。因为只需要制作一般的模型，所以这里我们沿中间边线删掉一侧的模型面（见图5-26）。然后调整模型外部轮廓，制作出基本的盾牌外形（见图5-27）。

接下来需要将模型前面的顶点向内收缩，形成边缘结构（见图5-28）。

图5-26 创建BOX模型

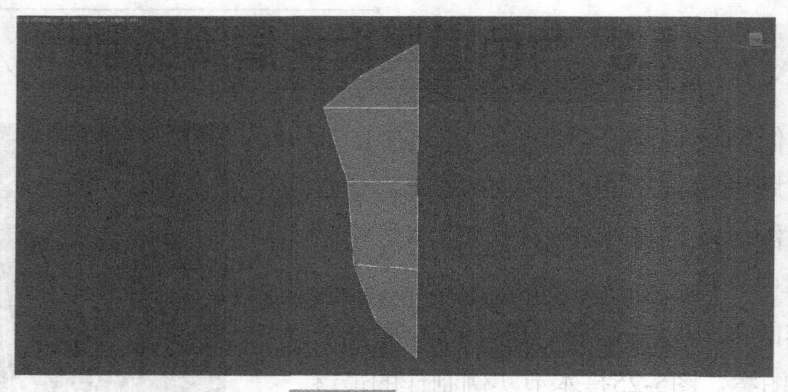

图5-27 调整轮廓

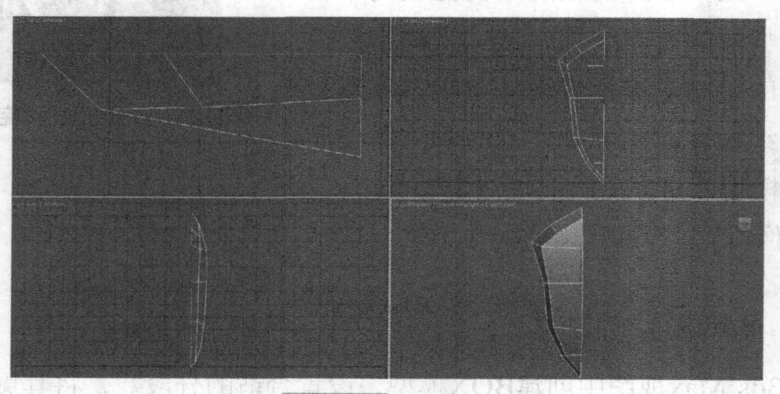

图5-28 收缩顶点

在盾牌前方多边形面内部加一圈边线（见图5-29），在盾牌模型上部做加线处理（见图5-30），将新加的边线进行调整，制作出外轮廓的细节效果（见图5-31）。

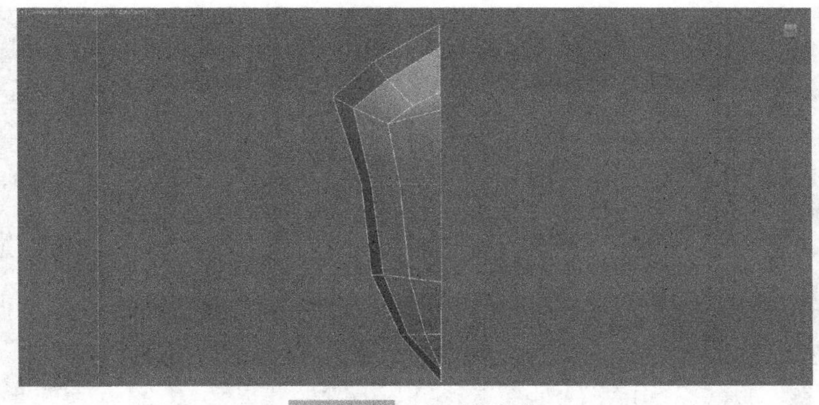

图5-29 在面内部加线

图5-30 在模型顶部加线

图5-31 调整边线制作轮廓细节

我们还要注意模型背面的布线处理，让模型背面内部有一个内凹的结构，正面基本是向前突出的结构走势（见图5-32）。最终对制作的模型添加Symmetry修改器命令，完成整个盾牌模型的制作（见图5-33）。

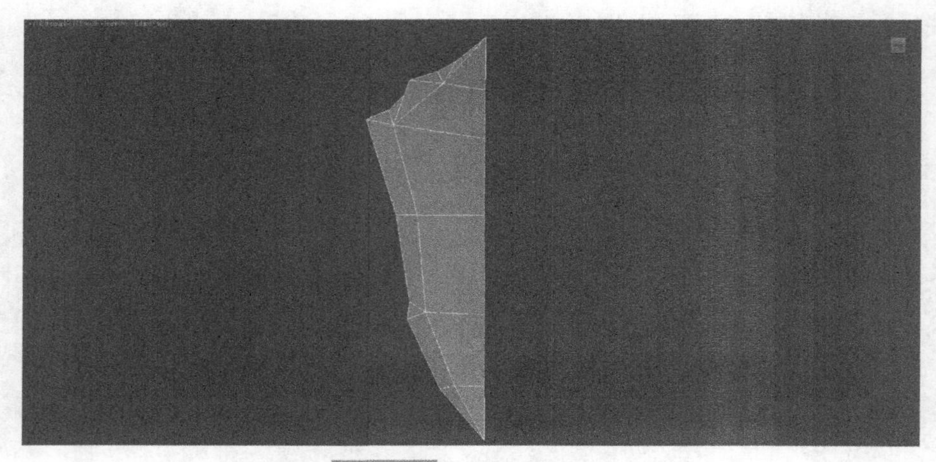

图5-32 模型背面的布线

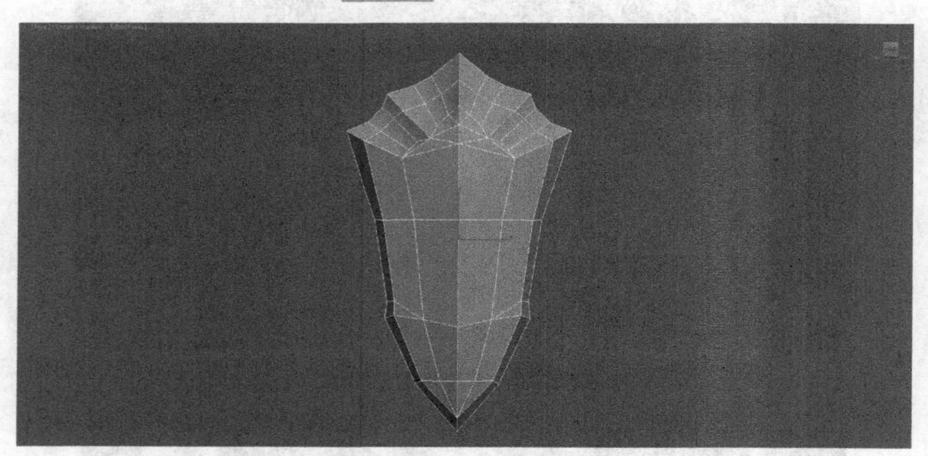

图5-33 最终完成的模型

5.3.2 盾牌模型贴图的绘制

盾牌模型的制作相对简单，后期的细节效果主要通过贴图来表现，尤其是一些复杂的纹饰和雕刻图案，下面我们就针对盾牌模型贴图的制作进行讲解。

在绘制贴图前，先要对模型UV进行拆分。其实方法非常简单，因为盾牌为扁平化的模型，所以无需过多的UV调整，只需要添加平面的贴图坐标映射方式即可，我们需要将盾牌UV拆分为正面和背面两部分。由于背面通常不会被玩家所观察到，为了更好地突出正面贴图的效果，可以将背面UV缩小，而盾牌正面UV需要尽可能地对其放大，以保证贴图的效果（见图5-34）。

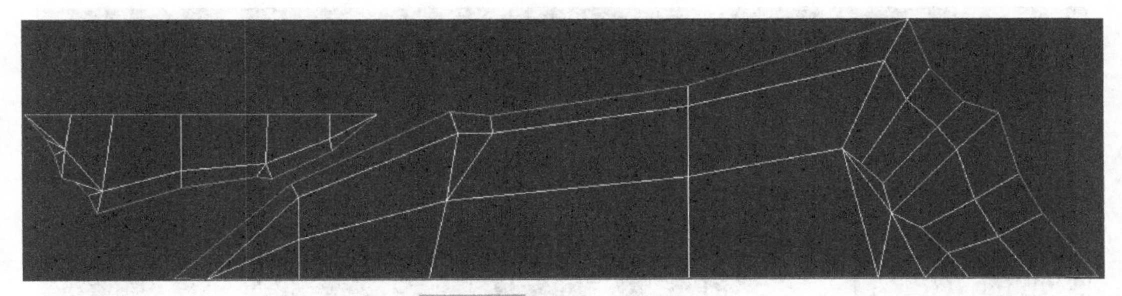

图5-34 盾牌模型UV网格

下面我们来讲解贴图绘制的流程和方法（见图5-35）。

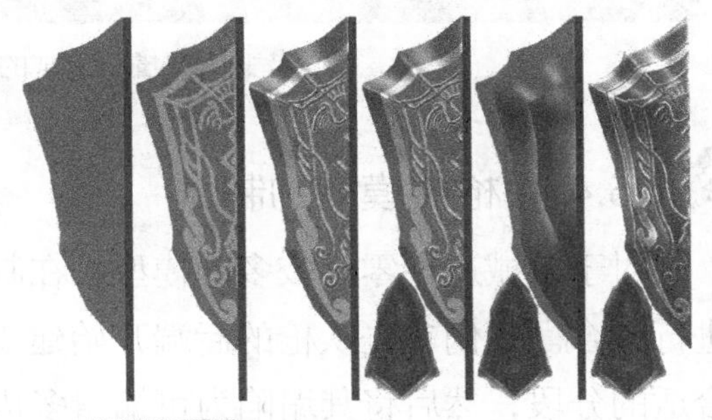

图5-35 盾牌贴图的绘制过程（见彩页）

① 将UV网格渲染为图片导入Photoshop软件，新建图层，沿着线框范围填充基本底色。

② 新建图层，在底色之上绘制盾牌上的纹饰图案，利用单色进行平面绘制。

③ 绘制纹饰的细节效果，绘制出明暗对比，将纹饰画出立体感。

④ 绘制盾牌的边缘，利用明暗转折表现盾牌的金属质感。

⑤ 绘制盾牌背面的贴图效果，主要表现内凹的效果。

⑥ 将纹饰图层隐藏，绘制盾牌正面隆起的效果，同时还要表现出金属质感。

⑦ 继续完善盾牌贴图的细节，通过整体的明暗对比调整，刻画金属质感。

5.4 角色道具模型枪械的制作

前两节内容中主要学习了冷兵器角色道具模型的制作，这一节我们将制作现代化武器模型——枪械，这是科幻或战争类题材游戏中最为常见的角色道具模型。与冷兵器不同的是，枪械类武器模型结构相对复杂，转折棱角较多，模型和贴图都需要做针对化的处理。图5-36为本节实例制作最终完成的枪械模型效果，这里我们仍然利用低精度化多边形进行建模，后期主要通过贴图来刻画和表现细节效果。下面开始实际模型的制作。

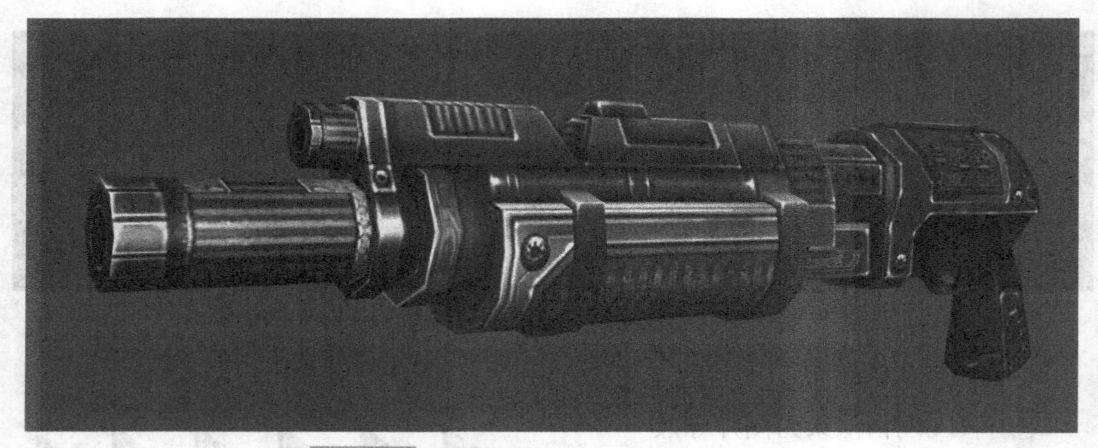

图5-36 最终完成的枪械模型效果（见彩页）

5.4.1 枪械模型的制作

对于枪械这种零件较多的模型，在制作的时候先要根据结构制作部件，然后再进行拼合。我们首先从枪的后端开始建模，在3ds Max视图中创建BOX模型，设置合适的分段，然后将其塌陷为可编辑多边形。由于这里制作的枪械也是两侧对称的结构，所以制作的时候删除一侧，只编辑剩余一侧的模型结构，最后可以通过添加Symmetry修改器镜像完成（见图5-37）。接下来调整点线，编辑出基本的模型轮廓（见图5-38），然后利用基础等编辑多边形进一步编辑模型，制作出图5-39中的形态。

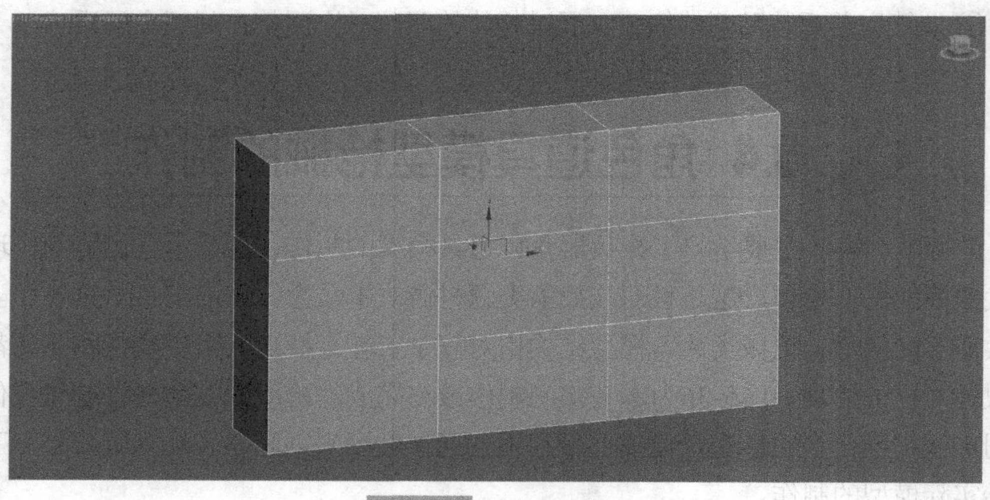

图5-37 创建BOX模型

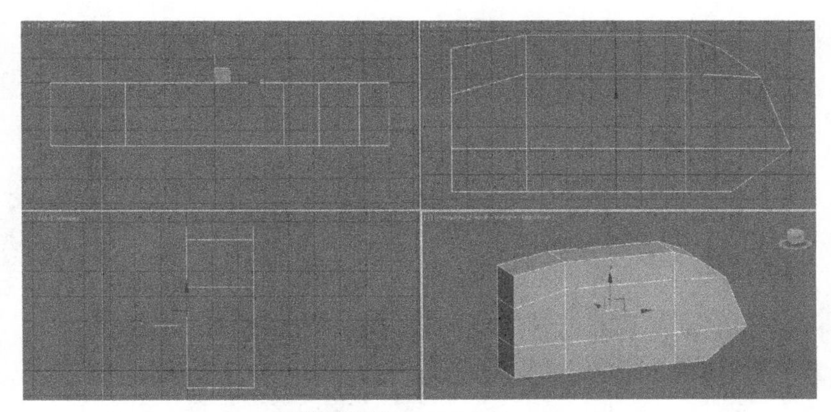

图5-38 调整模型大轮廓

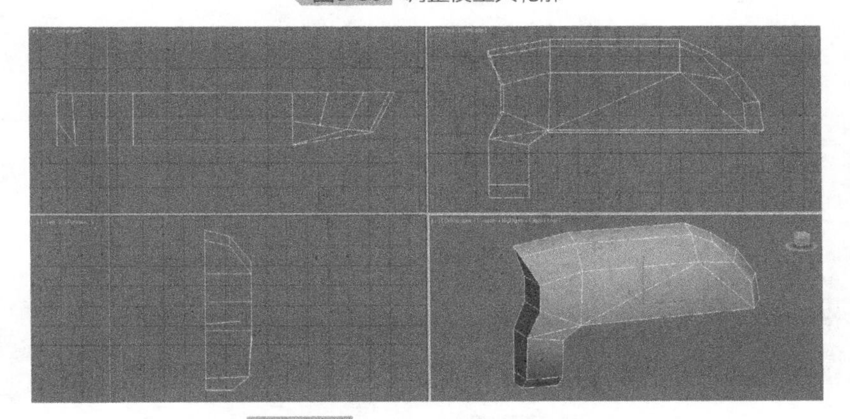

图5-39 完成枪后部模型的制作

利用编辑多边形面层级下的Inset和挤出等命令制作后部下方的模型结构（见图5-40），然后制作出枪柄模型（见图5-41），接着在前部利用插入和挤出命令制作出连接结构（见图5-42）。

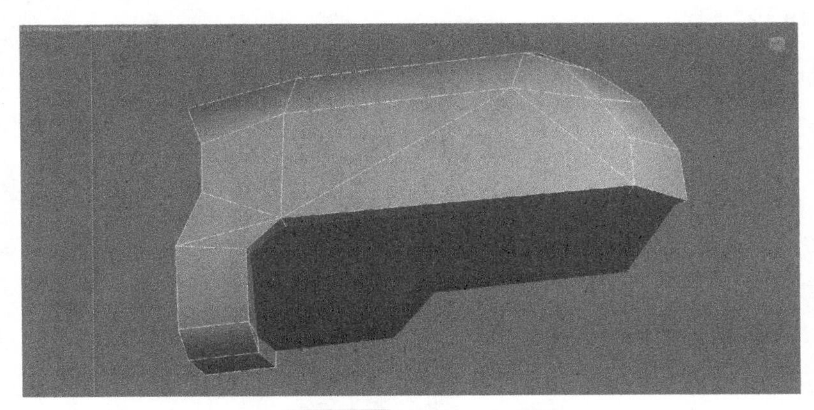

图5-40 制作下方结构

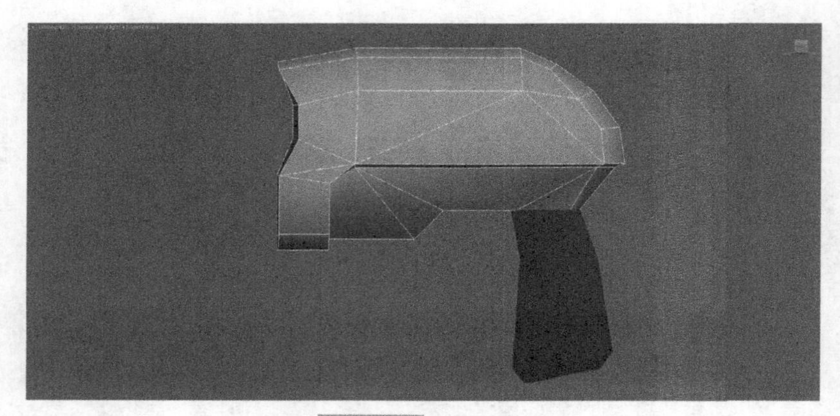

图5-41 制作枪柄

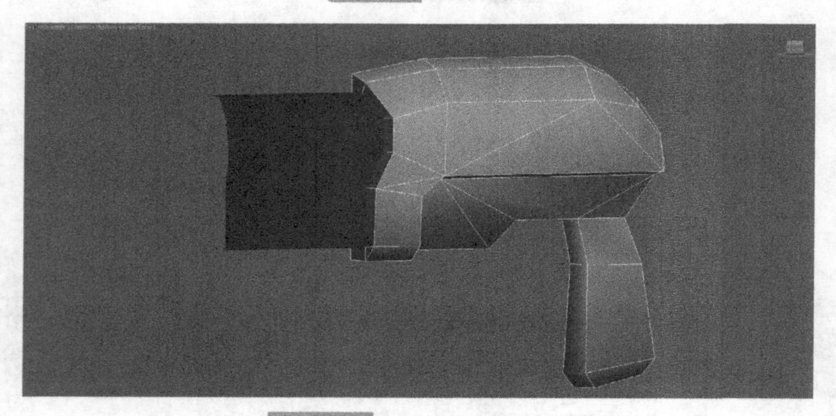

图5-42 制作前部连接结构

接下来我们开始制作枪身前部分的模型结构，在视图中创建圆柱体基础模型，通过编辑多边形将其制作成图5-43中的形态，然后选中模型前面的多边形面，利用挤出命令制作出枪管的悬挂结构（见图5-44）。

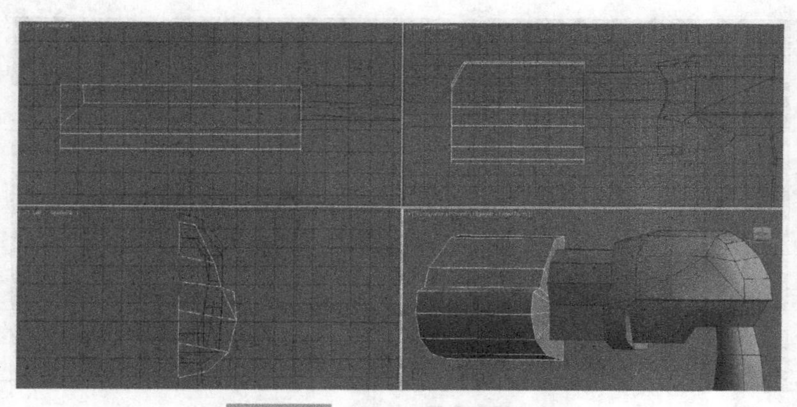

图5-43 制作枪身前部基本结构

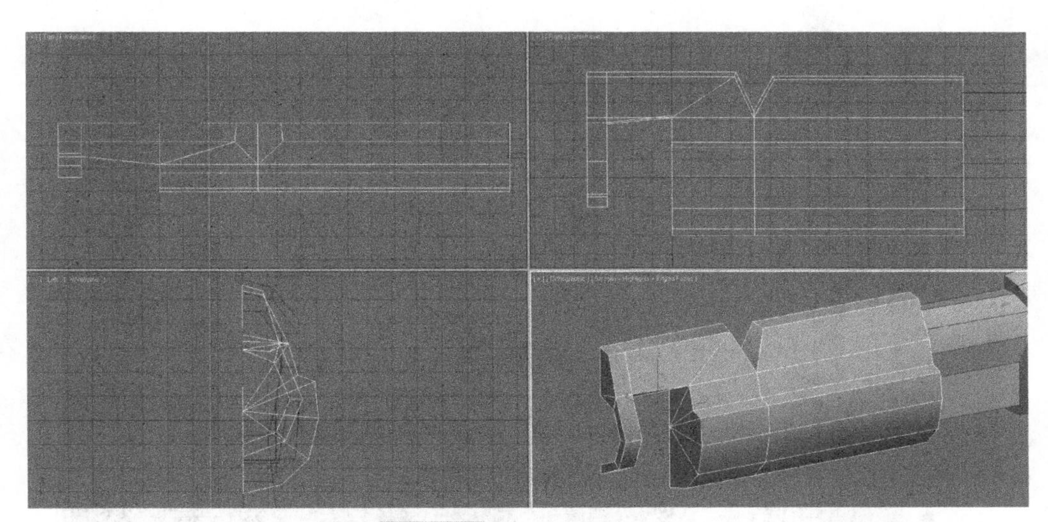

图5-44 制作枪管悬挂结构

在枪身中部位置利用BOX模型编辑制作一个简单的连接结构，这主要是为了让模型整体的衔接更加紧凑（见图5-45）。然后我们为模型添加Symmtery修改器命令，让模型镜像完成对称整体（见图5-46）。最后制作前端的枪管结构并制作添加扳机等部件（见图5-47、图5-48），到此枪械模型的部分就制作完成了，整个模型所用多边形面不足700面。

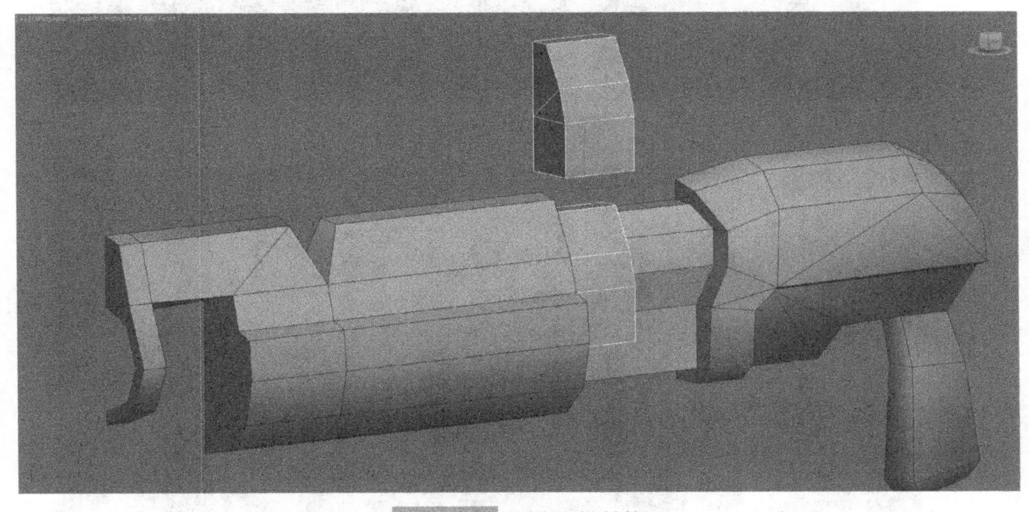

图5-45 制作衔接结构

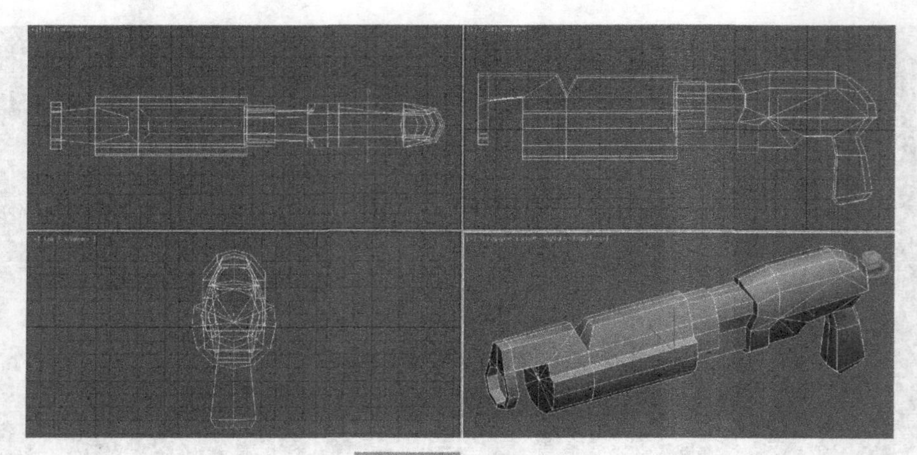

图5-46 镜像模型

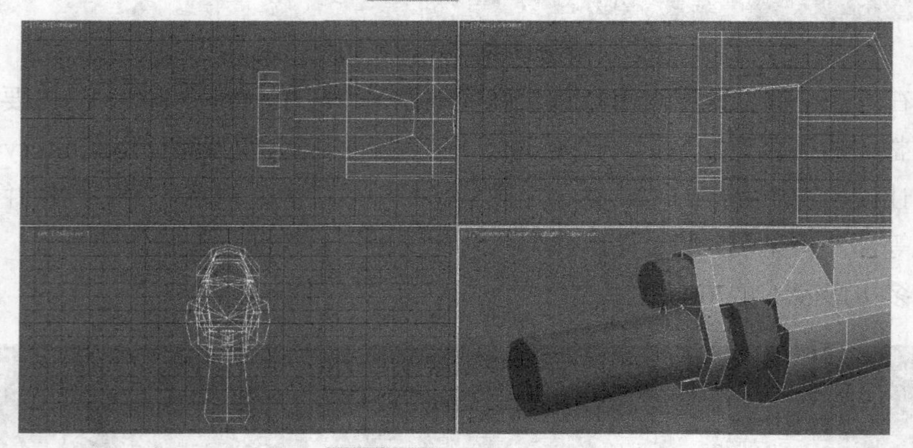

图5-47 制作枪管结构

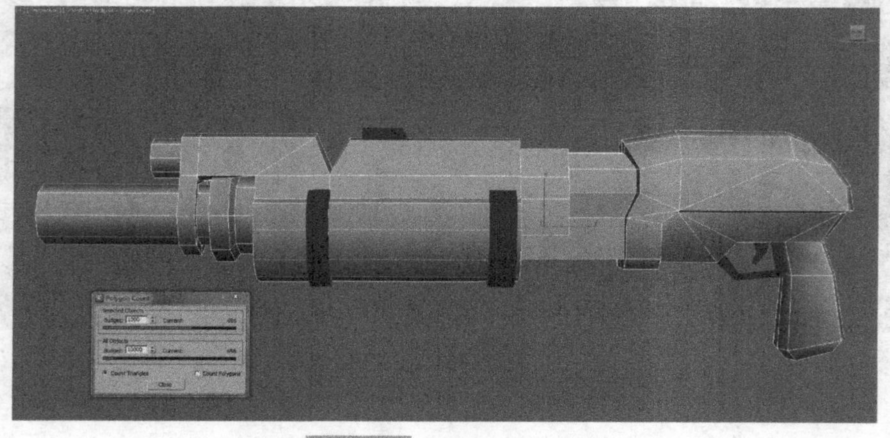

图5-48 制作扳机等部件

5.4.2 枪械模型贴图的绘制

模型制作完成后，下面开始模型UV的分展，为后面贴图绘制做准备。整个模型的UV分前后两大部分进行拆分，枪柄和枪管单独拆分，其他如扳机等小部件进行单独拆分。由于枪械模型金属质感比较强，在后期贴图的时候需要对每个转折都进行绘制，所以这里对于UV的拆分尤其需要注意要将模型所有结构面都进行仔细拆分，这样才能满足后期贴图绘制的表现效果。最终分展的UV网格见图5-49。

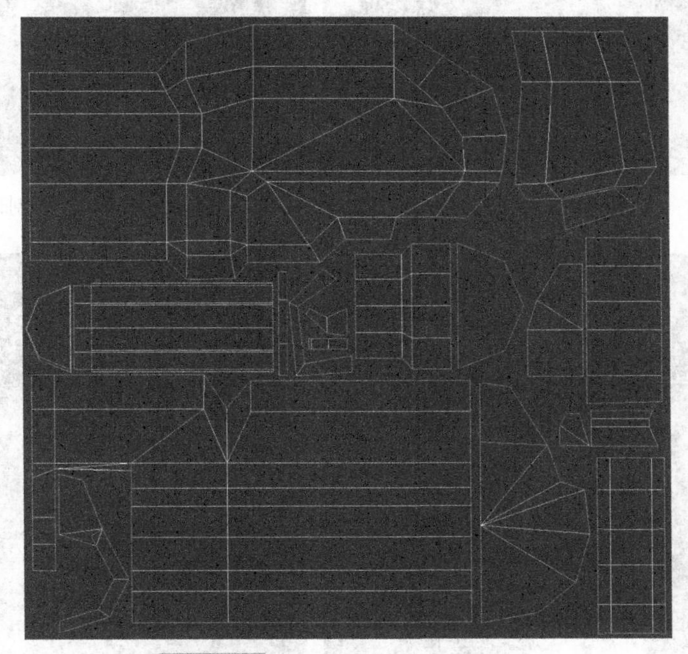

图5-49 枪械模型拆分后的UV网格

UV分展完成后开始绘制枪械模型的贴图，这里针对枪械类金属贴图的绘制流程进行简单讲解。对于这类转折结构多、金属质感强的贴图，我们需要首先绘制结构边线，一般利用黑色线进行绘制（见图5-50），然后开始绘制贴图的明暗关系，刻画贴图的暗面（见图5-51），开始绘制贴图结构中转折的亮边高光（见图5-52）。接下来为其添加一些装饰底纹，增加贴图的细节效果（见图5-53），绘制大面积的高光效果，增强金属的整体质感（见图5-54）。最后为整体贴图添加一张带有划痕和斑迹的底纹图片，选择合适的叠加模型进行叠加处理，整体调整贴图明暗对比效果，完成整个贴图的绘制（见图5-55）。

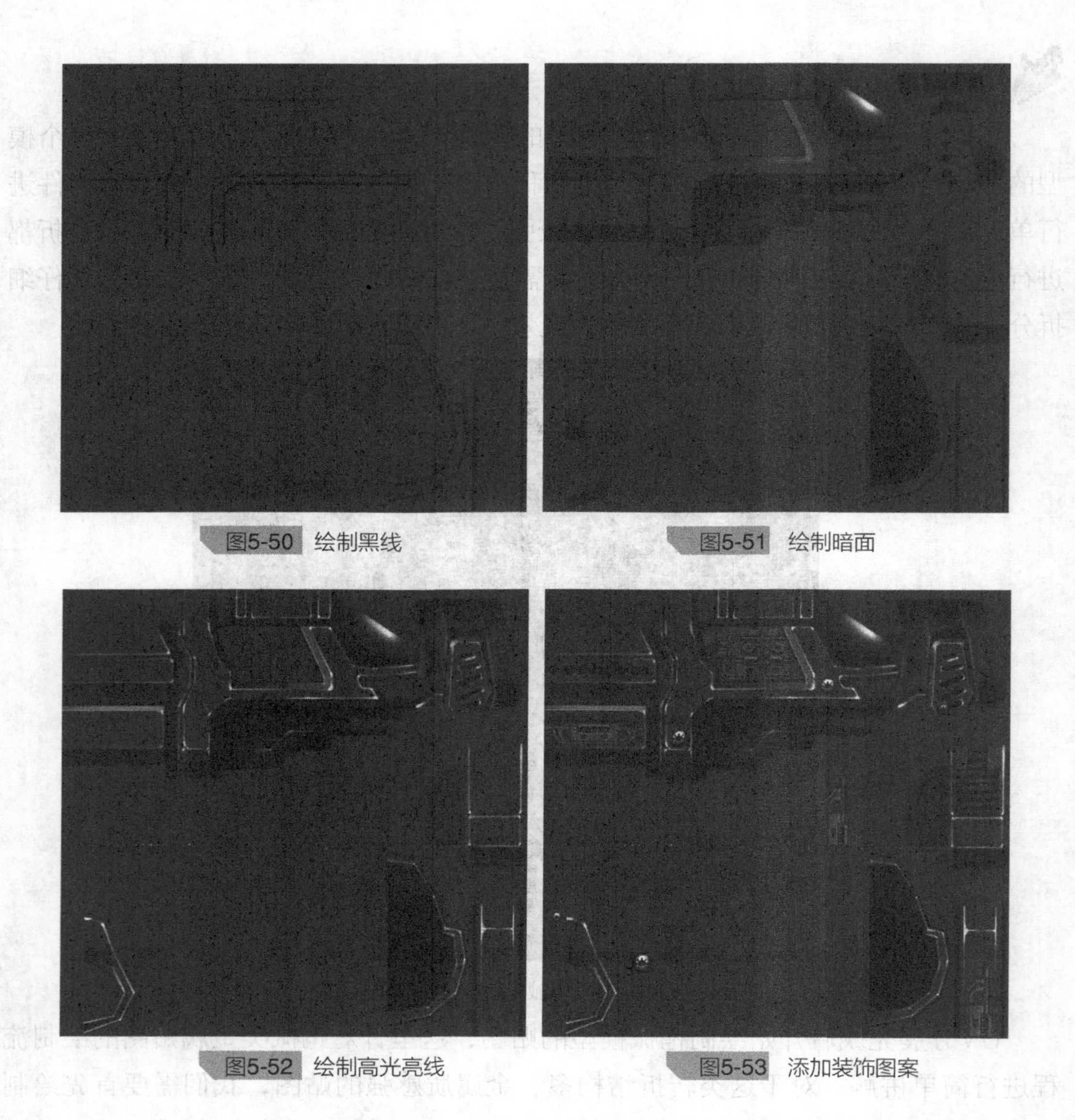

图5-50 绘制黑线

图5-51 绘制暗面

图5-52 绘制高光亮线

图5-53 添加装饰图案

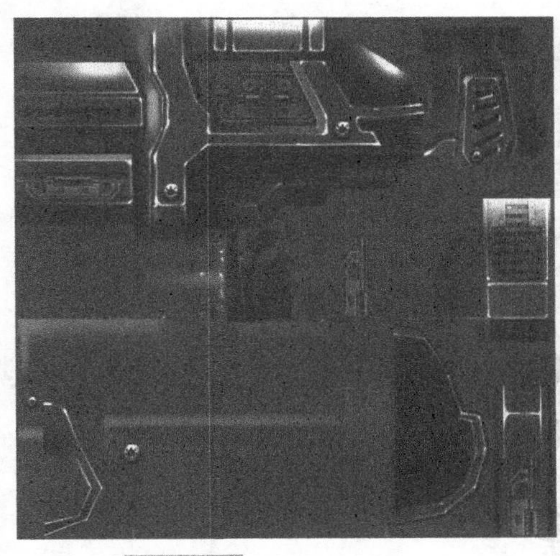

图5-54 绘制高光

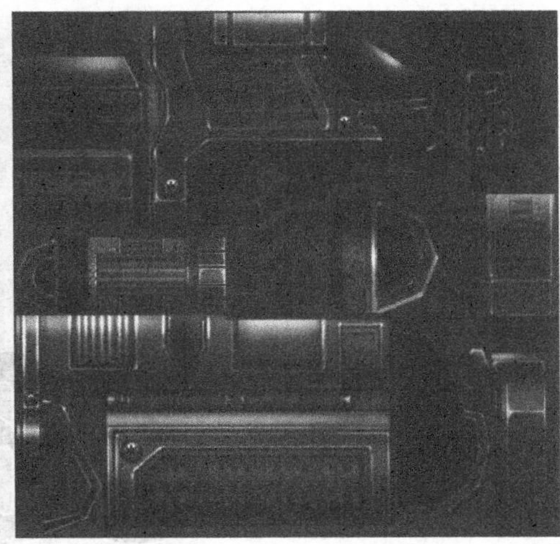

图5-55 添加底纹调整明暗（见彩面）

想要更多了解关于3D游戏角色道具模型贴图绘制的内容，可以扫描图5-56所示的二维码来观看视频课程。

图5-56 《3D游戏武器贴图绘制》视频课程

http://182.92.225.223/web/shareVideo/index.action?id=1000126&ajax=1

CHAPTER

06

3D写实角色模型实例制作

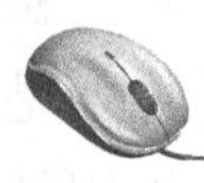

6.1 模型制作前的准备

本章我们将要制作一个3D写实风格的角色模型。写实风格角色主要是针对于幻想风格而言，主要就是指人类角色，而非野兽和怪物等这类通过幻想延伸设计出来的角色。

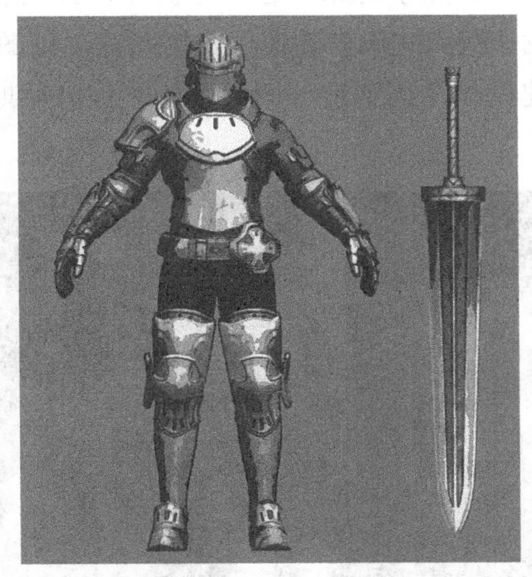

图6-1 角色原画设定图（见彩页）

图6-1为本章实例制作的原画设定图。原画设定是一张角色正面的效果绘制图，我们可以看到这是一个标准的男性角色，头部穿戴了全覆盖的头盔，上半身穿着了部分覆盖的金属轻铠甲，下半身里层是布料设计的裤装，外层从大腿开始穿着了全金属覆盖的重铠甲，角色道具为一柄双手持握的巨剑。下面我们来分析一下本章角色模型实例制作的大致流程。

虽然角色是以标准男性人体进行设计的，但由于角色全身都覆盖衣服和铠甲，所以在实际制作的时候，除了头部外其他部位并不需要先制作模型，我们可以直接制作衣服和铠甲的形态结构。由于模型整体基本为对称结构，所以建模的时候还是只需制作一侧，另一侧通过Symmetry修改器镜像对称即可，对于肩甲、腰带等特殊装饰模型可以单独制作。

建模的顺序仍然是先从头部开始，首先制作头盔的模型结构，然后制作头盔下面的头部模型，其实头部基本是被头盔所覆盖，只有眼部和颈部能够被观察到，所以这里对于头部模型的细节可以尽量放在这两个部位，其他模型面只需粗略交代，甚至可以删除。接下来需要制作颈部与上衣铠甲领口衔接的模型，主要是布料模型结构。然后开始制作躯干和四肢的模型，如肩甲、腰带及膝盖处的铠甲结构可以单独进行制作，不需要进行一体化建模，最后再来制作长剑的角色道具模型。以上就是整体的制作思路和流程。

在进行实际制作前，除了对原画进行分析外，我们还需要进行素材的搜集，比如可以通过网络找一些欧式风格的铠甲实物图片（见图6-2），这样不仅可以更好地帮助自己进行建模和结构塑造，同时还能够作为后期模型贴图的制作素材和参考。

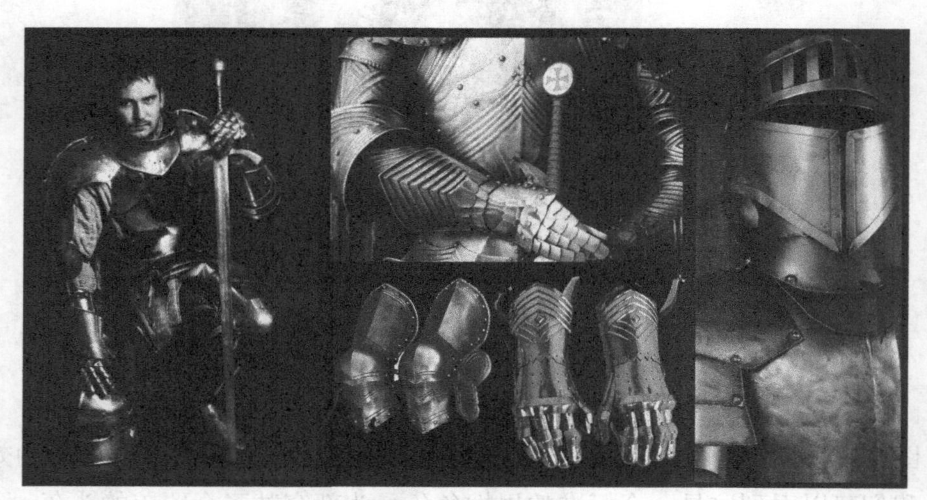

图6-2 欧式铠甲实物照片

6.2 头部模型的制作

首先制作头盔模型，在3ds Max视图中利用BOX模型和编辑多边形命令制作出头盔模型的基本轮廓结构（见图6-3），然后进一步编辑头盔下部边缘的模型细节，制作出带扣结构（见图6-4）。对于头盔内部的模型面理论上可以删除，但由于金属头盔是有厚度的，在边缘处仍然可以看到头盔内部，所以这里我们还是将内部的模型面保留，但要尽可能地缩减模型面数（见图6-5）。

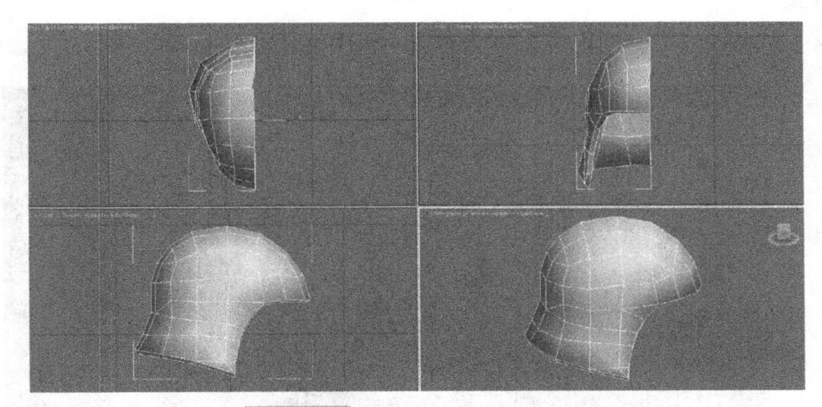

图6-3 编辑制作头盔模型轮廓

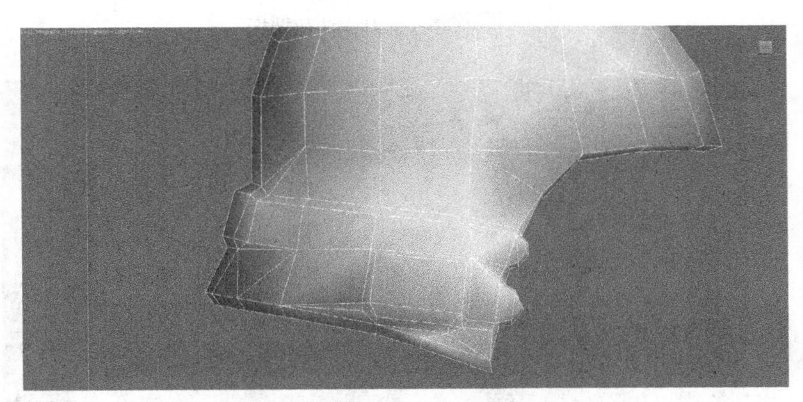

图6-4 制作头盔模型细节

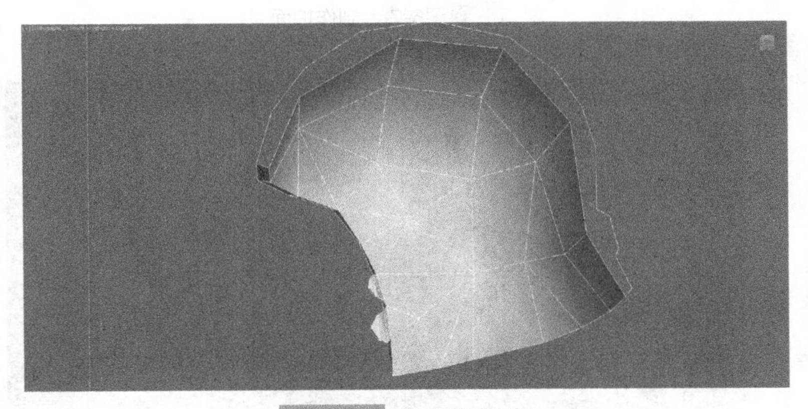

图6-5 头盔模型内部

接下来制作头盔前面上方的活动挡板。这个挡板在真实的盔甲中是为了保护战斗中穿戴者的眼部，在非战斗的时候可以向上抬起固定，这里我们仅仅把这种结构当作一种装饰（见图6-6）。然后沿着挡板模型的位置，制作下方的面部护具，两者穿插衔接（见图6-7）。图6-8为模型添加Symmetry修改器后的效果。

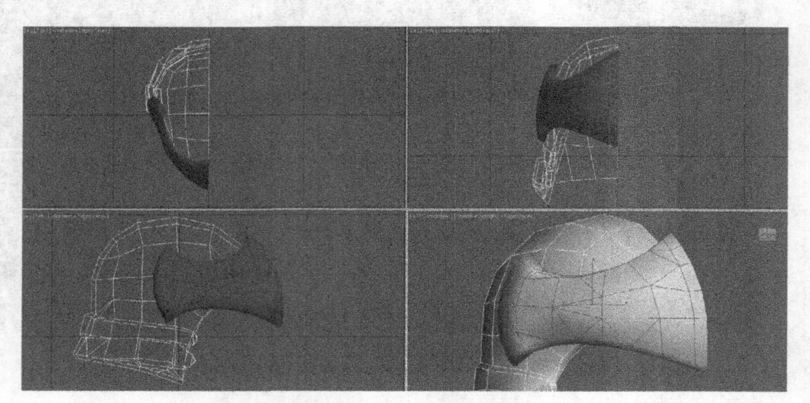

图6-6 制作头盔挡板

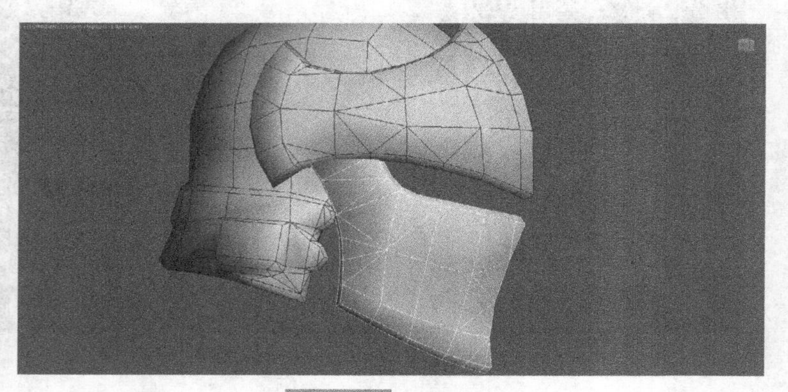

图6-7 制作护面

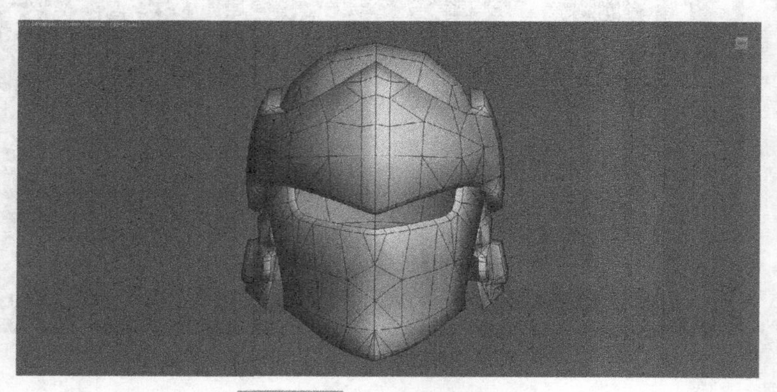

图6-8 头盔完成后的效果

我们可以从已经制作完成男性人体角色模型上拆离头部，由于本章实例中角色被盔甲所覆盖，所以头部模型只保留到颈部即可，然后导入到当前制作的文件中

（见图6-9）。将头部模型放置在头盔内，然后再进行模型的调整，让头盔跟头部模型相互匹配、协调，这样角色头部的模型部分就制作完成了（见图6-10）。

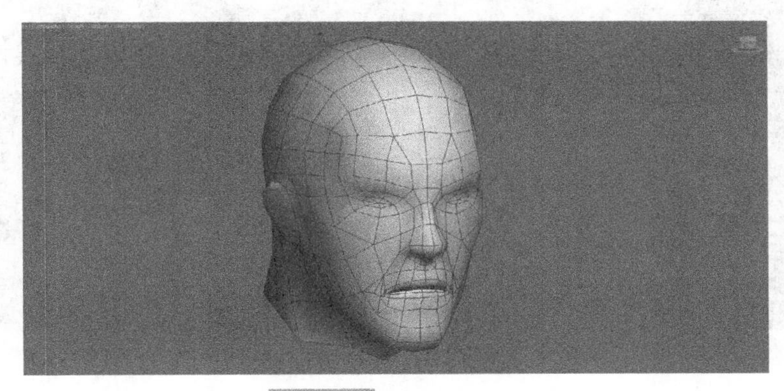

图6-9 导入头部模型

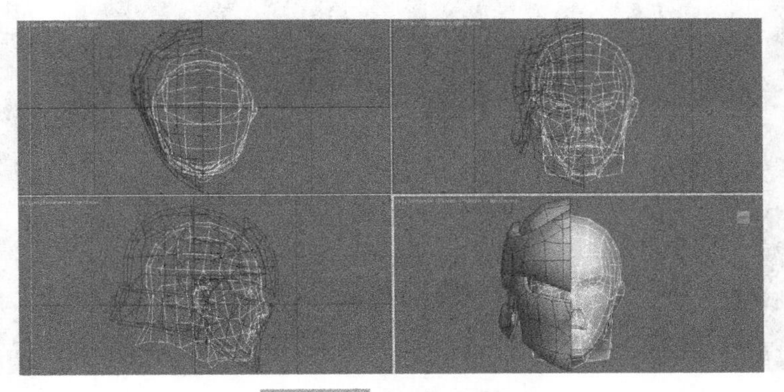

图6-10 调整匹配模型

6.3 躯干模型的制作

接下来制作头颈部与上身铠甲连接的领口模型结构。在视图中利用圆柱体基本模型编辑制作出布料领口的模型形态（见图6-11），尽量将模型制作得自然，后期通过贴图绘制衣褶等纹理。沿着衣领模型向下制作出上身部分铠甲模型，包括背带与中间的加厚板甲部分（见图6-12）。然后开始编辑制作一侧的手臂上半部分基础模型，由于上臂没有覆盖铠甲，所以与下臂分开制作，将上臂归纳进躯干结构当中（见图6-13）。继续完善上臂模型细节，制作出衣服口袋结构（见图6-14）。

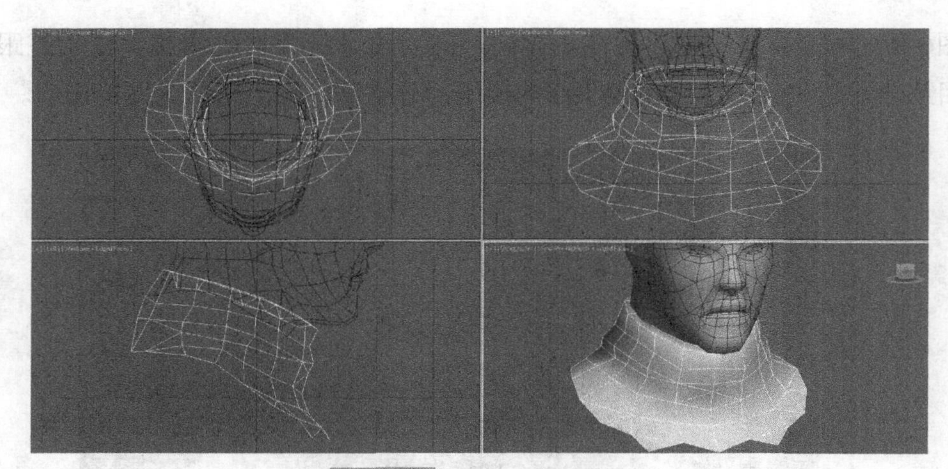

图6-11 制作衣领连接结构

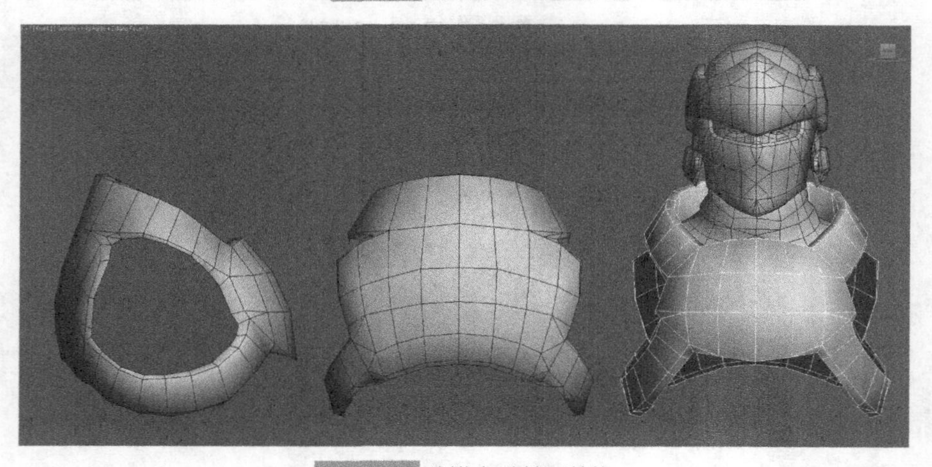

图6-12 制作部分铠甲结构

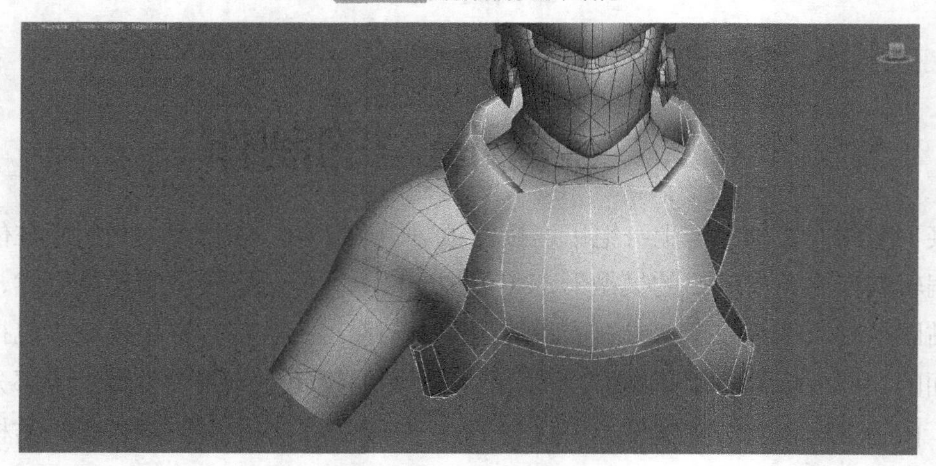

图6-13 制作上臂基本模型

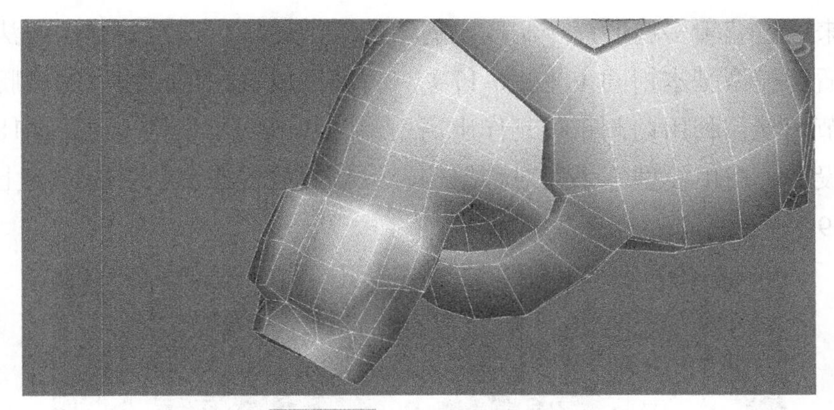

图6-14 完善上臂模型细节

我们可以将上臂模型从躯干模型中Detach分离，然后利用镜像复制完成另一侧模型的制作，接下来向下继续制作出胸甲下半部分的模型结构（见图6-15）。躯干部分的模型除了金属铠甲外，腰部还有部分衣料结构（见图6-16）。

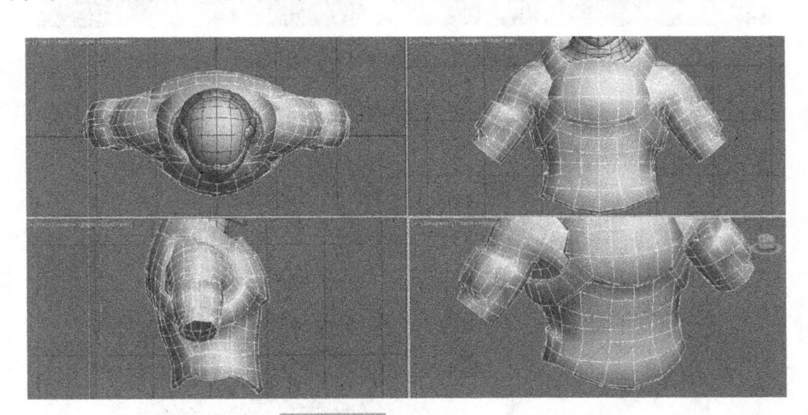

图6-15 制作胸甲模型

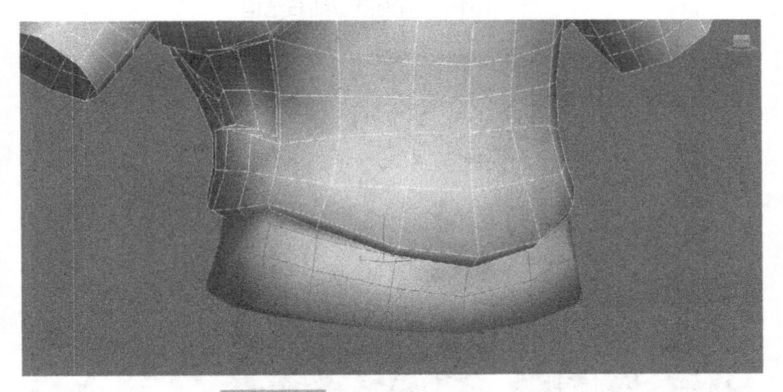

图6-16 制作胸甲下方连接结构

接下来通过编辑多边形命令制作出肩甲的模型轮廓，这里的制作方法与之前章节中制作盾牌模型基本相同（见图6-17）。将肩甲放置在角色模型的肩膀位置，然后进行细节调整，利用切割布线制作出肩甲上隆起的细节结构（见图6-18）。这里根据原画设定，肩甲模型不采用对称结构，只将其放置在角色右侧肩膀上，最终效果见图6-19。

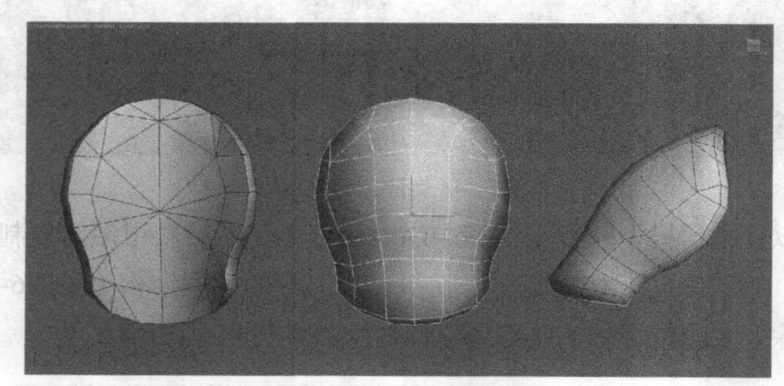

图6-17 制作肩甲模型轮廓

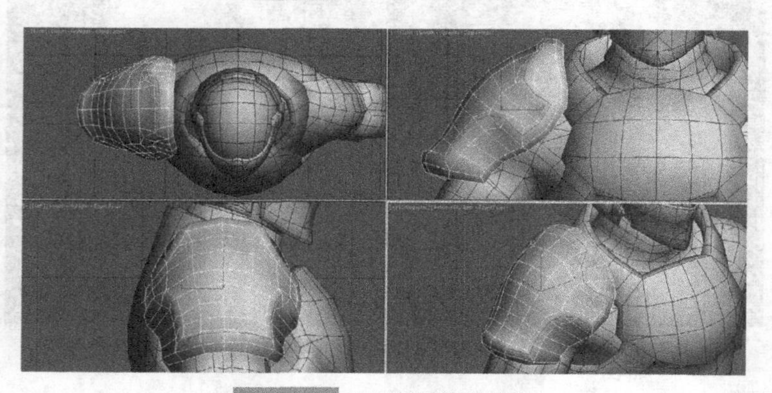

图6-18 刻画模型细节结构

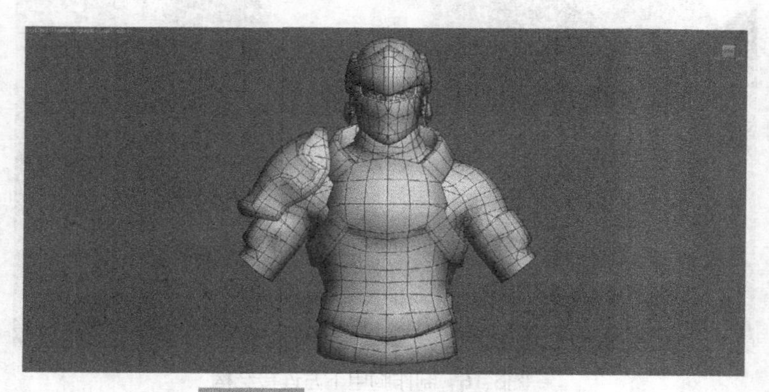

图6-19 最后完成的角色躯干效果

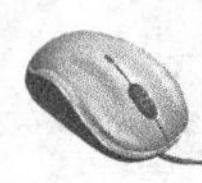

6.4 四肢模型的制作

头部和躯干模型完成后，下面我们开始制作角色的四肢模型。①首先制作上肢小臂的模型，在视图中利用编辑圆柱体多边形制作出基本的形态结构（见图6-20），然后深入刻画模型细节，制作出侧面的金属板甲结构（见图6-21）。

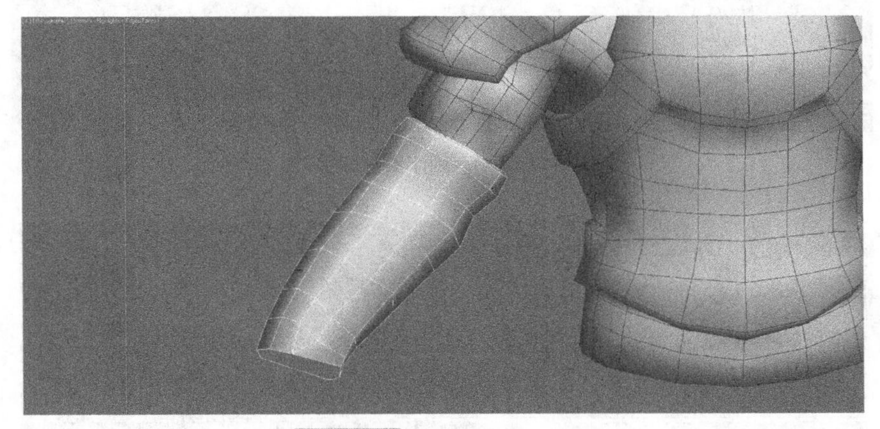

图6-20 制作小臂基础模型

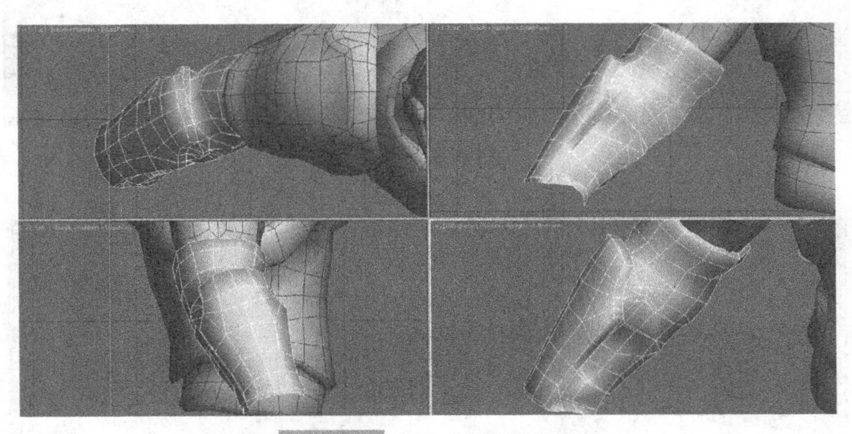

图6-21 制作金属板甲结构

②沿着侧面板甲结构向下制作护手（见图6-22），接下来制作肘部的护肘金属板甲模型（见图6-23），最后制作出角色手部模型（见图6-24），要注意与护手及手腕处的衔接，这样角色上肢的模型就制作完成了（见图6-25）。

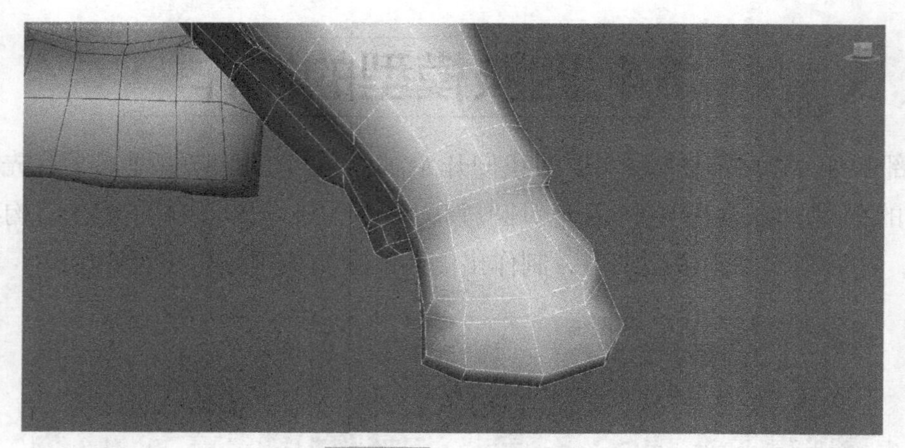

图6-22 制作板甲护手

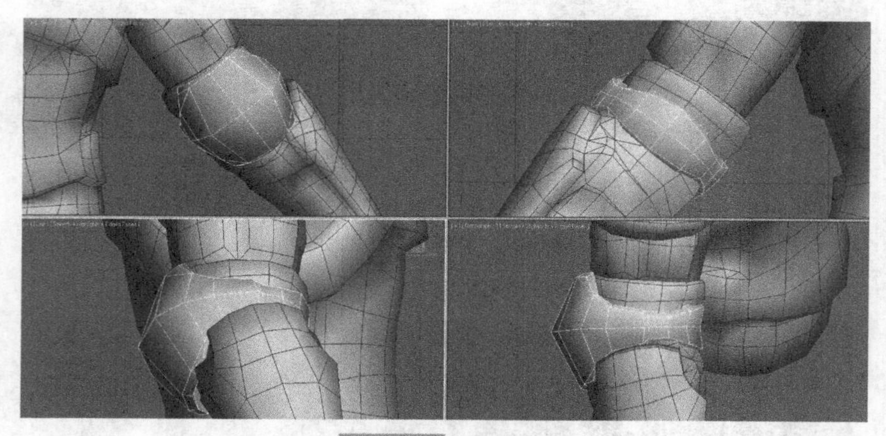

图6-23 制作护肘

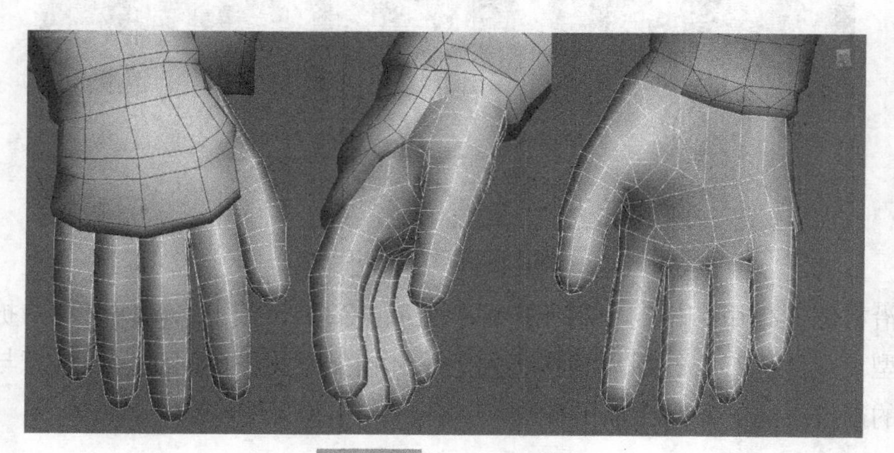

图6-24 制作手部模型

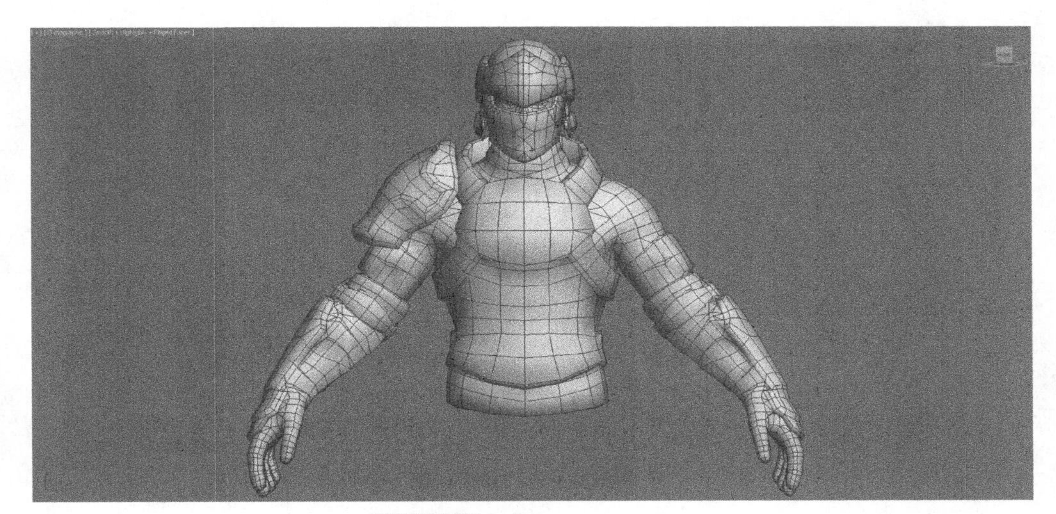

图6-25 角色上肢完成的效果

③接下来制作角色腰臀部及大腿上半部分的模型结构。之所以要单独制作，是因为这部分模型材质是布料，同时与上半身相衔接，这部分模型可以简单地看作是个短裤的外形，同样只需要制作一侧的模型结构，另一侧镜像复制即可（见图6-26）。

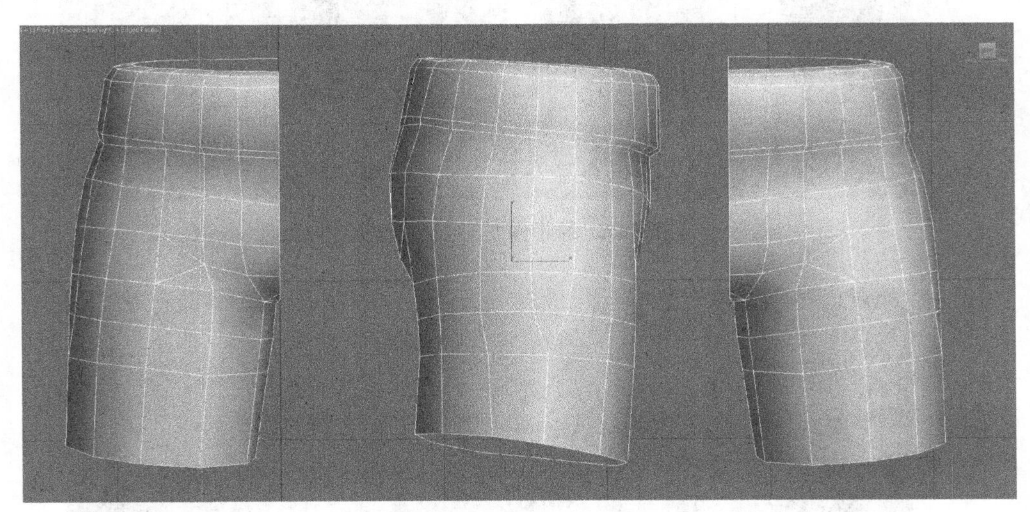

图6-26 制作腰臀部模型

④制作出腰部的腰带模型及后面的背包模型（见图6-27），图6-28是腰带放置在角色模型上的效果，接下来制作腰带前方侧面的十字装饰模型（见图6-29），最后整体角色模型的效果见图6-30。

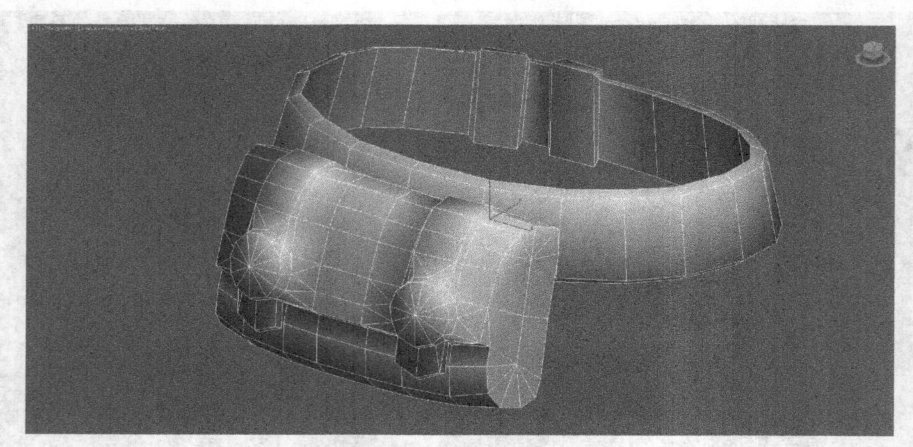

图6-27 制作腰带和背包模型

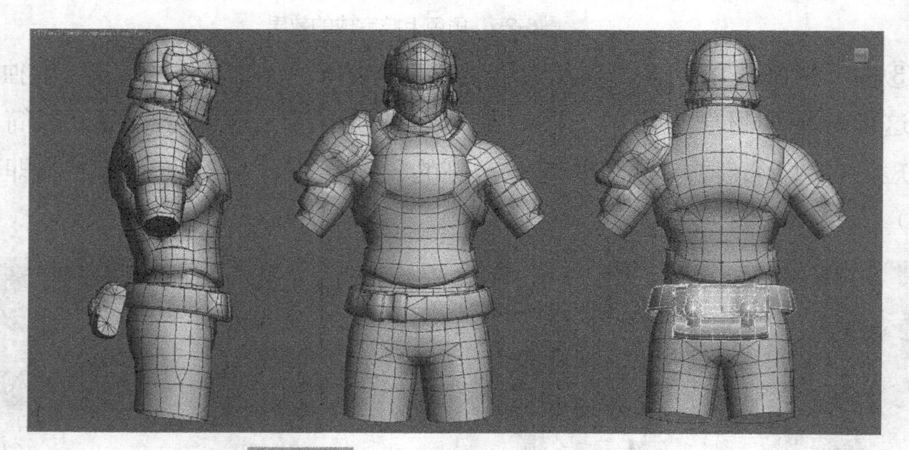

图6-28 腰带模型在角色中的摆放位置

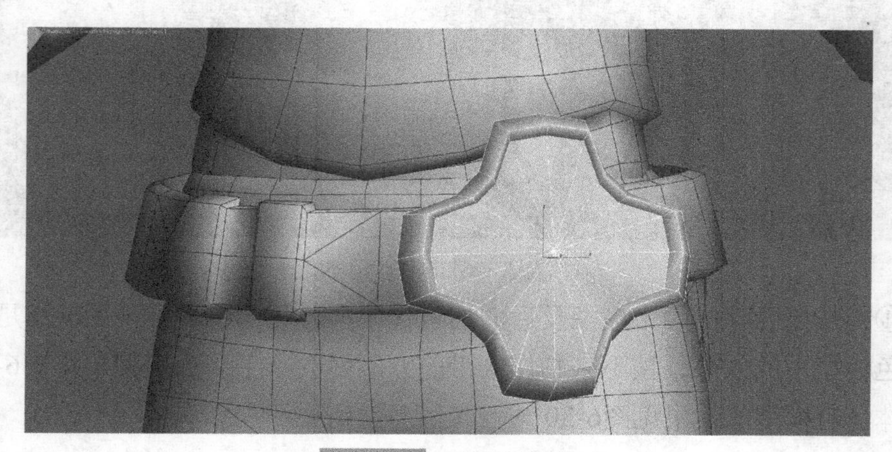

图6-29 制作腰带装饰

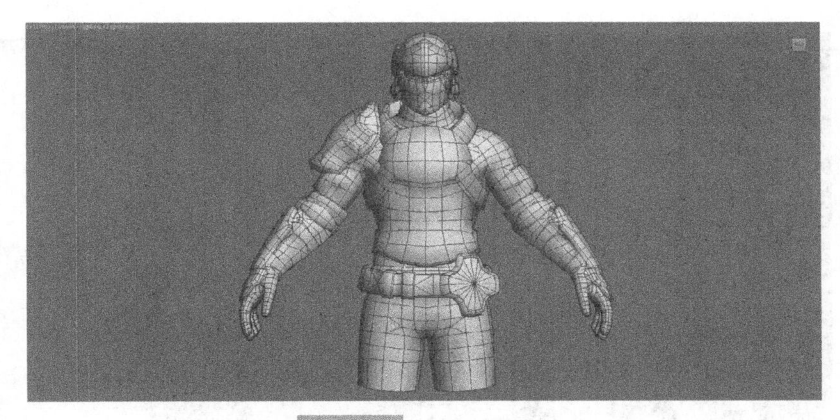

图6-30 整体模型效果

⑤开始制作下肢模型，从大腿开始一直到脚部，整体都是被金属铠甲所覆盖。首先利用圆柱体模型编辑大腿部分的模型结构（见图6-31），继续向下制作出膝盖及小腿的模型结构（见图6-32）。然后制作大腿及膝盖处的附属铠甲模型结构，制作方法与肩甲类似（见图6-33、图6-34），最后制作角色脚部模型（见图6-35）。将对称部分的模型进行镜像复制，然后通过Attach命令结合为整体模型，图6-36为本章角色模型最终完成的效果。

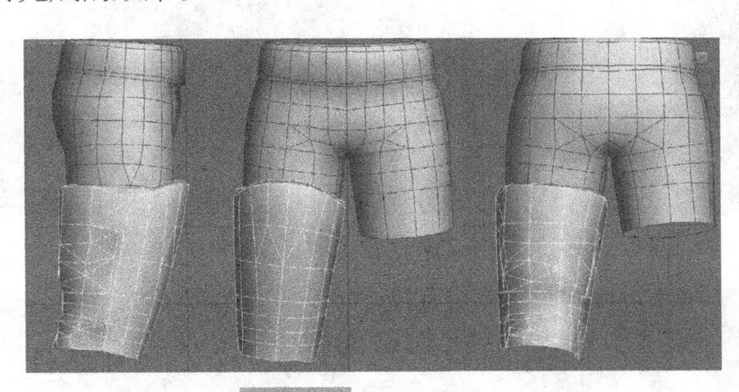

图6-31 制作大腿模型

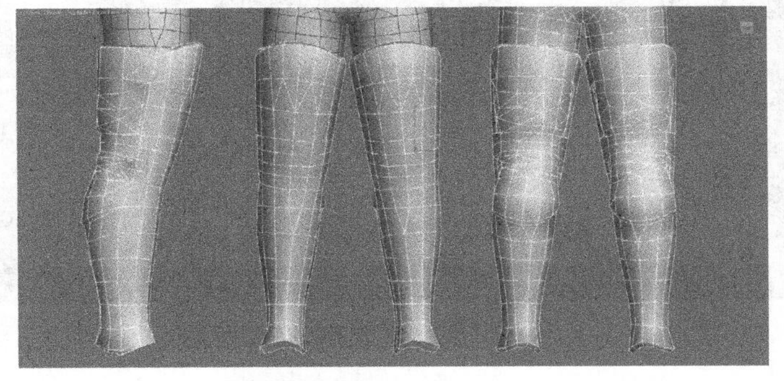

图6-32 制作腰带模型

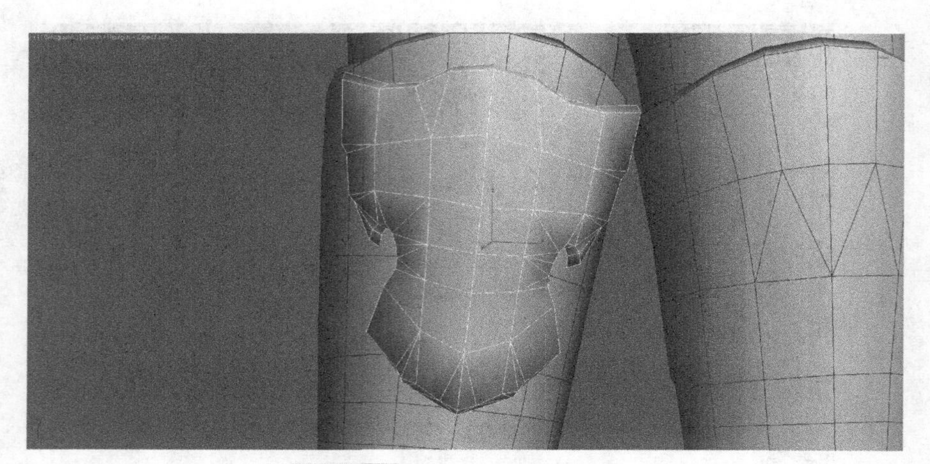

图6-33 制作大腿金属铠甲装饰

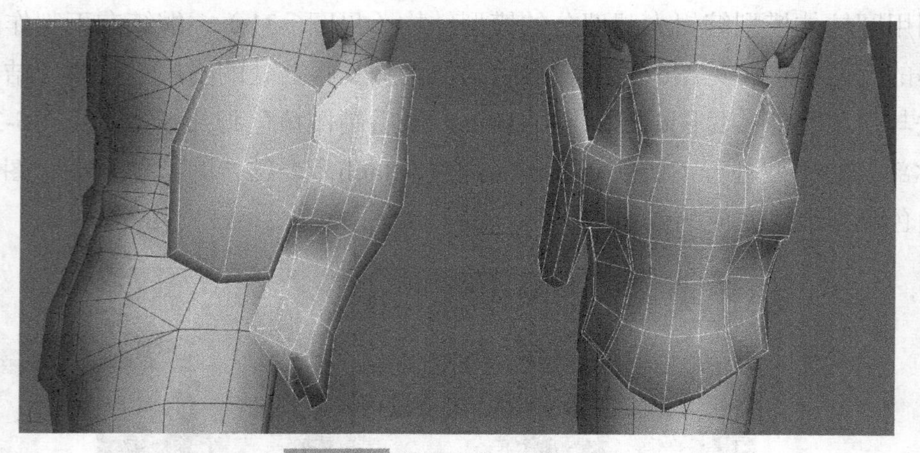

图6-34 制作膝盖金属铠甲装饰

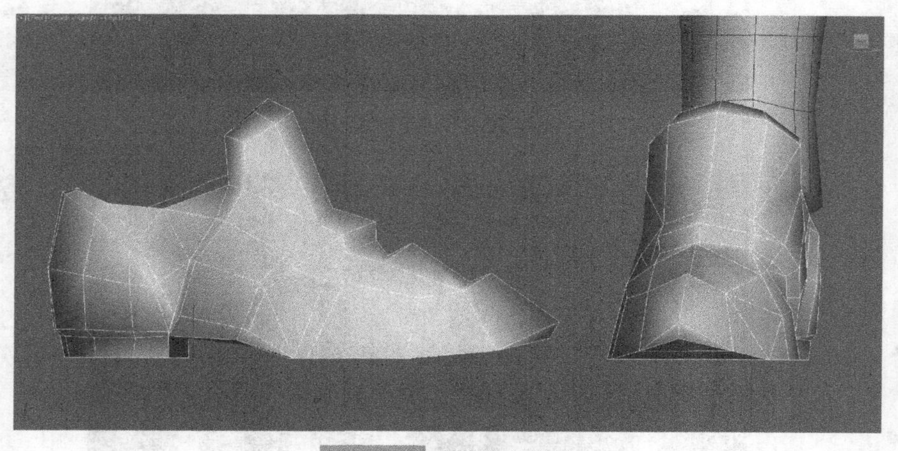

图6-35 制作脚部模型

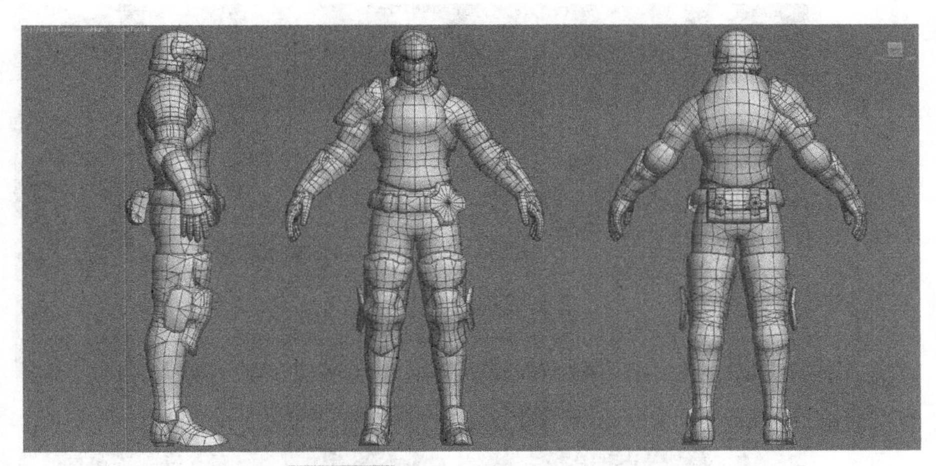

图6-36 角色模型最终完成的效果

6.5 角色道具模型的制作

在原画设定图中，除了角色以外还有与之相配的武器道具模型需要制作，本例中的武器道具为一柄双手持握的长剑，整体结构比较简单。下面首先来制作剑柄模型。在3ds Max软件视图中利用圆柱体模型编辑制作剑柄的基本外形（见图6-37），再制作剑柄上端的模型结构（见图6-38），接下来制作出剑阁结构部分，剑阁是剑柄与剑刃之间的衔接结构（见图6-39），同时制作出剑阁两侧的半球形装饰（见图6-40）。

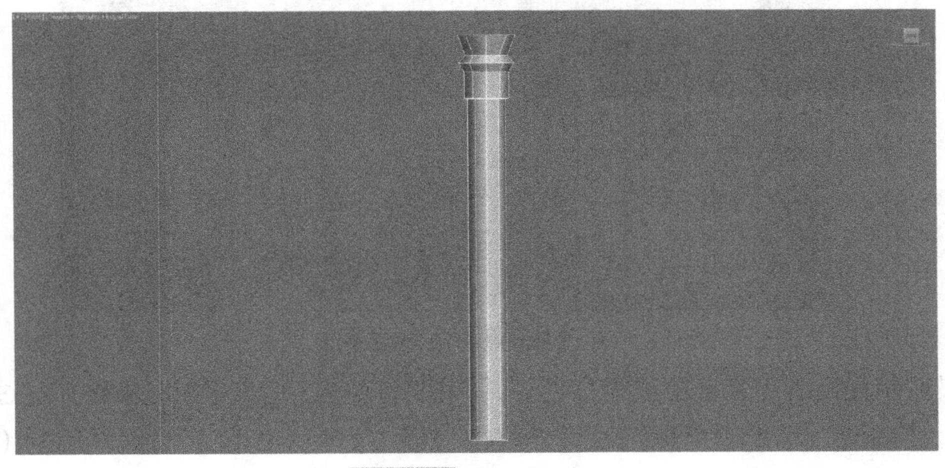

图6-37 制作剑柄模型

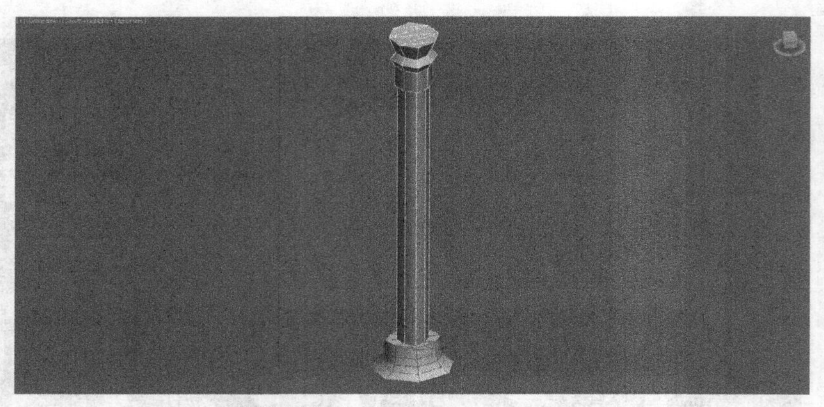

图6-38 制作剑柄上端模型结构

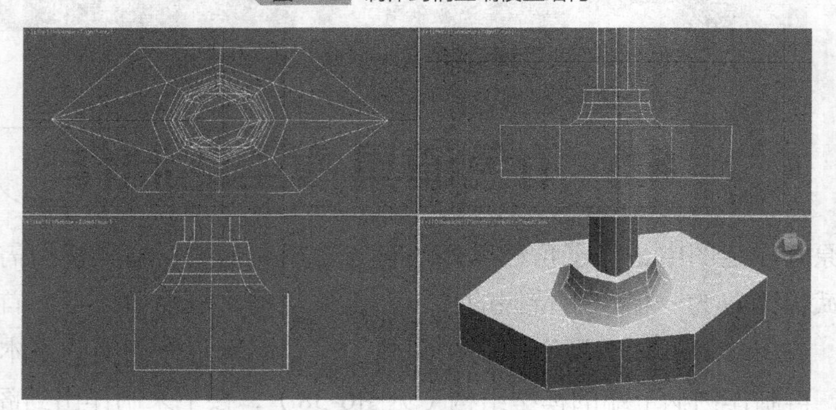

图6-39 制作剑阁

图6-40 制作侧面装饰

最后制作出剑刃部分的模型。剑刃结构比较简单，要注意剑刃尖端弧度过渡的处理，要圆滑，尽量避免棱角，另外整个刃部中间有一个隆起的剑脊结构（见图6-41）。图6-42为最终全部模型完成的效果，通过多边形计数器可以查看整个模型一共用了10655个多边形面。

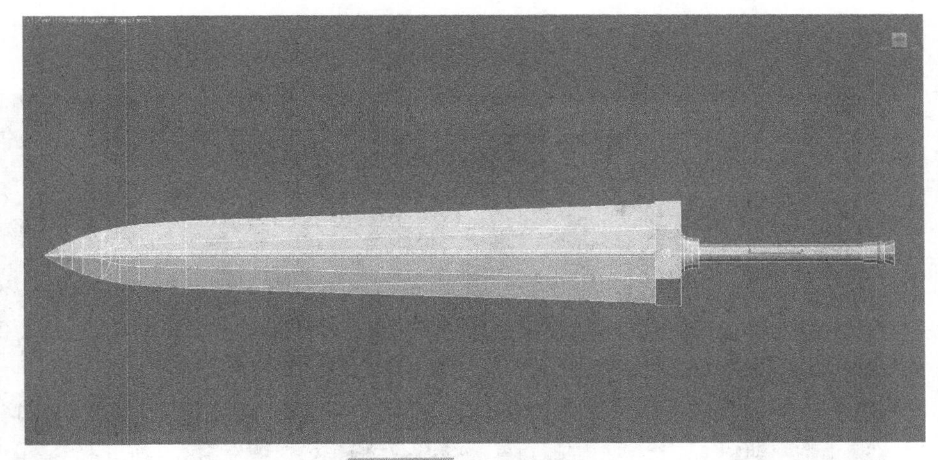

图6-41 制作剑刃模型

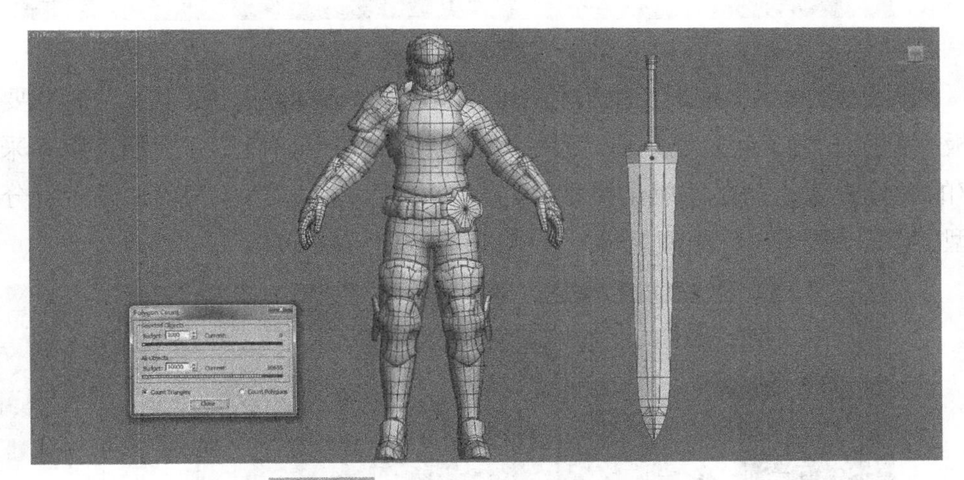

图6-42 最终完成的全部模型（见彩页）

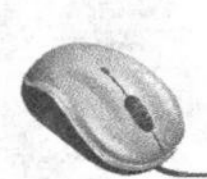

6.6 模型UV拆分及贴图绘制

模型全部制作完成后，在贴图绘制之前还是先要对模型UV进行拆分。由于贴图的尺寸有限，加上角色模型细节丰富且部件较多，我们无法将模型UV全部拆分在一张贴图上，这样不利于模型细节和精度的表现，所以，这里我们根据角色模型不同的结构部分，将其UV进行单独拆分。

首先，我们将头盔模型UV进行拆分。要将头盔外部模型面UV尽可能放大，而内部看不到的模型面则尽量缩小（见图6-43）。

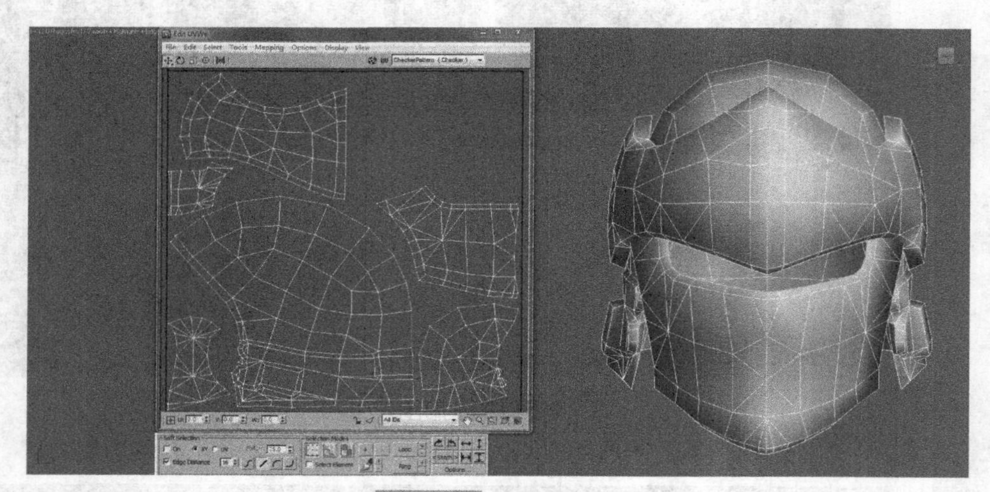

图6-43 头盔UV拆分

然后，将领口、躯干及上臂模型的UV进行单独拆分。躯干模型后期要绘制金属板甲贴图，为了让金属的质感及上面的划痕纹理更加自然，我们可以不采用对称UV的拆分方法，而是将躯干模型UV整体拆分。领口模型UV单独进行拆分，上臂模型UV可以利用对称原理只拆分一侧即可（见图6-44）。

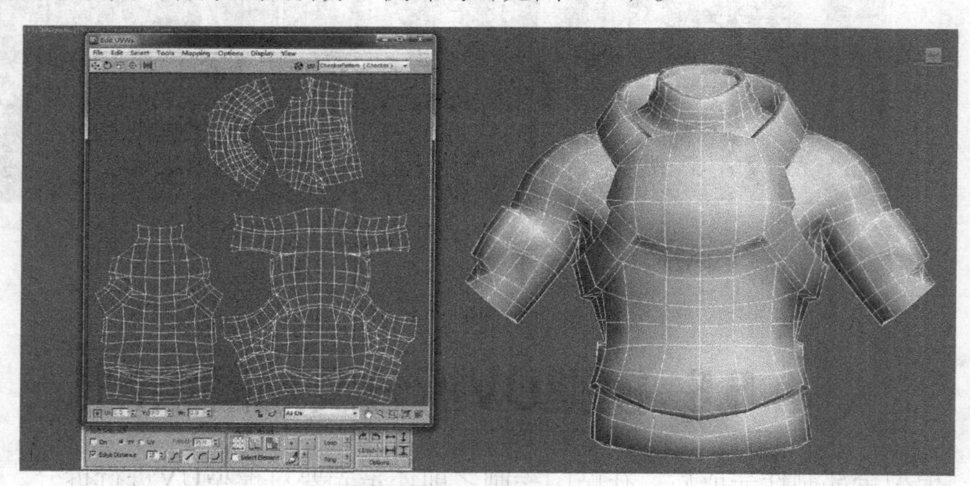

图6-44 躯干模型UV拆分

接下来将小臂、手部和护肘的模型UV进行拆分（见图6-45），腰臀部模型由于材质的特点要进行单独拆分（见图6-46），然后拆分腿部、脚部和膝盖处的铠甲模型的UV（见图6-47），最后拆分腰带、背包及大腿装饰铠甲模型的UV（见图6-48）。图6-49为角色武器道具模型的UV拆分，基本利用正面和背面对称结构进行拆分即可。

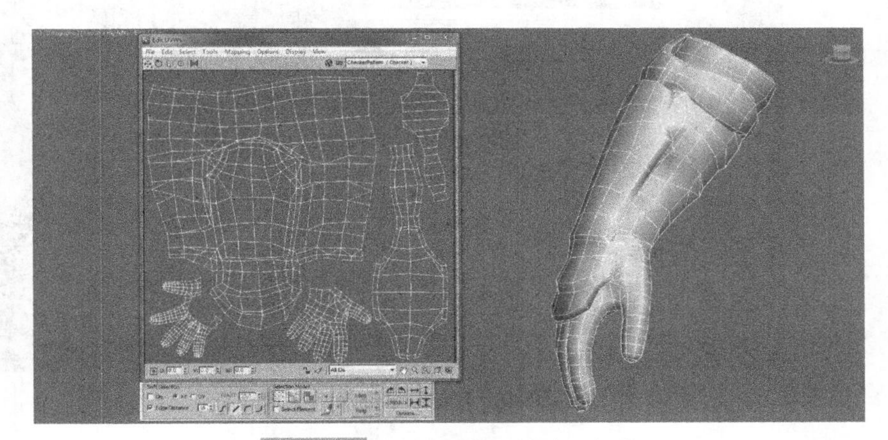

图6-45 小臂、手部和护肘UV拆分

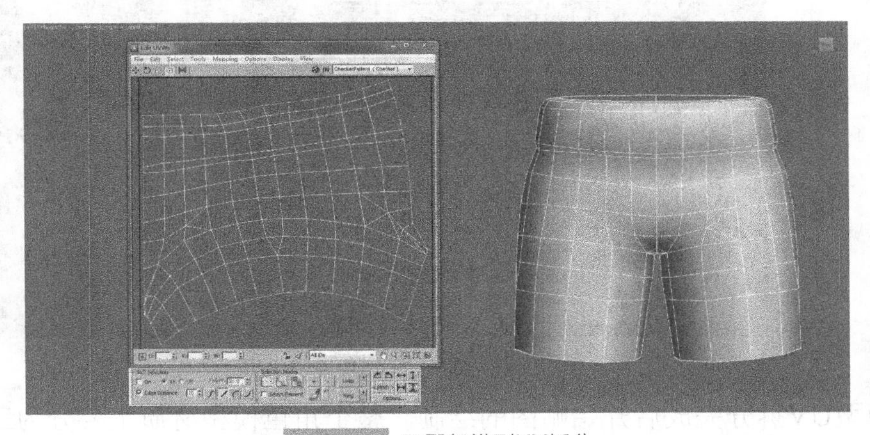

图6-46 腰臀部模型UV拆分

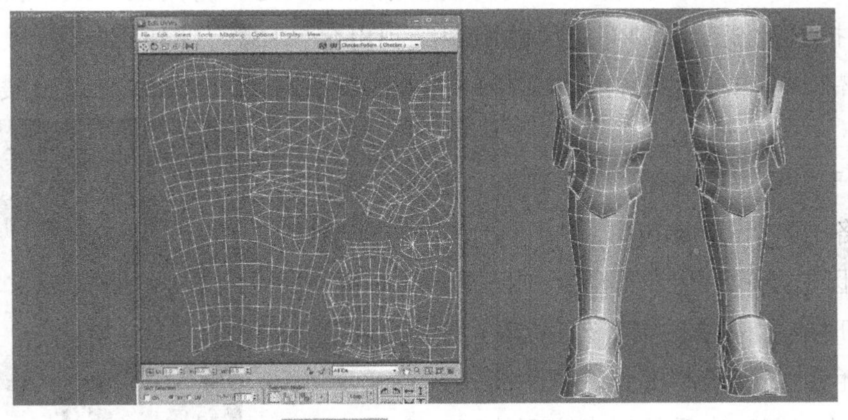

图6-47 腿部模型UV拆分

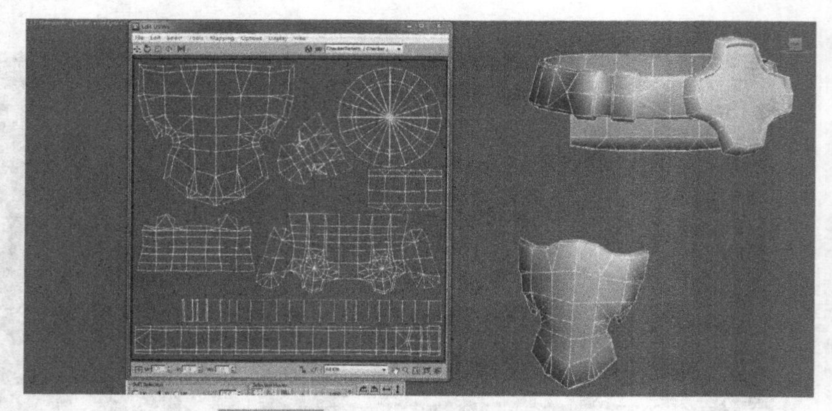

图6-48 腰带及装饰部件模型UV拆分

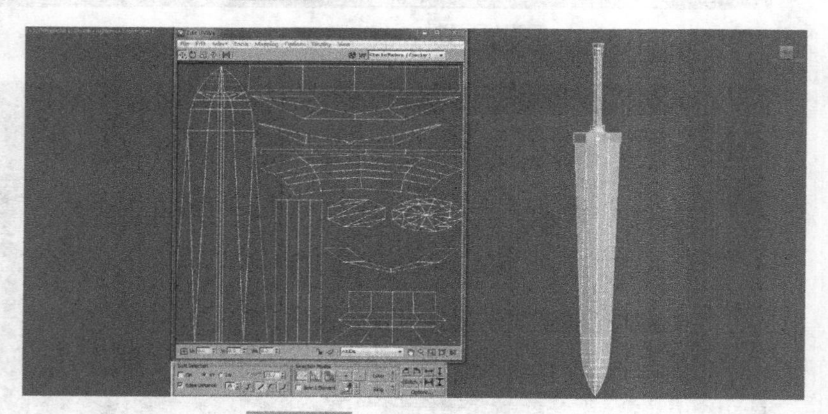

图6-49 武器道具模型UV拆分

模型UV拆分完成后开始贴图的绘制。整个角色模型材质主要分为三大部分：金属铠甲、皮质和布料材质。我们按照原画的设定，将角色头盔、胸甲、肩甲、小臂、护肘及腿部和脚部铠甲的贴图绘制出金属质感，同时要进行做旧痕迹的处理，腰带、小臂和大腿铠甲覆盖下的部分为皮质贴图，衣领、上臂及腰臀部为布料材质。

对于贴图的绘制分为以下几个步骤：首先将UV网格导入Photoshop软件中，新建图层按照UV网格的区域绘制底色；然后绘制贴图的明暗区域，让贴图形成立体感；接下来将UV边缘及转折结构勾勒暗色边线，绘制提亮贴图的高光区域，要注意光泽度的把握，皮质的反光度不能超过金属，这里的金属部分由于旧化也不具有过亮的反光效果，布

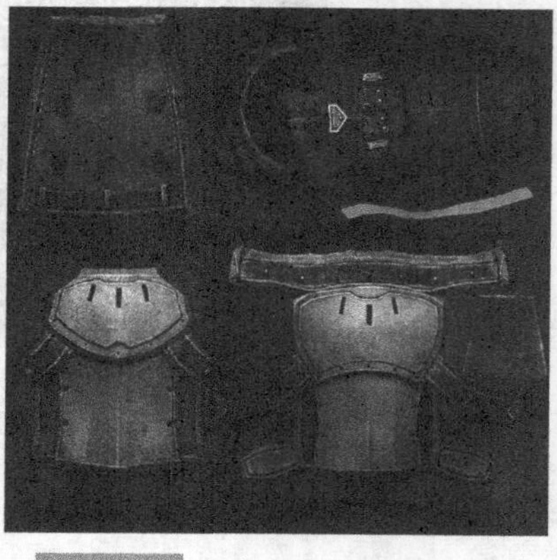

图6-50 角色躯干模型贴图效果（见彩页）

料的反光度最弱；最后叠加划痕等纹理图片进行做旧处理，增强贴图的细节和真实感。图6-50为角色模型躯干部分的贴图绘制完成效果，对于更加详细的贴图效果可以参考随书光盘中的实例制作文件。

最后贴图绘制完成后，将其添加到模型上，图6-51为最终完成的效果。如果想要制作更具细节的模型效果或者次世代游戏角色模型，我们可以制作添加法线和高光贴图，增强模型的质感和细节程度，渲染后见图6-52。

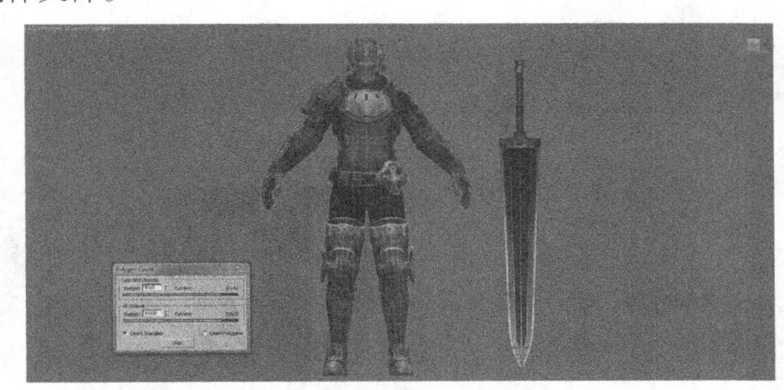

图6-51 视图中为模型添加贴图

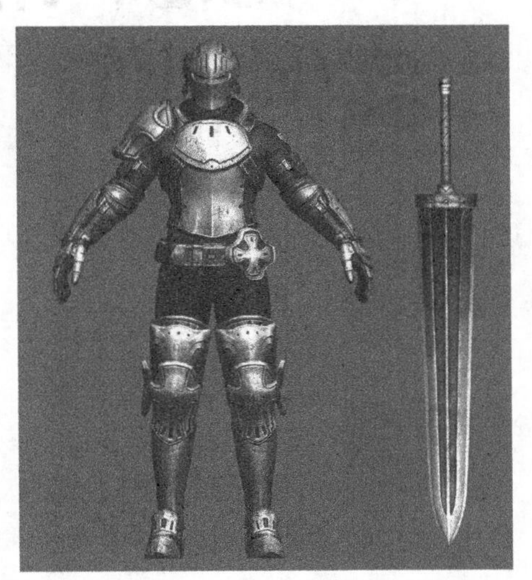

图6-52 添加法线和高光贴图后的模型渲染效果（见彩页）

想要更多了解关于游戏角色模型贴图绘制的内容，可以扫描图6－53所示的二维码来观看视频课程。

图6-52 游戏角色模型贴图绘制

http://182.92.225.223/web/shareVideo/index.action?id=1000127&ajax=1

CHAPTER

07

3D幻想风格角色模型实例制作

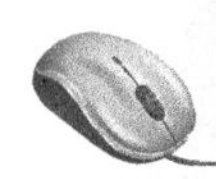

7.1 模型制作前的准备

本章我们将要学习制作3D幻想风格角色模型，所谓幻想风格是针对于写实风格而言，写实风格角色通常是现实世界中真实存在的生物形象，而幻想风格角色则是以现实作为基础通过想象力创造设计出的非现实生物角色。幻想风格角色通常在虚拟游戏中十分常见，比如MMO网络游戏中常见的玩家可选控制的特殊种族、野外地图中的怪物及游戏地下城副本中的BOSS等都属于幻想风格的角色。

图7-1为网络游戏中BOSS角色的原画设定图，从图中可以看到这是一个人形角色的设计，但除了保留头、颈、躯干和四肢等基本人体结构外，角色身上的生物结构都非现实人体的结构。角色全身覆满羽毛，头上长有羽翼，背部有两对巨大的翅膀，手部为锋利的爪子，而腿部也长满尖锐的鳞角。图7-1中的角色就是将人类与鸟类融合的生物设计，这就是幻想风格角色的设计的一种基本类型。

图7-1 网络游戏中的幻想风格角色设定（见彩页）

图7-2为本章实例制作的角色最终效果渲染图，本章实例模型角色的设计与图7-1有异曲同工之意，都是将人体与鸟类形体进行融合。整体的形态模拟了人类的站立姿势，除了躯干和上肢接近于人体结构外，其他身体结构都进行了想象化的设计：下肢为动物体的形态结构，手部只有四根手指且长有锐利的指甲，脚部为鸟类生物的爪子，头顶长有细长的羽毛，背部有三对翅膀，除此以外全身还穿戴着金属铠甲。

图7-2 本章实例角色模型渲染效果图（见彩页）

在分析了基本的生物结构后，下面来简单介绍下模型的制作流程：首先制作角色的身体结构，包括头、颈、躯干和四肢；然后制作铠甲部分，包括肩甲、臂架和腿甲等；最后制作Alpha面片模型，包括背后的翅膀、腰上悬挂的羽毛装饰及其他后期要添加Alpha贴图的面片等。本章实例制作我们将按照网络游戏模型制作的规范，尽量节省模型用面，将整体多边形面数控制在5000左右，下面开始实际的模型制作。

7.2 主体模型的制作

首先制作角色的头部模型，利用BOX模型编辑多边形制作，除了眼部和嘴部轮廓外其他结构尽量简单制作，节省面数，后期通过贴图来进行细节表现（见图7-3）。然后沿着颈部往下，制作躯干胸部的模型（见图7-4），这里可以先留出肩膀的位置，注意整体的布线规律和技巧。另外，由于角色的对称性特征，我们仍然可以只制作一侧的模型，另一侧通过Symmetry修改器命令来进行镜像完成。

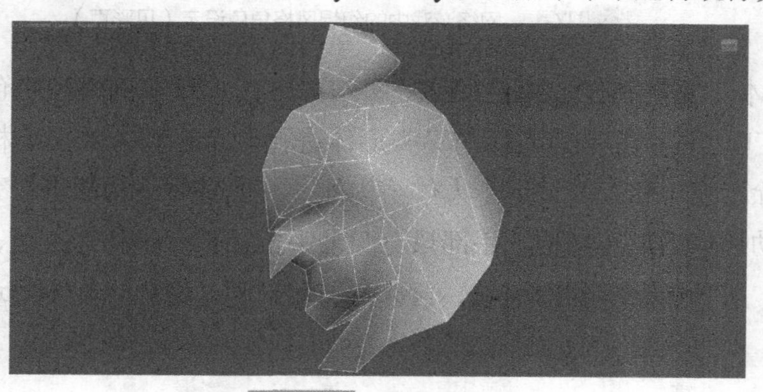

图7-3 制作头部模型

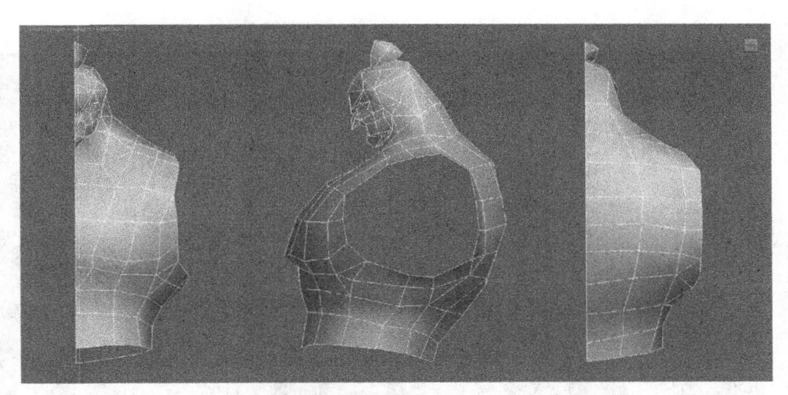

图7-4 躯干模型制作

接下来制作角色肩膀的模型结构，由于角色整体健硕粗壮，所以整个上半身呈倒三角的形态，而肩膀更是非常粗大，超越正常人类的肩膀（见图7-5）。沿着肩膀向下制作上臂模型（见图7-6），然后是肘关节跟小臂（见图7-7），最后制作手部模型，手部的基本结构跟人体相同，只是少一根手指，另外指关节末端的顶点需要焊接，以形成锐利爪子的结构（见图7-8）。

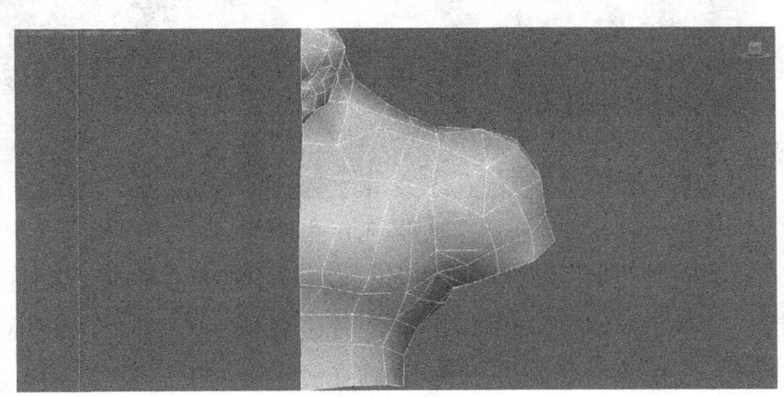

图7-5 制作肩膀

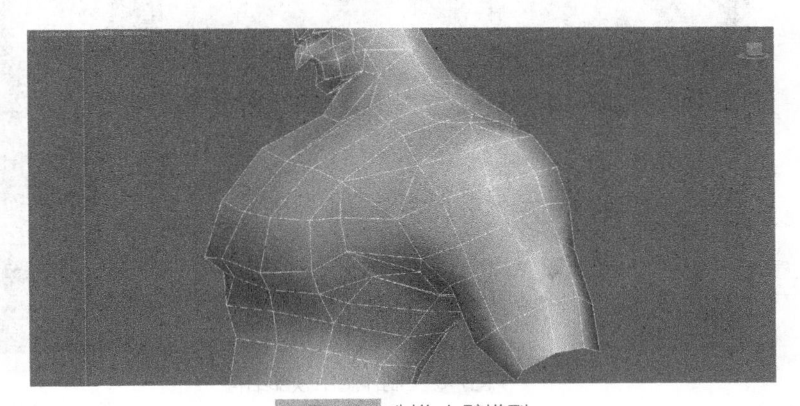

图7-6 制作上臂模型

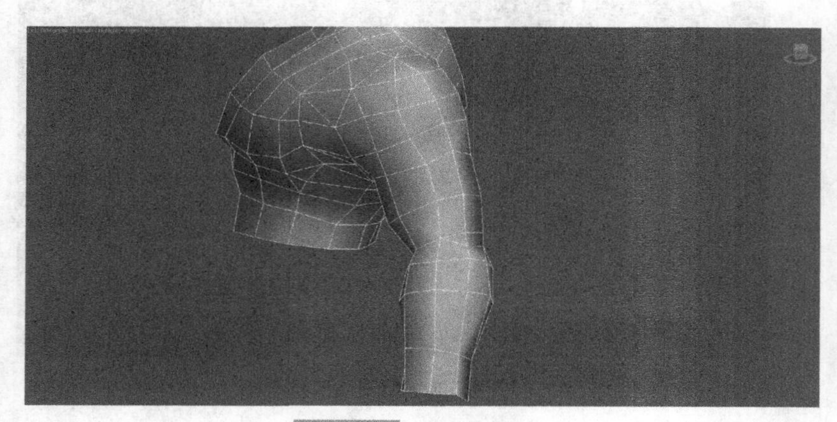

图7-7 制作小臂模型

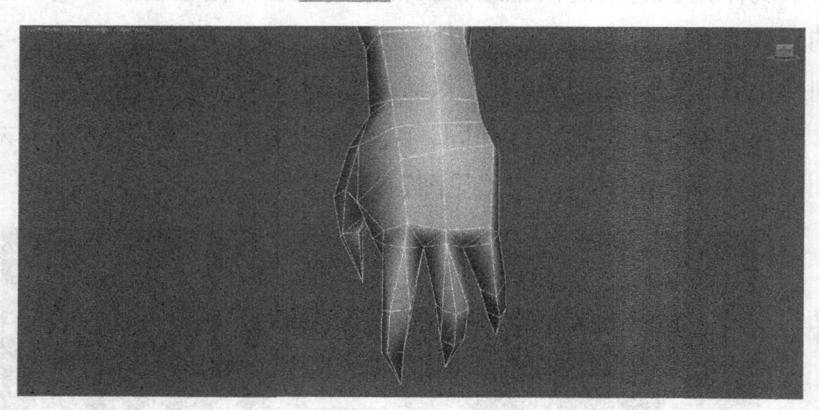

图7-8 制作手部模型

接下来在颈部周围进行切割布线，利用面层级下的挤出命令，制作出类似于衣领的模型结构，之后将作为躯干铠甲的一部分（见图7-9）。然后在躯干胸前利用切割布线、挤出、倒角等命令制作出胸甲前方的装饰结构（见图7-10）。

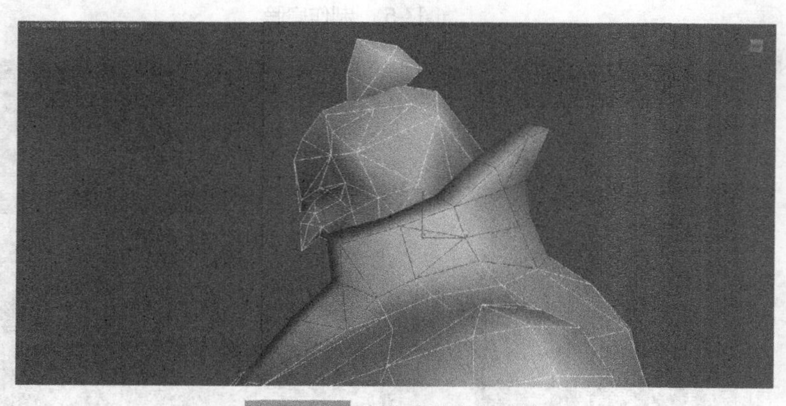

图7-9 制作胸甲领部结构

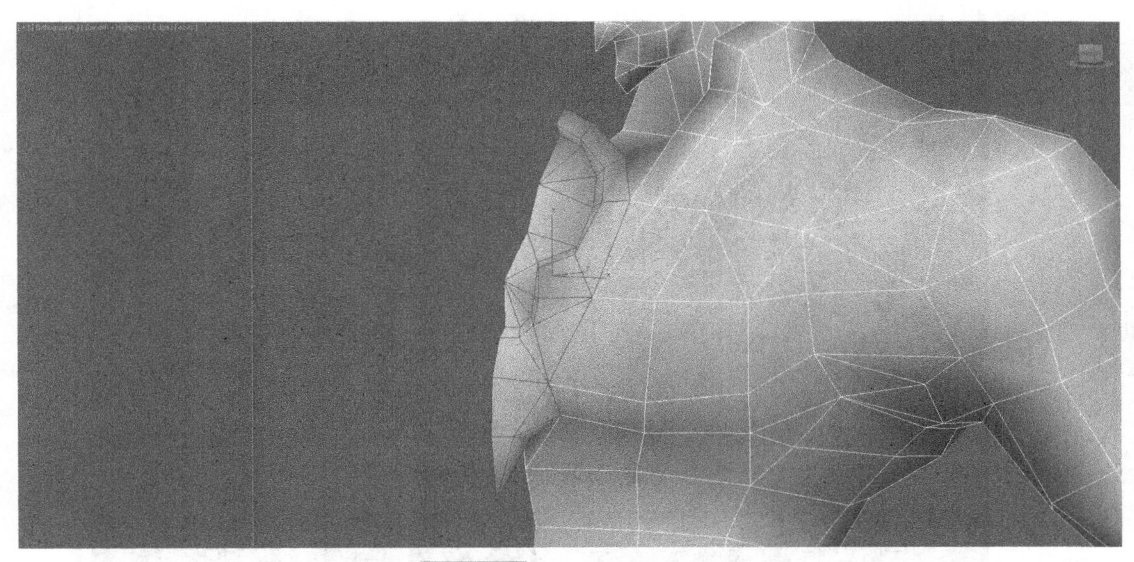

图7-10 制作胸甲装饰结构

然后制作躯干下方腰部的模型结构，为了下一步制作腰部的铠甲，这里要制作出厚度结构（见图7-11）。然后向下制作出大腿和小腿的模型结构，要注意膝关节的布线方式，在省面的前提下还要考虑到后期骨骼绑定和动画调节，小腿是模拟动物体下肢的生物结构来制作的，与人体结构不同（见图7-12、图7-13）。最后制作足部类似于鸟类爪子的模型结构（见图7-14），这样整个角色模型主体就制作完成了，整体效果见图7-15。

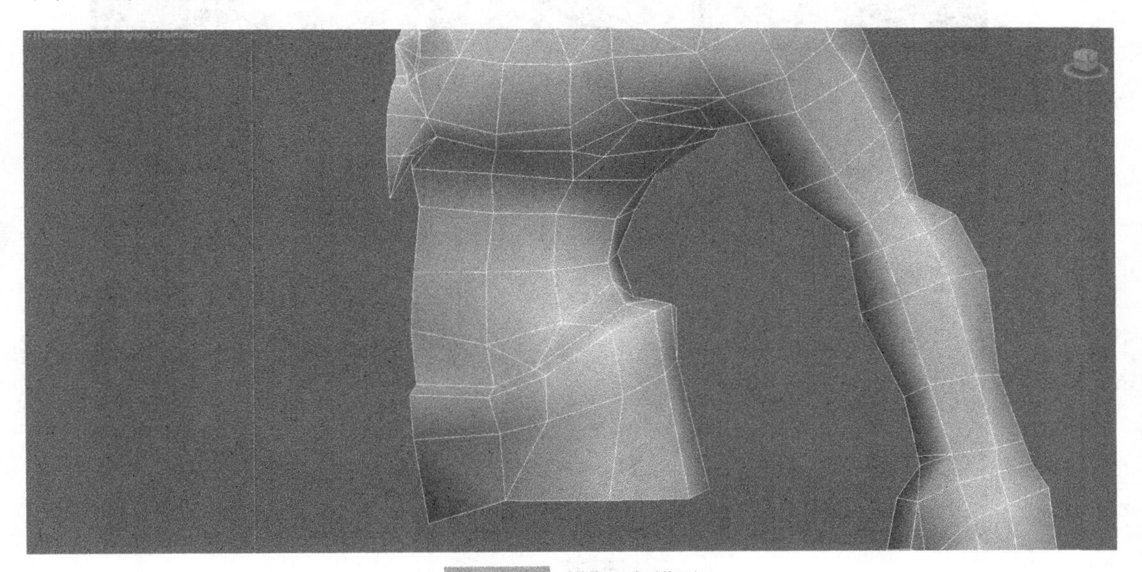

图7-11 制作腰部模型

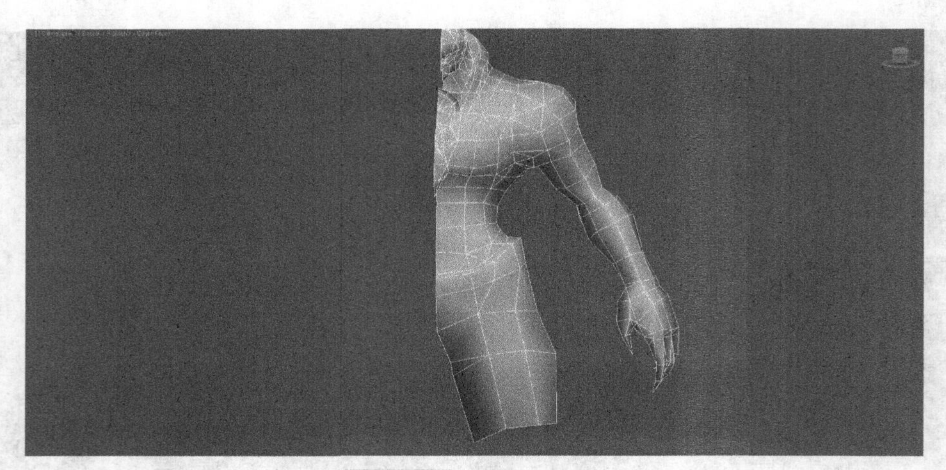

图7-12 制作大腿模型

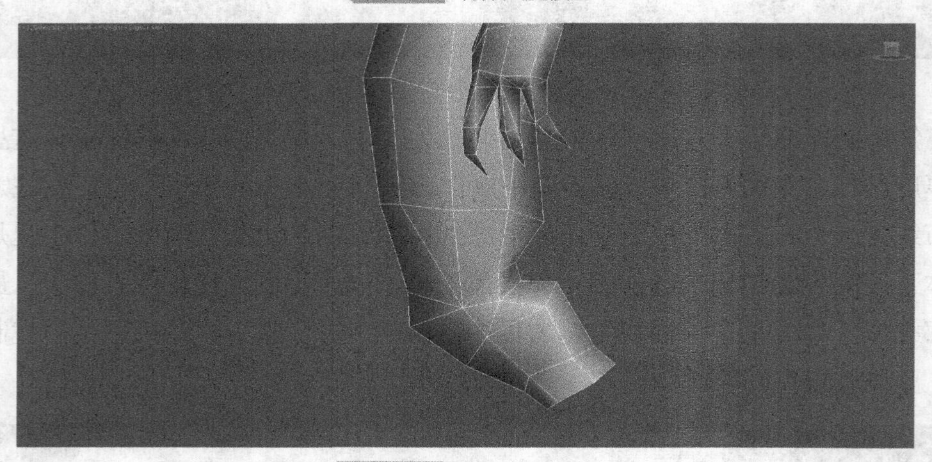

图7-13 制作小腿模型

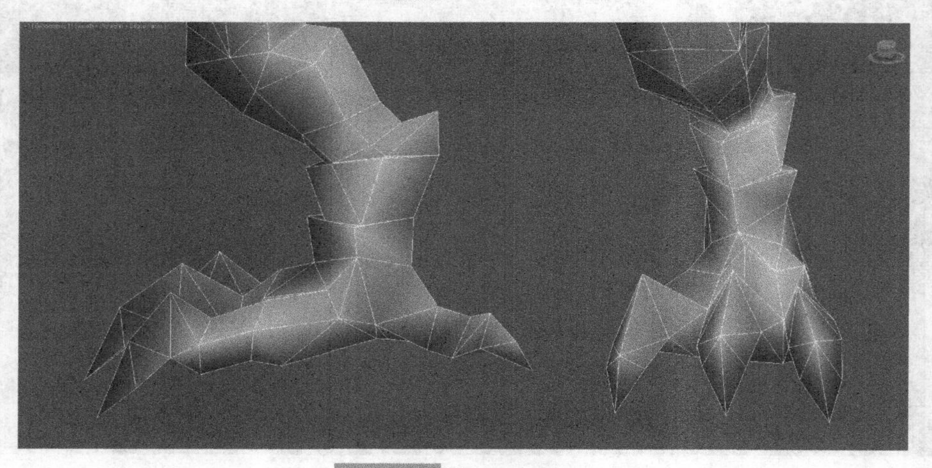

图7-14 制作足部模型

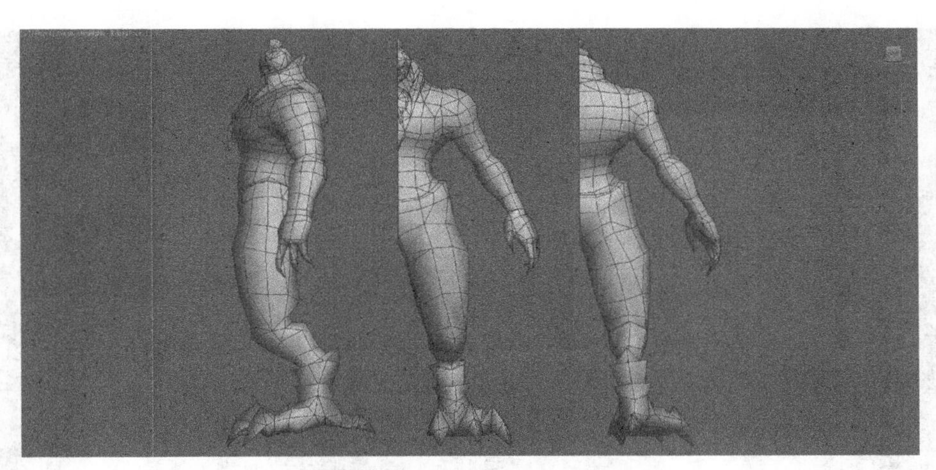

图7-15 角色主体模型整体效果

7.3 装饰结构的制作

首先我们来制作角色所穿戴的铠甲模型，先来制作腰部及腿甲装饰结构，将之前腰部模型留出的厚度进行切割布线，在面层级下执行挤出命令，制作出腰部的铠甲装饰结构，然后利用BOX模型编辑制作出腿部侧面的铠甲模型（见图7-16）。将腿部铠甲模型结构向下继续延伸制作正面及侧面结构（见图7-17）。图7-18为最后完成的腰部和腿部铠甲模型效果。

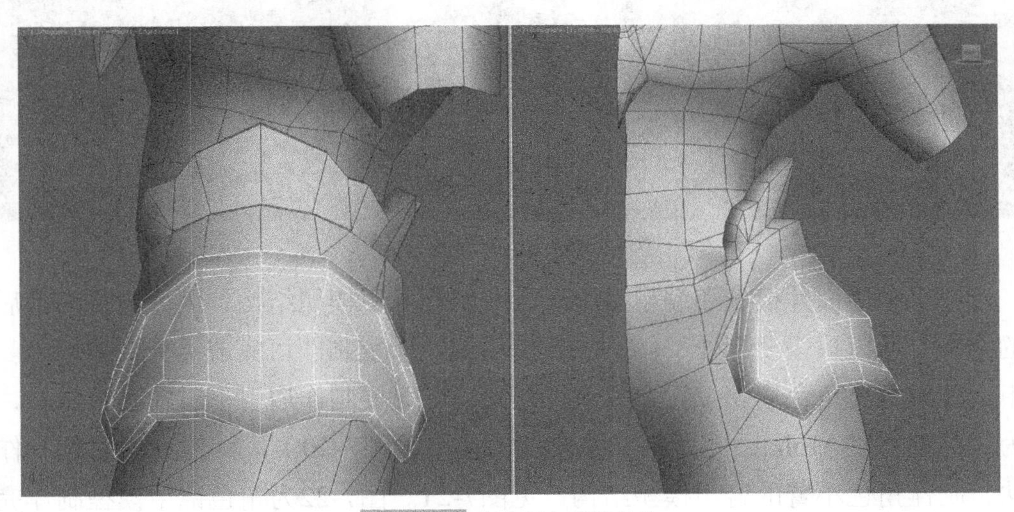

图7-16 制作腰部铠甲结构

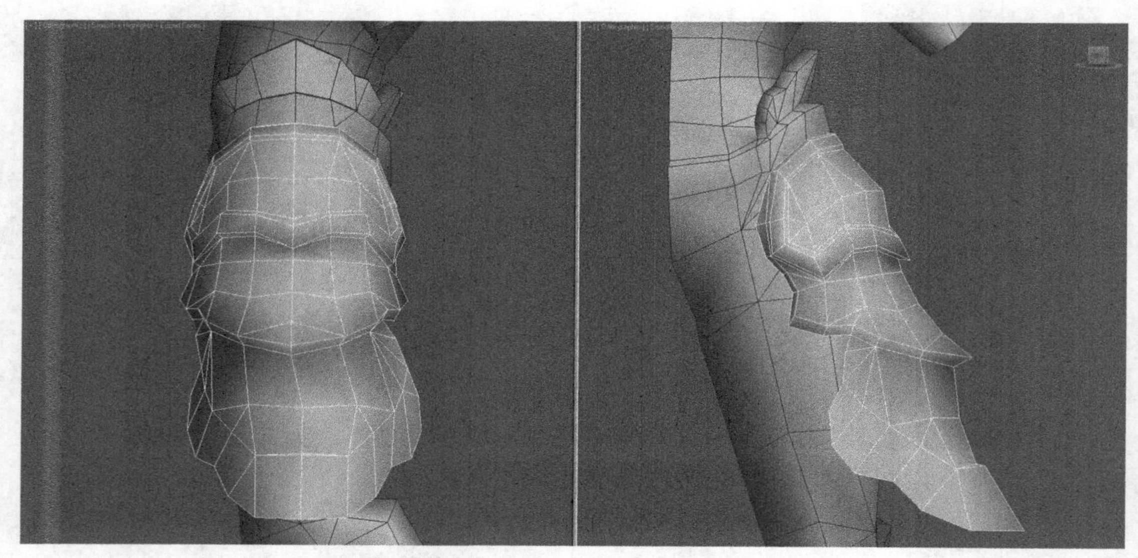

图7-17 向下延伸制作腿部铠甲结构

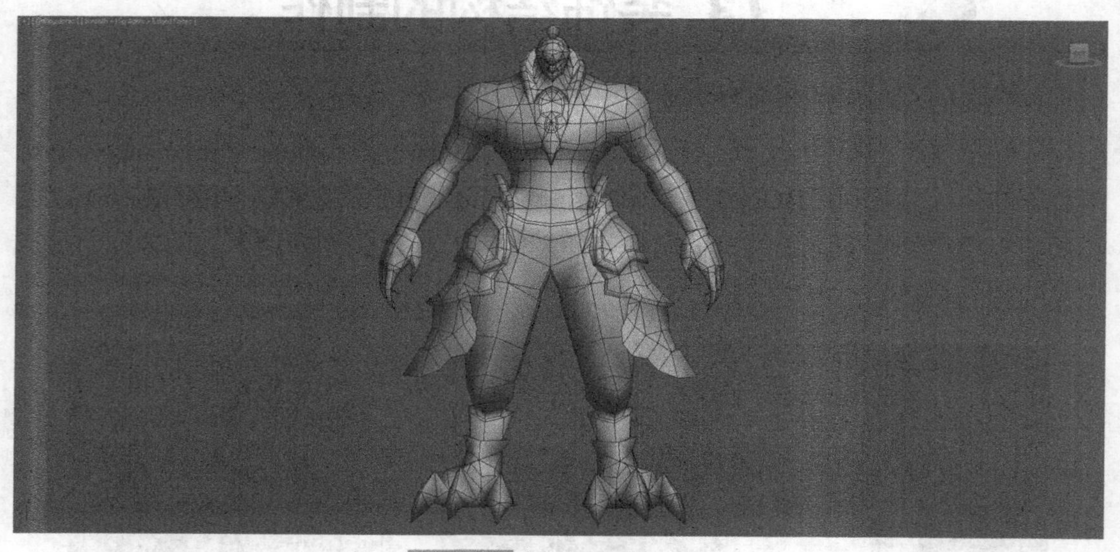

图7-18 腿部铠甲整体效果

接下来利用面片模型和编辑多边形命令制作肩甲模型结构，因为肩甲为前后对称的结构，所以只需要制作一侧，另一侧通过镜像复制即可完成（见图7-19）。将肩甲模型放置在角色肩膀位置上并进行调整，同时要制作肩甲下方的面片结构，这是为了后期添加Alpha贴图所制作的模型面片（见图7-20）。同样利用对称制作的方法，制作角色小臂的臂甲模型结构，见图7-21。图7-22为角色铠甲模型制作完成后的效果。

图7-19 制作肩甲模型

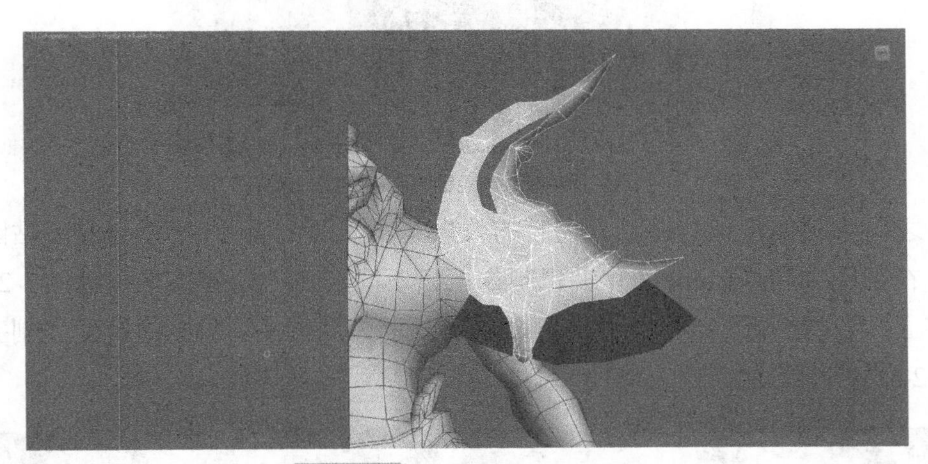

图7-20 制作肩甲下方面片结构

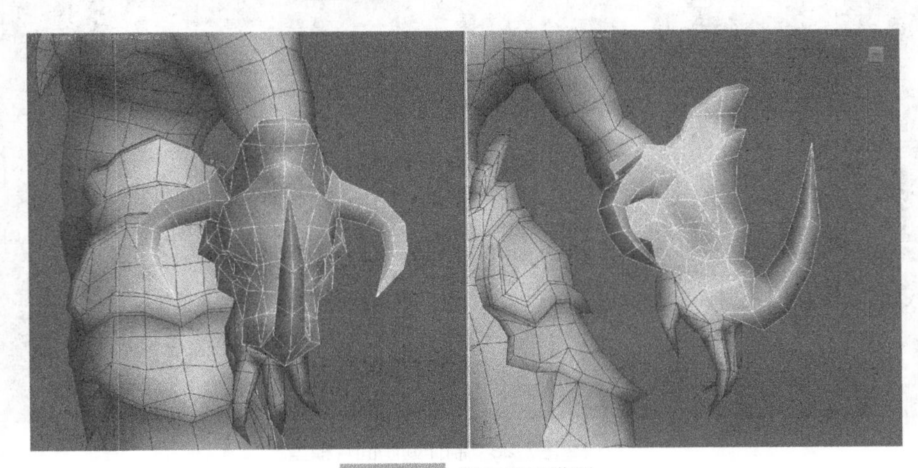

图7-21 制作臂甲模型

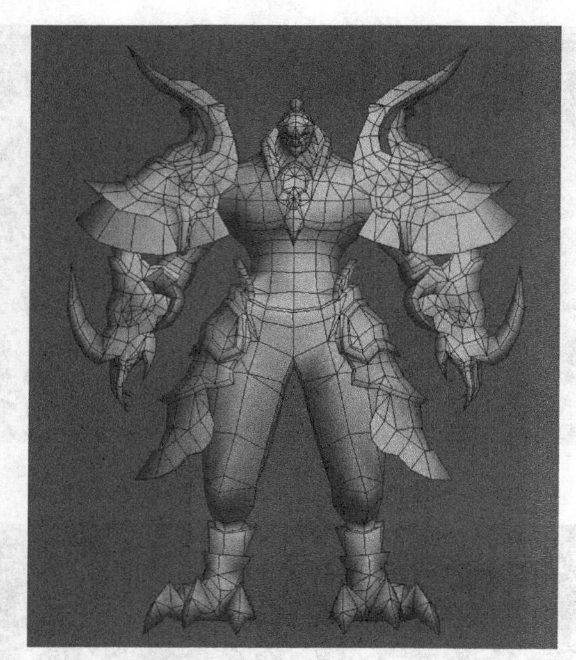

图7-22 角色铠甲制作完成的效果

之后来制作角色的翅膀，翅膀的效果其实就是由面片模型加Alpha贴图来实现的，在视图中利用Plane面片编辑制作三只不同形态的翅膀模型（见图7-23），然后将三只翅膀进行组合，形成一侧的完整翅膀，另一侧可以通过镜像复制完成（见图7-24）。

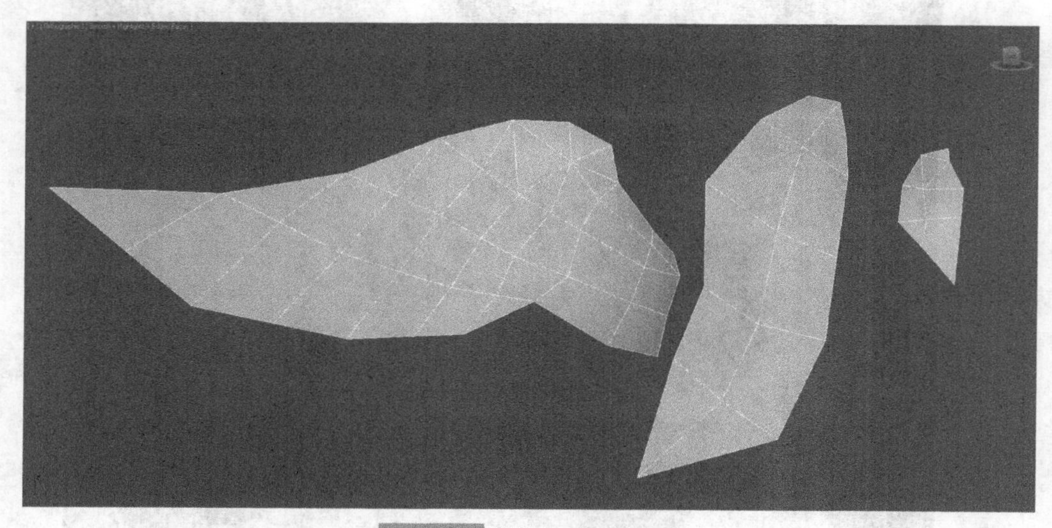

图7-23 制作翅膀面片模型

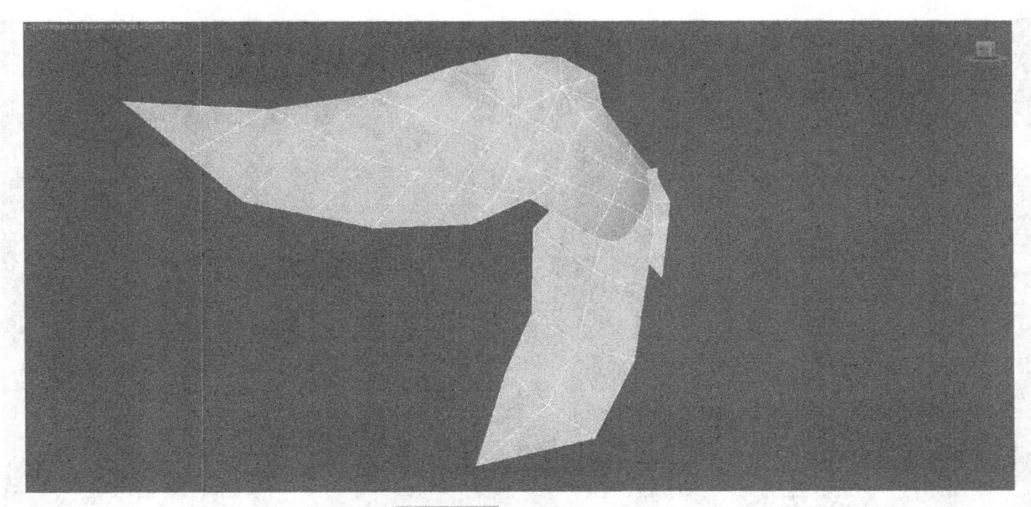

图7-24 拼合翅膀模型

为了避免面片模型缺少体量感，我们要在最大的翅膀正面制作一个厚度的结构（见图7-25）。最后制作出其他角色附属的装饰结构，诸如头顶的羽毛、肩膀的羽翼、头部装饰面片及角色腰间悬挂的垂饰等，模型完成的效果见图7-26，整个角色模型所用全部多边形面数不到5000面，完全符合网络游戏中对于3D角色制作的要求。

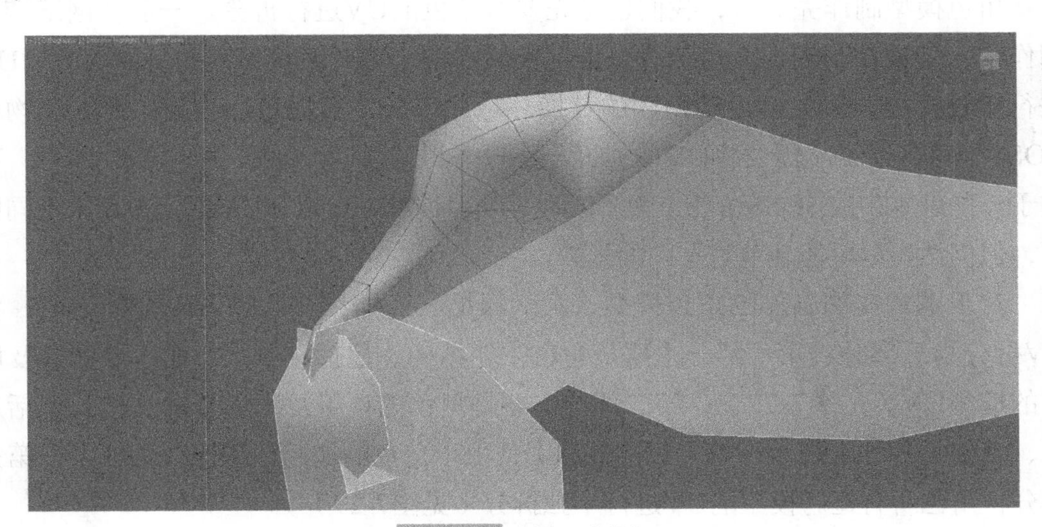

图7-25 制作厚度结构

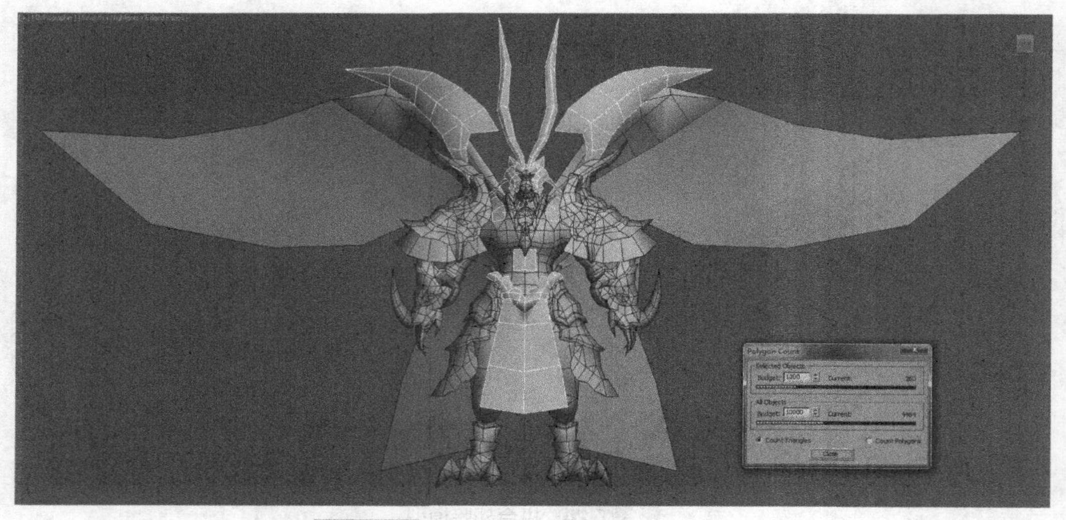

图7-26 模型最后完成的效果（见彩页）

7.4 模型UV拆分及贴图绘制

角色模型制作完成后，我们还是先要对角色的UV进行拆分。一般在网络游戏制作中，玩家控制的主要角色有装备更换的需求，因此要将不同的身体部位的UV进行单独拆分，以方便后期贴图的替换。除此以外，其他角色类型，比如怪物和BOSS等角色通常不需要将UV单独拆分，只需将所有UV展在一张贴图上即可，而对于一些副本中的BOSS角色，为了表现其细节程度，可以将UV拆分为几张不同贴图，但仍然要尽可能地节省贴图的张数。

对于本章实例制作的角色模型，我们根据其身体结构和贴图类型的不同，将UV拆分为三部分：第一部分主要是角色主体结构，包括头、颈、躯干、四肢及腿甲的模型UV（见图7-27）；第二部分主要是角色的铠甲及附属装饰结构，包括肩甲、臂架及各种附属装饰等（见图7-28）；由于角色的翅膀体积比较大，所以第三部分将角色所有翅膀模型的UV进行单独拆分（见图7-29）。

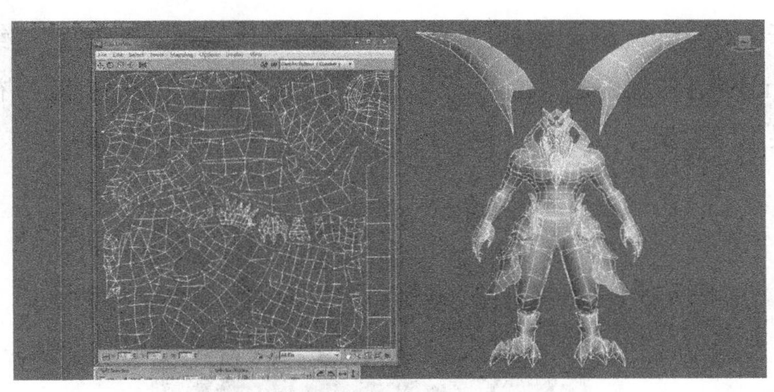

图7-27 角色主体UV拆分

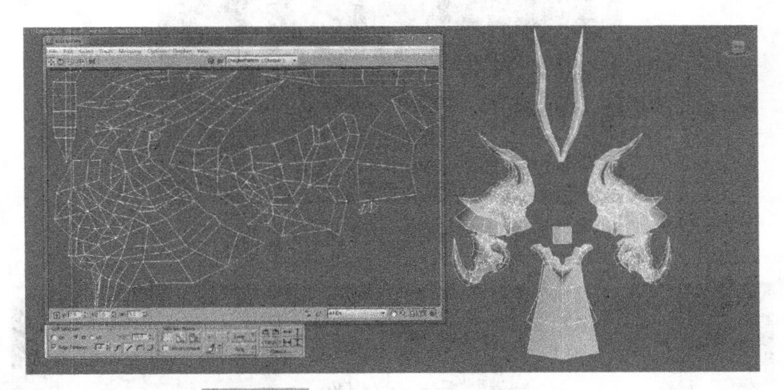

图7-28 铠甲及附属装饰的UV拆分

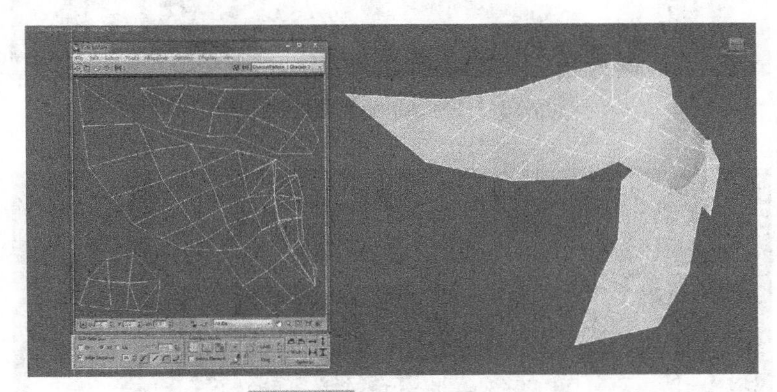

图7-29 翅膀模型UV拆分

模型UV拆分完成后开始绘制角色的贴图，本章实例模型贴图的细节着重表现两大方面：一是角色所穿戴的铠甲的金属质感，角色全身铠甲为亮银色，要将金属的华丽的质感表现出来（见图7-30）；二是角色背后的翅膀，不仅要表现羽毛的纹理，还要善于利用色彩绘制出羽毛的华丽和色彩变化层次，而翅膀边缘的羽毛效果都是利用Alpha贴图来制作的，具体原理见图7-31。最后3ds Max软件视图中模型添加贴图的效果见图7-32。

图7-30 铠甲贴图的绘制效果（见彩页）

图7-31 翅膀Alpha贴图的制作原理

图7-32 最终模型添加贴图的效果

CHAPTER

08

Q版游戏角色模型实例制作

8.1 Q版角色模型的特点

Q是从英文Cute一词演化而来，意思为可爱、招人喜欢、萌，西方国家也经常用Q来形容可爱的事物。我们现在常见的Q版就是在这种思想下被创造出来的一种设计理念，Q版化的物体一定要符合可爱和萌的定义，这种设计思维在动漫游戏领域尤为常见。

图8-1 迪斯尼以圆形构图的绘画技法

早在几十年前的美国迪斯尼动画的设计和绘制技法其实就属于Q版设计，他们以圆形作为角色框架设计的方法本身就符合Q版角色的设计理念（见图8-1）。经过几十年的传承，直到今天大多数动漫作品中的角色形象都是以可爱为主，美国迪斯尼、梦工厂等公司出品的3D动画中的角色形象也都是按照Q版角色进行的设计（见图8-2）。

图8-2 迪斯尼3D动画电影《超人特工队》中的角色形象

最早一批进入国内的日韩网络游戏大多都是Q版类型的，诸如《石器时代》、《魔力宝贝》、《RO》等，它们的成功奠定了Q版游戏的先河，之后Q版网络游戏更是发展为一种专门的游戏类型。由于Q版游戏角色形象设计可爱、整体画面风格亮丽多彩，在市场中享有广泛的用户群体，尤其受女性用户喜爱，成为网络游戏不可或缺的重要类型（见图8-3）。

图8-3 Q版游戏画面风格

具体到Q版游戏角色设计来说，主要要从形体比例上来把握。一般正常人体的身体比例为8头身左右，而Q版角色则通常为3头身或5头身（见图8-4）。

图8-4 Q版游戏中3头身和5头身的角色比例

3头身的角色形象设计除了要将头部放大外，还要将四肢等身体结构进行缩短，类似于婴儿形体的比例，这样能够使角色更富有Q的感觉。而5头身角色通常只是将头部进行放大，躯干、四肢等身体结构保证正常的比例。除此以外，在某些游戏中为了更加突出角色萌的感觉，甚至设计出2头身形体比例的角色，但通常这类形象一般是作为游戏主角的宠物或者召唤兽等（见图8-5）。

图8-5 Q版游戏中2头身比例的角色形象

除了形体比例的把控外，还要从角色的五官特点来进行刻画，通常可爱的Q版角色眼睛都非常大，而鼻子跟嘴巴都会设计得相对较小，表情也都非常生动。

本章我们就来学习Q版游戏角色模型的制作，图8-6为本章实例制作的原画设定图。本章将要制作的角色就是一位“力士”的游戏角色，虽然并不十分可爱，但由于采用了Q版化的形象设计，整体为5头身的形体比例，所以还是给人憨厚和呆萌的感觉，符合Q版的设计理念和风格。

图8-6 本章实例制作的角色原画设定图（见彩页）

从原画设定图中我们可以看到，角色本身强壮健硕，上肢肌肉发达，整个形体呈倒三角的形态，上肢和前胸都裸露在外，穿着厚重的肩甲，左侧为与角色相配的长柄大刀武器道具。从制作流程来说，我们首先要制作角色的躯体主体模型，然后再来制作肩甲、腰甲、衣服等模型，最后制作腰带、布条及武器等装饰模型。

对于Q版游戏来说，通常要求角色模型面数十分精简，但这里需要注意的是，面数的限制其实并不是由于要考虑硬件和引擎负载的缘故，而是由自身风格所决定的，低精度模型的棱角和简约感刚好符合Q版化的设计理念，所以对于Q版游戏角色模型来说一般将面数限制在3000以内。由于本章所要制作的角色也是对称结构，所以我们还是可以只制作一侧的模型即可。下面我们开始实际模型的制作。

8.2 Q版角色模型的制作

①在视图中创建BOX模型，通过编辑多边形命令制作出角色的头部。相对于身体模型结构来说，头部的布线可能还相对精细一些，但仍然只是制作一个模型轮廓，细节部分都要通过后期贴图来表现（见图8-7）。在头顶利用面层级挤出命令制作出发髻装饰，同时利用面片模型制作出后面的飘带，然后利用一个简单的BOX模型制作单独的眉毛放置在眉弓的位置（见图8-8）。

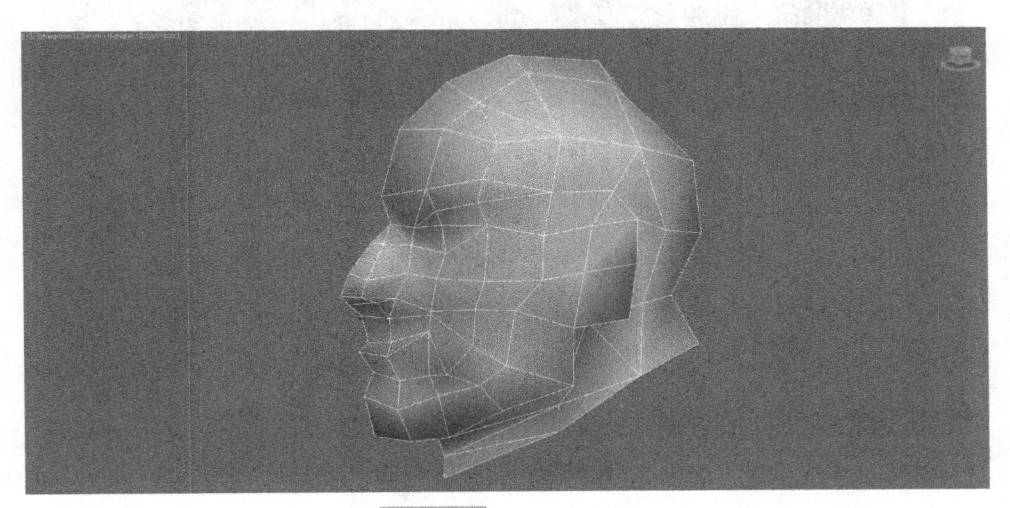

图8-7 制作头部模型

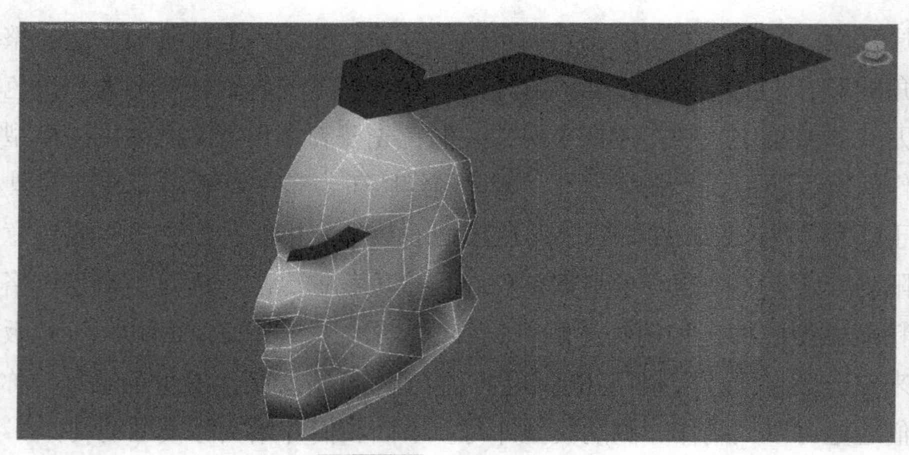

图8-8 制作发带和眉毛

头部模型除了布线要规则外，还要注意整个大型的把握，我们制作的角色脸型基本为“国”字脸，下颚比较宽大，相对于模型细节来说，Q版角色更注重这种整体形态的把握。

②沿着头部向下制作出颈部和躯干的模型，由于角色肌肉健硕发达，躯干整体结构为上宽下窄的趋势，布线尽量用大的边线和面（见图8-9）。接下来在前胸利用切割命令进行布线，丰富细节结构，同时为下面制作衣服结构做准备（见图8-10）。

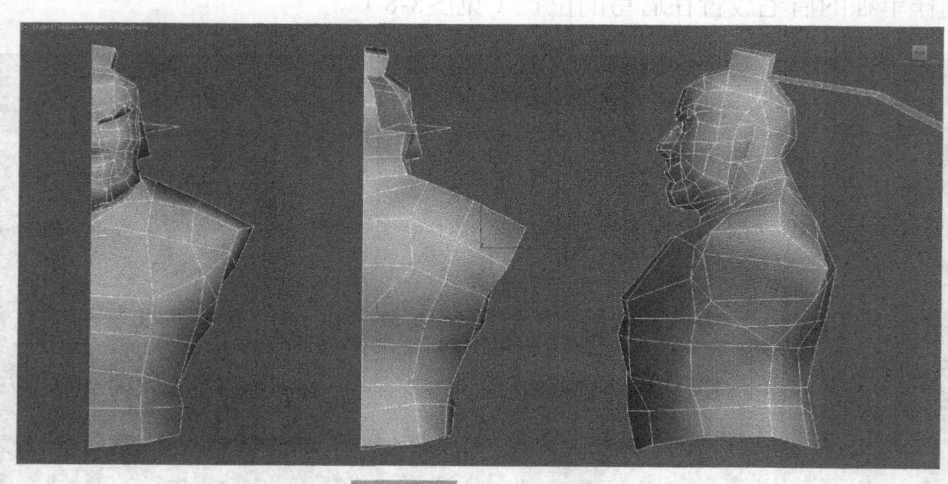

图8-9 制作躯干模型

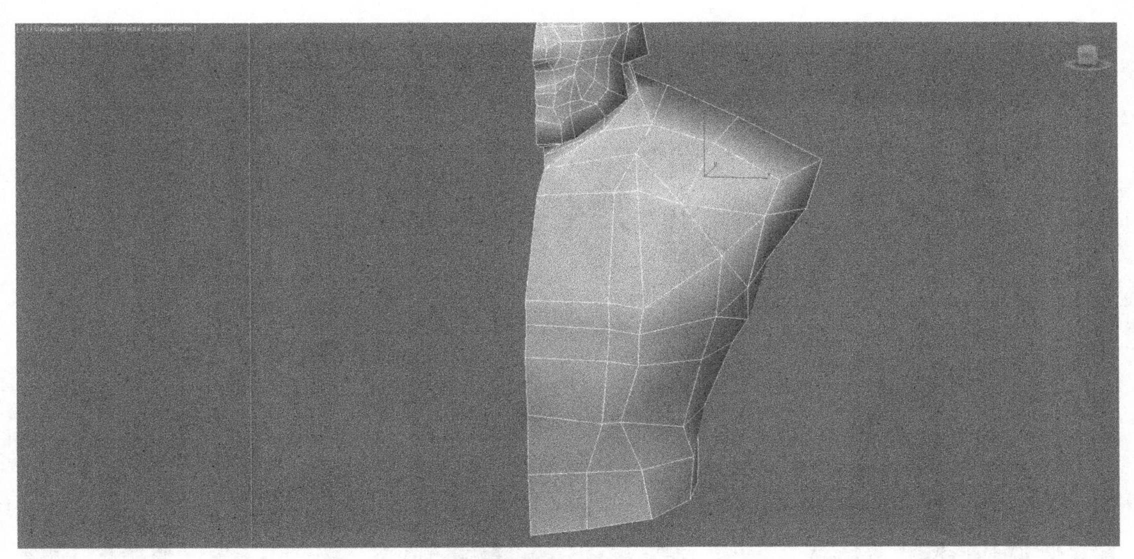

图8-10 切割布线

③然后我们要制作角色上身所穿的马甲模型，按照设定图中的表述，选中相应的模型面，利用面层级的挤出命令制作出衣服的厚度结构（见图8-11）。接下来开始制作角色上肢模型。先制作上臂结构，上臂整体比较粗壮，要将肌肉形态刻画出来（见图8-12），然后制作出小臂和手部模型，Q版角色的手部通常不会对每个手指进行细分制作，模型整体看上去类似一个手套的结构（见图8-13）。

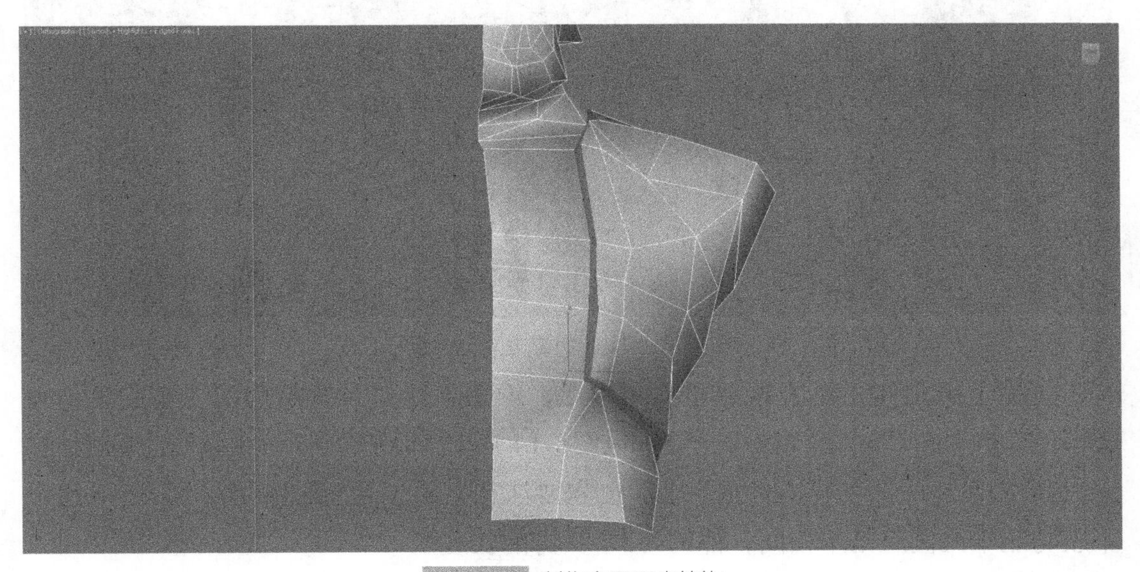

图8-11 制作衣服厚度结构

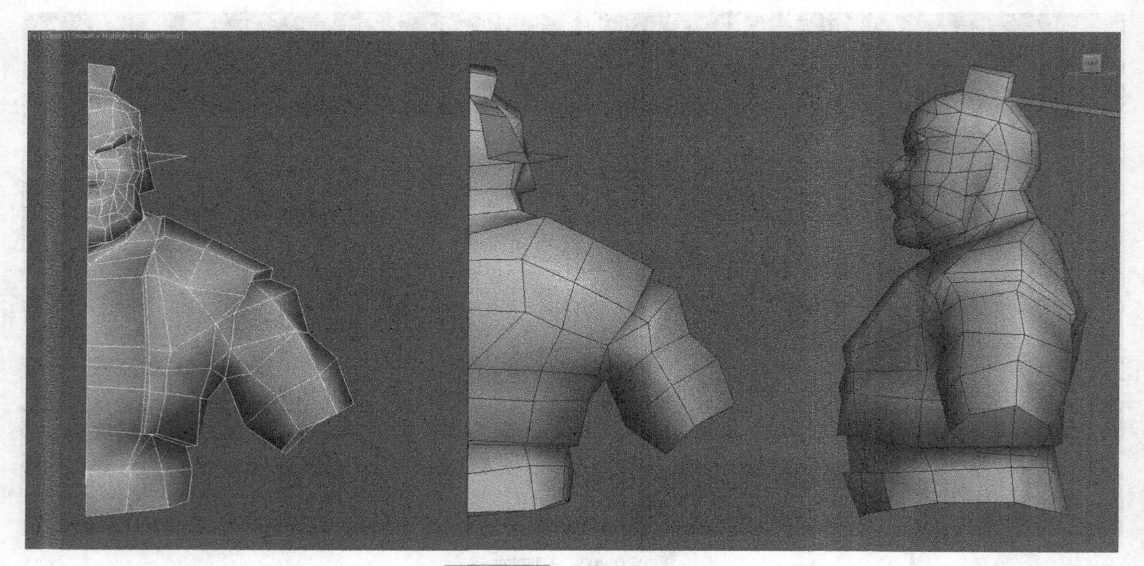

图8-12 制作上臂模型

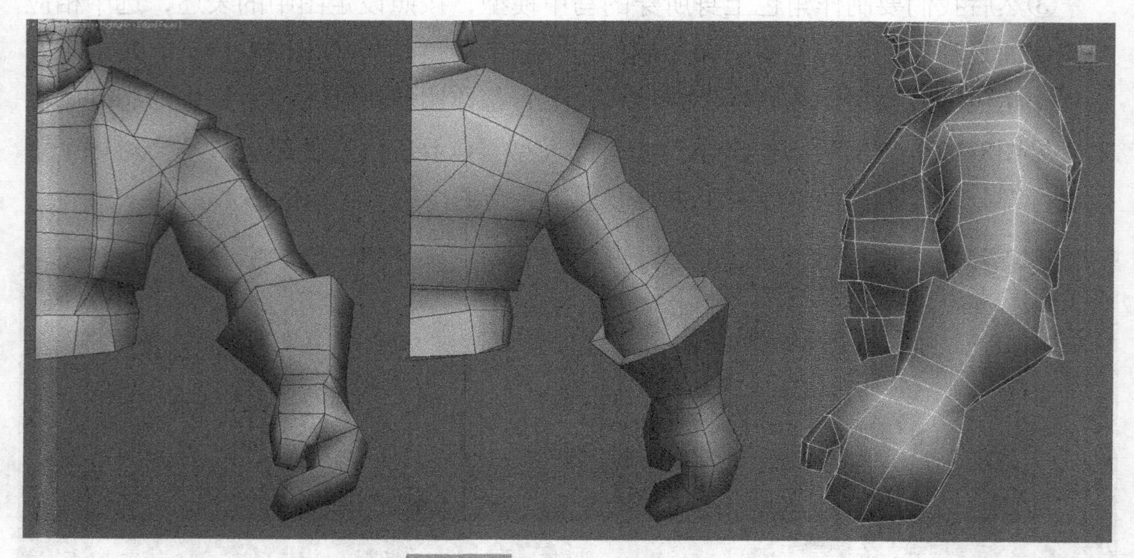

图8-13 制作小臂和手部模型

④接下来制作角色的腰部和腿部模型，模型整体的布线结构都非常简单，膝关节的布线处理仍然需要注意一下（见图8-14）。然后制作靴子和脚部的模型结构（见图8-15）。整个下肢的模型比例也需要注意，由于是5头身的结构，所以整个下肢与躯干比例应基本相同，都约为2个头身的长度。

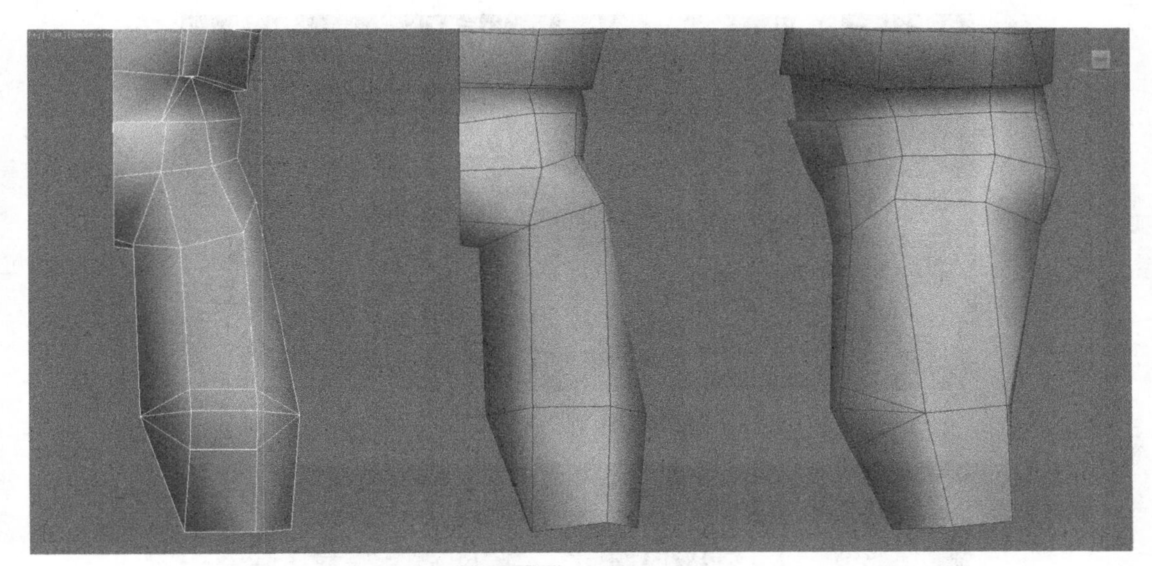

图8-14 制作腿部模型

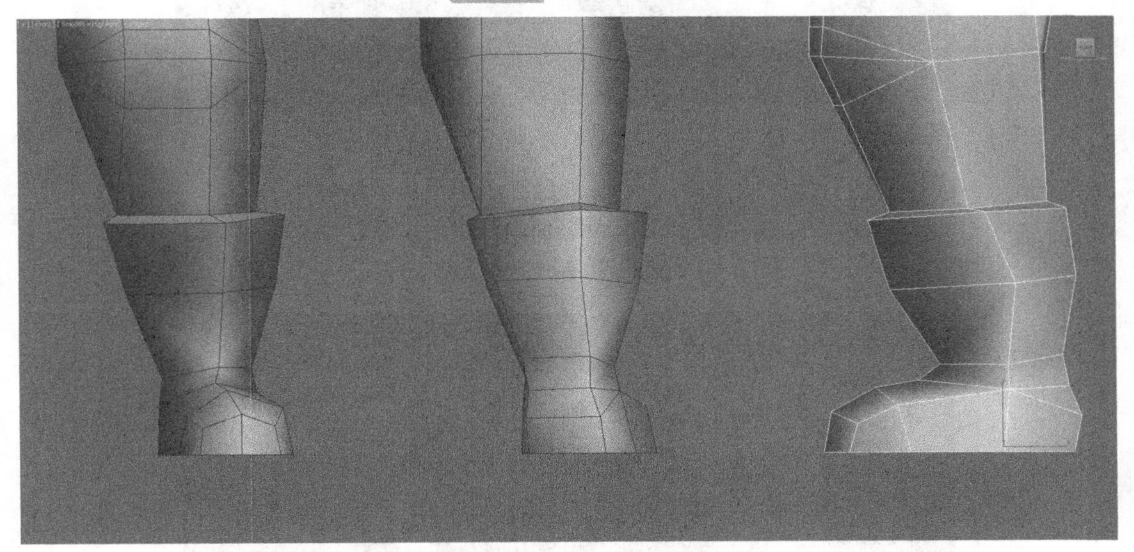

图8-15 制作靴子模型

⑤主体模型制作完成后，开始制作角色的铠甲和附属装饰模型。首先制作肩甲模型，肩甲是由两层组成，但基本结构相同，先制作一层的模型结构，由于面数简单利用BOX模型简单编辑制作即可（见图8-16）。然后在模型前侧，利用面片衔接制作一个模型结构，这是为了后面添加Alpha贴图（见图8-17）。将肩甲模型复制放大重叠在外侧，形成双层的肩甲结构，并将其放置在角色肩膀的位置（见图8-18）。

图8-16 制作肩甲模型

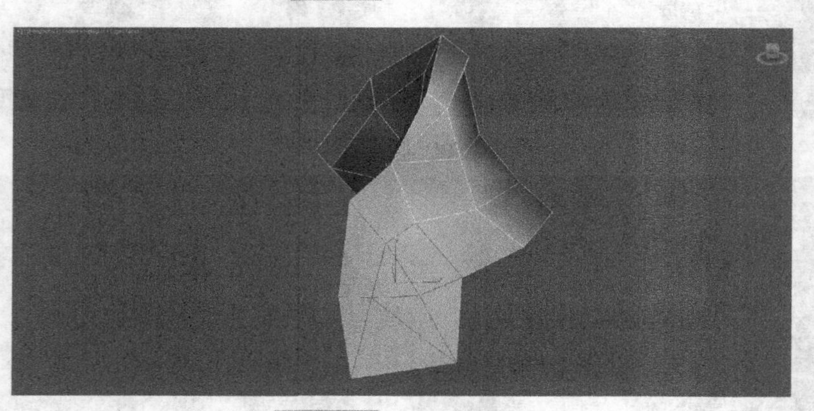

图8-17 制作前方面片

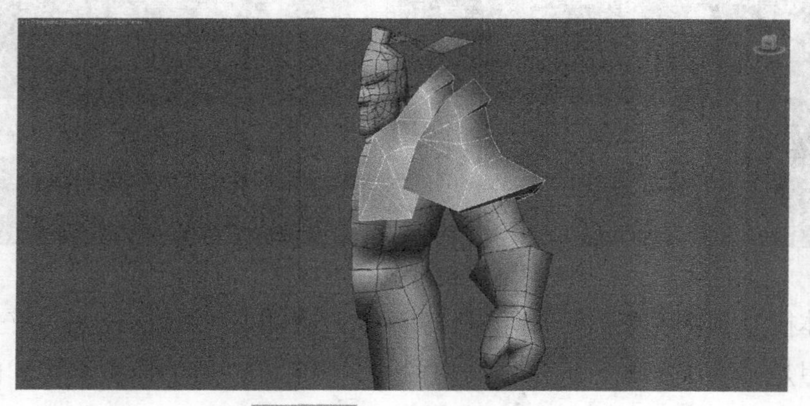

图8-18 制作双层肩甲结构

⑥接下来制作腰甲模型，将BOX模型利用面层级向内基础，然后通过弯曲就可以得到（见图8-19）。将腰甲模型放置在角色腰部位置（见图8-20），同时制作出腰甲下面的面片模型（见图8-21）。最后制作角色的腰带和前方的各种布条面片模

型（见图8-22），这样整个Q版角色模型就制作完成了，然后利用镜像对侧命令完成另一侧模型（见图8-23），整个角色的面数为2000左右，完全符合Q版角色的制作要求。

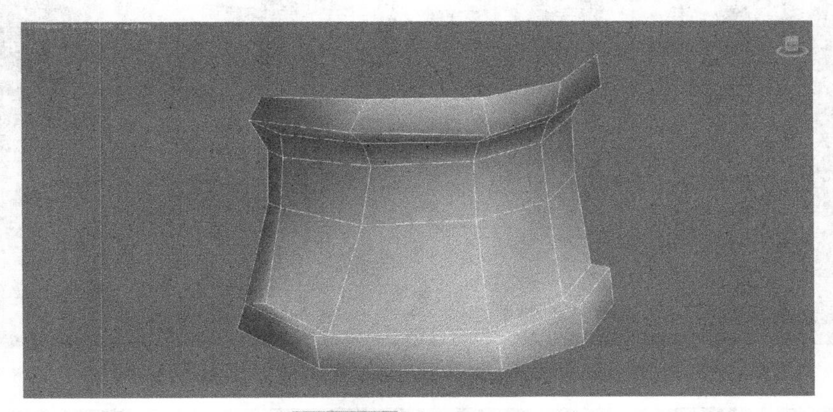

图8-19 制作腰甲模型

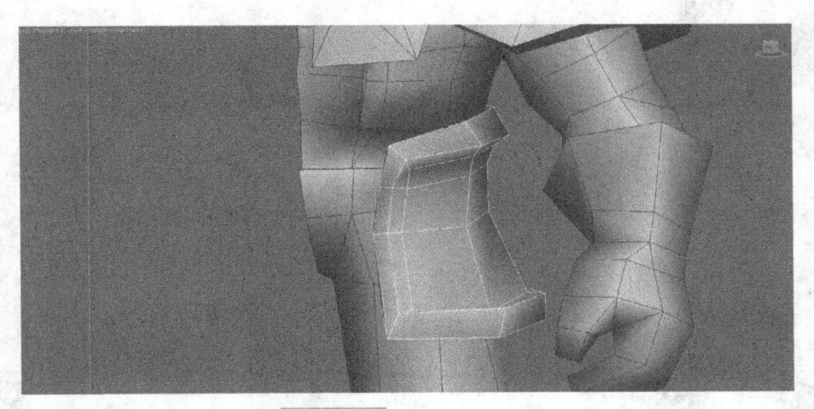

图8-20 放置腰甲模型

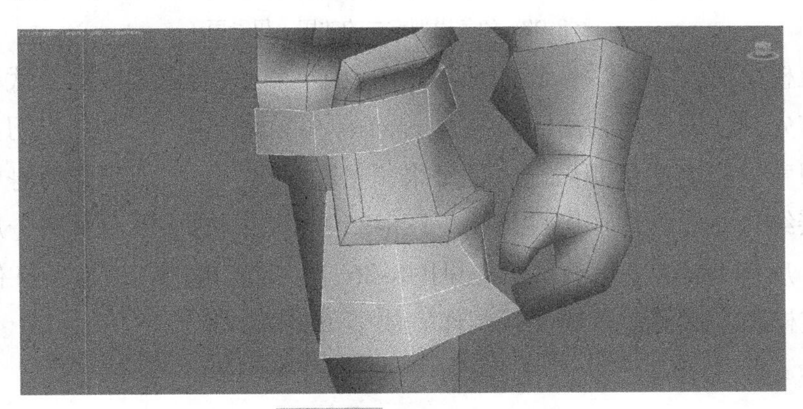

图8-21 制作面片模型

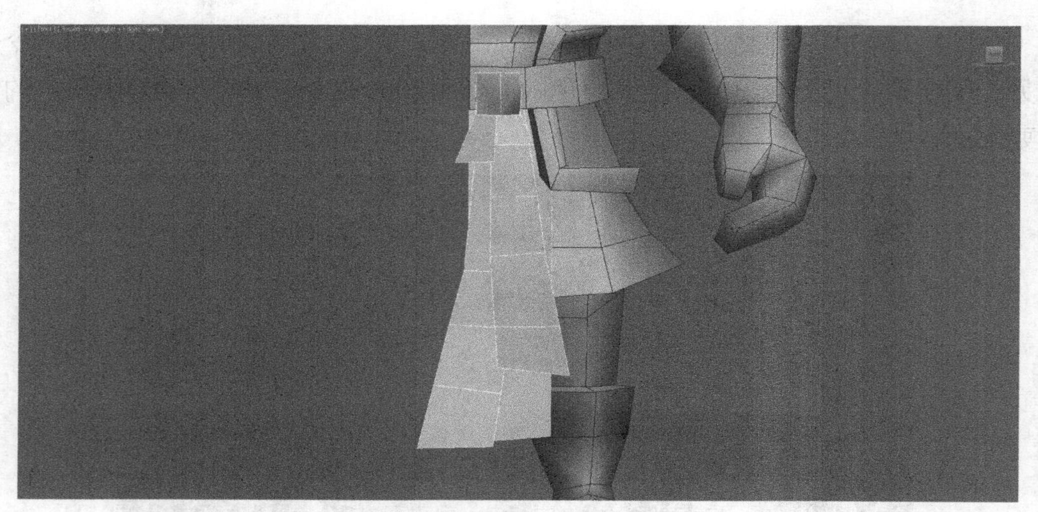

图8-22 制作腰带和布条

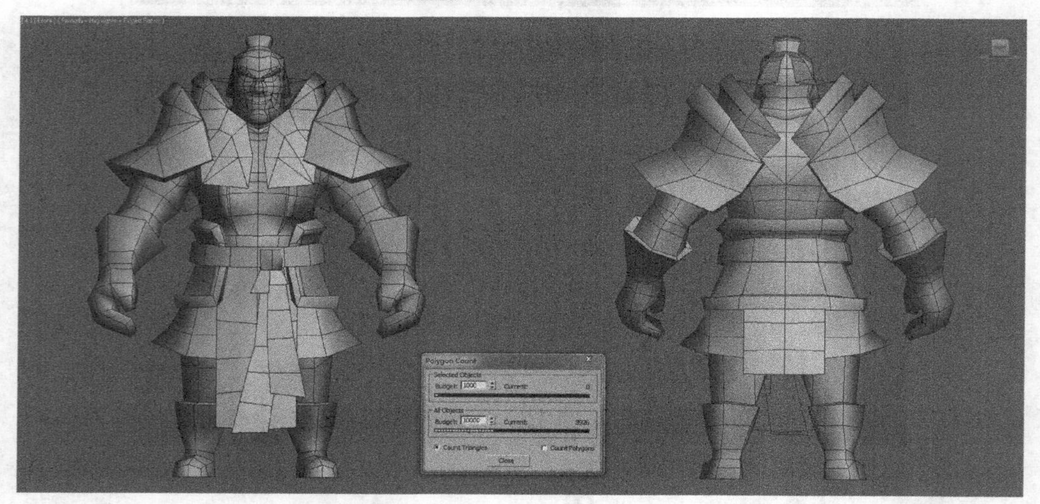

图8-23 角色模型完成的效果（见彩页）

⑦角色模型制作完成后，我们来制作角色配套的武器道具模型。武器是一把长柄大刀，首先制作刀身，利用BOX模型和简单的线面编辑即可制作出刀身的模型结构，要将刀背的厚度尽量明显地表现出来（见图8-24）。然后制作刀身与刀柄之间的隔断衔接结构，为六边形圆柱体（见图8-25）。在隔断靠近刀背的一层还要制作装饰结构，后期会添加Alpha贴图（见图8-26）。最后再用四边形圆柱体制作出刀柄模型，这样整个武器道具模型就制作完成了（见图8-27）。

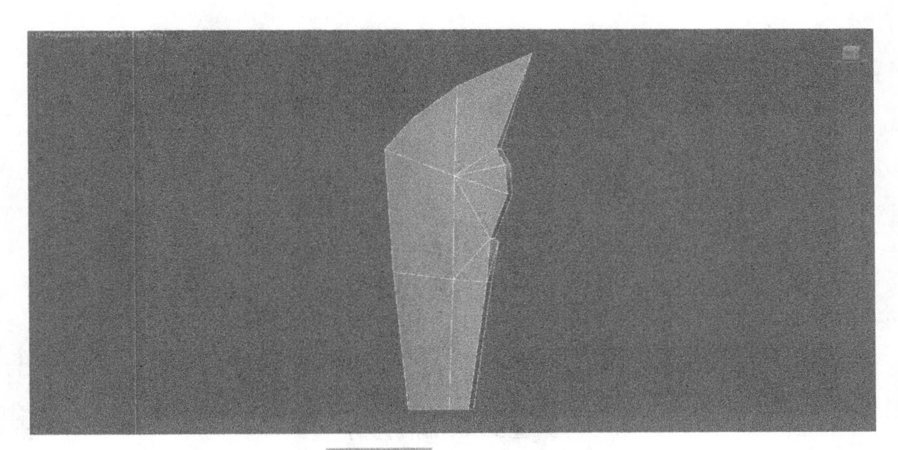

图8-24 制作刀身模型

图8-25 制作衔接结构

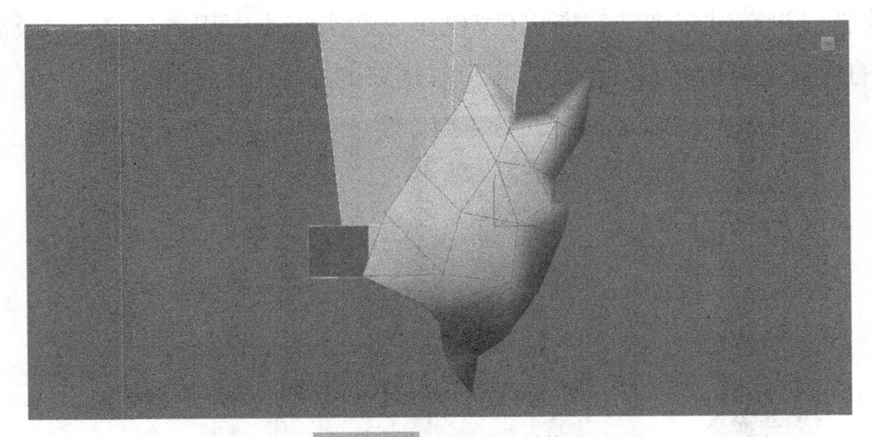

图8-26 制作装饰结构

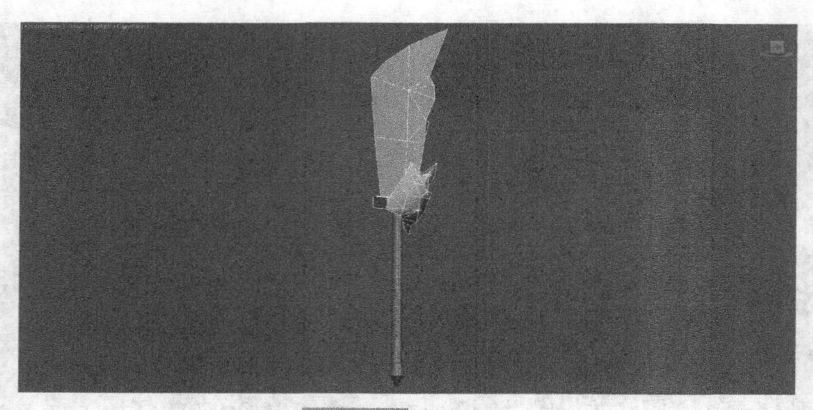

图8-27 制作刀柄

⑧模型全部制作完成后，我们就要对模型UV进行拆分。对于Q版游戏角色模型来说，由于追求卡通风格，不要求贴图上太注重细节的刻画，所以通常角色模型的全部UV都拆分在一张贴图上即可。由于角色为对称结构，所以拆分UV前可以将Symmetry修改器先进行删除，然后将所有模型Attach到一起，然后再进行UV的平展和拼合（见图8-28）。

Q版游戏角色模型UV拆分方式主要是根据贴图的细节表现来决定的，并不是由UV所在模型的体量和面积来决定。就拿本章我们所制作的角色模型来说，脸部由于要刻画角色的五官细节，所以面部的UV应该适当放大，肩甲前端的面片及大刀的金属装饰由于贴图绘制细节较多，所以也应该适当给予较大的UV网格面积。而对于身体、腿部、腰甲及各种布条装饰，虽然模型面积较大，但贴图基本都为简单颜色绘制，没有过多细节，所以UV也应该适当缩小面积。总之，Q版游戏角色模型UV的拆分是与后面贴图绘制内容息息相关的。

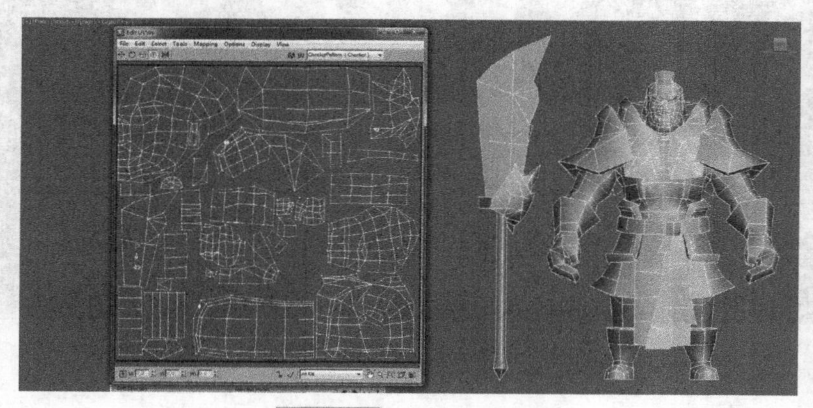

图8-28 角色UV的拆分

UV拆分完成后就可以进行贴图的绘制了。为了保持卡通风格，Q版游戏角色模型贴图所使用的颜色一般比较鲜艳亮丽，色彩纯度较高。Q版风格模型贴图绘制一般是利用大色块进行填充，简单地表现明暗关系即可。与写实风格模型贴图最大的区别是，Q版风格模型贴图整体非常柔和，最后不需要叠加纹理，因此模型出现UV拉伸时不会太明显，这也是Q版模型的一大特点。图8-29是Q版角色模型贴图绘制的效果，图8-30为视图场景中模型添加贴图的效果。

图8-29 贴图绘制效果（见彩页）

图8-30 模型添加贴图的效果（见彩页）

CHAPTER 09

动物模型实例制作

对于3D角色制作来说，除了人体形态的模型（包括人类及各种类人形幻想生物）以外，还经常接触的一类大项就是动物模型的制作，这是3D动画及3D游戏制作中都需要涉及的一类制作项目。

对于3D动画来说，动物一直是其主要表现对象，从迪斯尼创造米老鼠和唐老鸭开始，动画领域就一直将动物作为主要角色，相当数量的动画片中都以动物作为情节表现的主体。但动画片当中的动物却与现实动物有一定的区别，动画当中的动物形象通常只是保留了动物的基本特征，而对动物的本质进行了拟人化处理，无论是形体、表情、动作还是角色间的相互关系都已经脱离了实际动物界的范畴，从某种意义上来说动物特征只是其中的一个元素（见图9-1）。

图9-1 《功夫熊猫》中拟人化的动物角色

具体到实际制作来说，3D动画当中的动物模型主要分为两类。一类包含类似于米老鼠和唐老鸭这种完全拟人化的动物角色，除了外形保留了部分动物本身的特征外，整个角色形体和动作基本都模仿人类，这类动画的代表作有：《功夫熊猫》、《马达加斯加》等。另一类包含相对写实的动物角色，角色整体基本保留动物的形体特征，进行适当的卡通化处理，比如进行Q版化设计等，近几年来这类3D动画的代表作有：《冰河世纪》、《里约大冒险》等（见图9-2）。

图9-2 《冰河世纪》中的动物角色

与3D动画不同，3D游戏中的动物角色通常都是以十分写实的形象出现，3D游戏中的动物角色通常分为以下几种类型。一类为游戏中的BOSS及怪物，通常出现在游戏野外地图场景及地下城副本场景中。这类动物角色一般就是现实中的动物形象，而且多以猛兽为主，如：狮、虎、豹、狼等，通常在制作上会将其表现得非常凶猛、恐怖和狠毒（见图9-3）。

图9-3 游戏中的怪物

另一类为游戏中玩家控制角色的坐骑，也就是游戏中玩家角色的“交通工具”，比如：马、牛、象、鹿、老虎、狮子等。这类动物角色与前一类角色比，不会表现得过于凶猛，且通常要为其制作鞍具，以符合其作为坐骑的功能和作用（见图9-4）。

图9-4 游戏中的坐骑

除此以外，游戏中还有一类动物角色就是玩家召唤宠物，与怪物、坐骑相比，一般相对卡通化，通常为Q版形象，可爱与萌是召唤宠物所必须具备的基本特点（见图9-5）。

图9-5 游戏中的宠物角色

本章我们将以写实风格的游戏坐骑动物角色作为实例制作的对象，来学习3D动物模型的制作方法。在开始实际制作前，我们首先来了解一下动物的基本形态及特征。

9.1 动物的基本形态及特征

游戏中常见的动物角色种类主要有蹄类、犬科类和猫科类。蹄类动物常见的主要包括马、牛、鹿等，犬科类主要包括狗、狼、狐等，猫科类主要有狮子、老虎、豹子等。常见的动物类型基本都属于脊椎类哺乳动物，下面针对哺乳类动物的骨骼结构进行简单了解，以方便后期建模时对于整体模型结构的把握。

首先从脊柱来看，哺乳类动物椎体属于双平型，两椎体间有弹性的椎间盘相隔，分为明显的五个区域：颈椎的数目通常为7块，共同的特点是椎弓短而扁平，棘突低矮，全无肋骨相连；胸椎一般9~25块，共同的特点是棘突发达，强有力的举头肌肉就附着在棘突的垂直面上，各胸椎全与肋骨相连，横突短小，前、后关节突扁而小，彼此很靠近；腰椎一般为4~7块，共同的特点是椎体粗，棘突宽大，横突长，伸向外侧前方，无肋骨附着；荐椎数目变化较大，荐椎的特点是棘突较低矮，椎体及突起等部全愈合为一整块，（或称荐骨，荐骨是后肢腰带与躯干连接的部分，前面1~2块荐椎两侧突出成翼，荐骨翼与髂骨翼形成荐髂关节）通过荐部，后肢可推动躯干，并承担体重；尾椎有3~50块，一般来说，尾椎数目和尾长度成正比。图9-6为马的骨骼结构图。

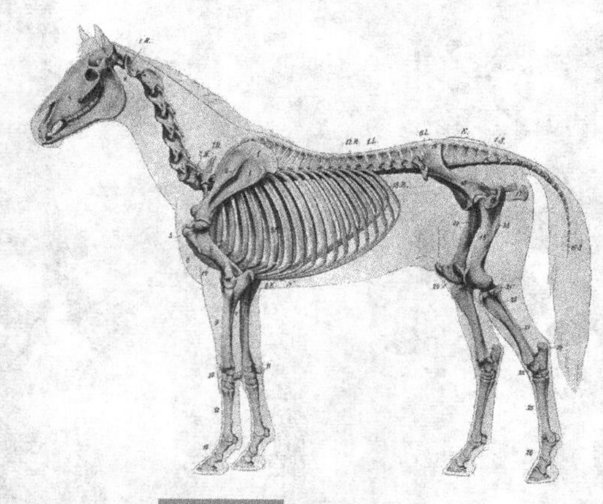

图9-6 马的骨骼结构

哺乳类动物与人类一样脑颅大且全部骨化，仅鼻筛部留有少许软骨。骨块坚硬，接缝呈锯齿形，并且愈合，头骨成为一个完整的骨匣，异常坚固。哺乳类动物四肢强大，善于行走，具有四肢的扭转和行走时四肢着地的特点。四肢经过扭转后近端紧贴身体，肘关节向后，膝关节朝前，支持体重及行走，且都极其稳健而灵活，四肢高举身体离开地面，既稳固又有弹性，行走时前肢举起身体将之拉向前方，随之后肢则推动身体向前。这样效率既高，又很省力（见图9-7）。

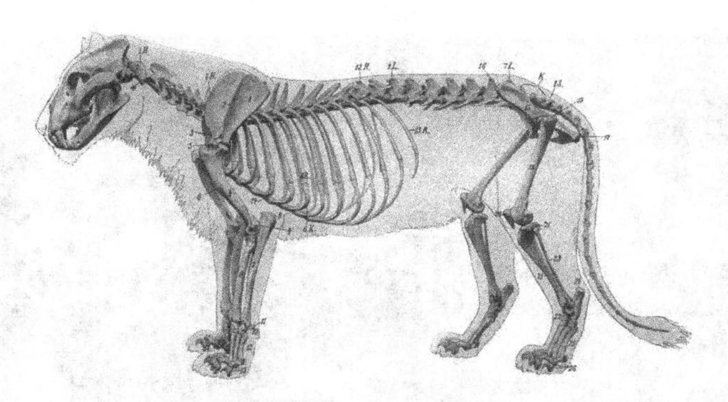

图9-7 狮子的骨骼结构

不同的哺乳类动物的脚着地的部位也有不同。灵长类动物包括人以全部脚腕着地行走；猫科和犬科类动物则以脚趾着地行走，趾以上的部分抬起离开地面；而蹄类动物如牛、马等以趾尖（即蹄）着地行走，称为蹄行性，蹄着地面积很小，行走轻快灵活，适于快速奔跑。总地来说，哺乳类动物是典型的五趾型四肢，但不同物种之间的差异仍然很大，主要与其生活方式和进化等因素密切相关（见图9-8）。

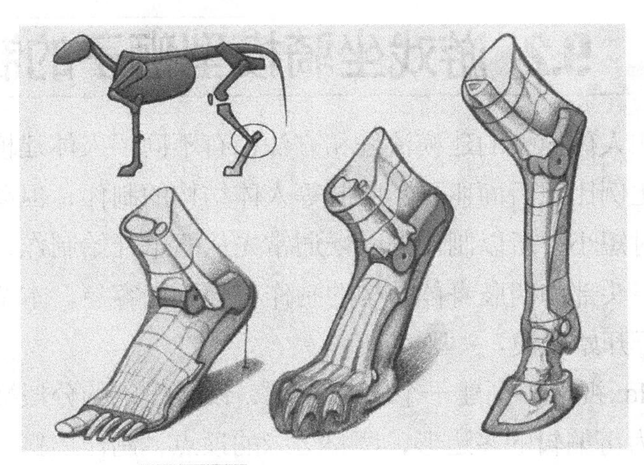

图9-8 不同类型动物的足部结构

图9-9为本章实例制作的模型最终渲染效果图，从图中可以看到，这是一头狮子坐骑模型。狮子体型庞大，肌肉发达，黑褐色的皮肤，白色的毛发。作为坐骑，狮子背上不仅装有鞍具，全身还穿着黄金色的铠甲，同时还有各种球形和锁链装

饰。在实际制作时，我们首先要制作狮子本体的模型，然后再制作鞍具、铠甲和各种装饰模型。本章的实例模型由于也属于完全对称的结构，所以在制作的时候只需要制作一侧即可。下面开始实际模型的制作。

图9-9 狮子坐骑模型渲染效果图（见彩页）

9.2 游戏坐骑模型狮子的制作

动物模型和人体模型的建模流程和方法稍有不同。人体建模我们可以从头部开始，利用头部比例比照后面躯干、四肢等人体结构的制作，但动物一般躯干庞大，头部和四肢相对短小，所以制作的时候通常先从躯干开始制作，掌握住躯干的形体结构和比例后，头部和四肢身体结构的制作将会更加容易。本章实例制作狮子模型我们也先从躯干开始建模。

①在3ds Max视图中创建一个BOX模型，设置一定的分段数（见图9-10）。将BOX模型塌陷为可编辑的多边形，调整边缘的顶点，制作出狮子身体的基本模型轮廓（见图9-11）。继续调整侧面的顶点，将模型制作得更加立体，然后将整个多边形设置统一的光滑组，形成圆润的身体结构（见图9-12）。

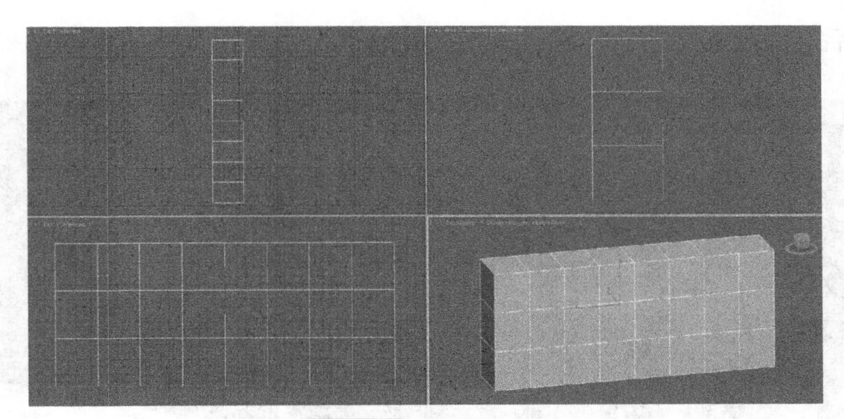

图9-10 创建BOX模型

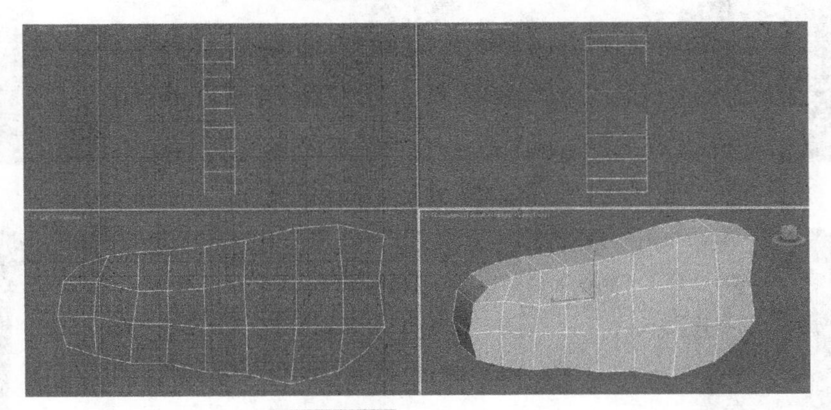

图9-11 调整模型轮廓

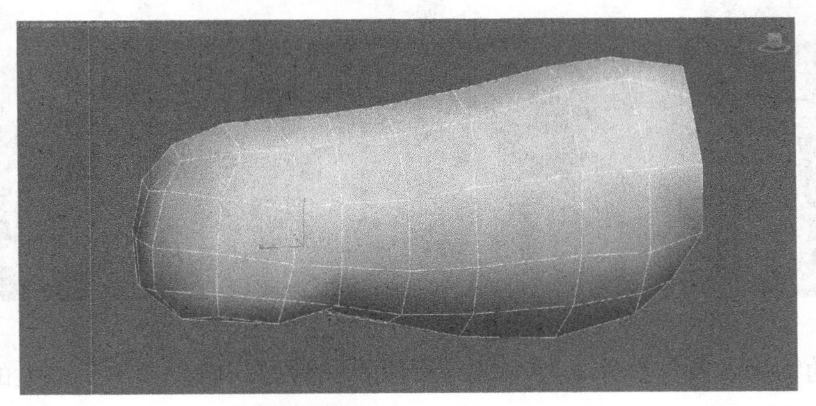

图9-12 将模型制作成圆滑立体

②这样狮子躯干一侧的胸腔、腹腔和臀部大型就制作完成了，然后在臀部位置利用Cut命令切割布线，进一步编辑模型结构，为后面制作后腿做准备（见图9-13）。将臀部下边缘调整出后腿的截面，然后利用线层级下拖拽复制命令向下延

伸制作出后肢大腿的结构，注意膝盖转折处的布线处理（见图9-14）。

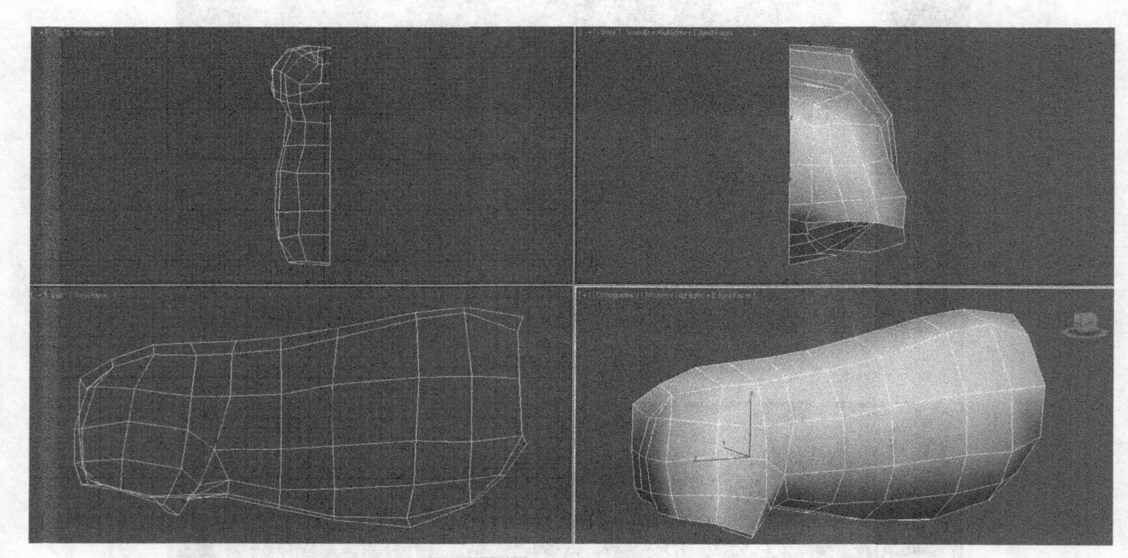

图9-13 细化臀部结构布线

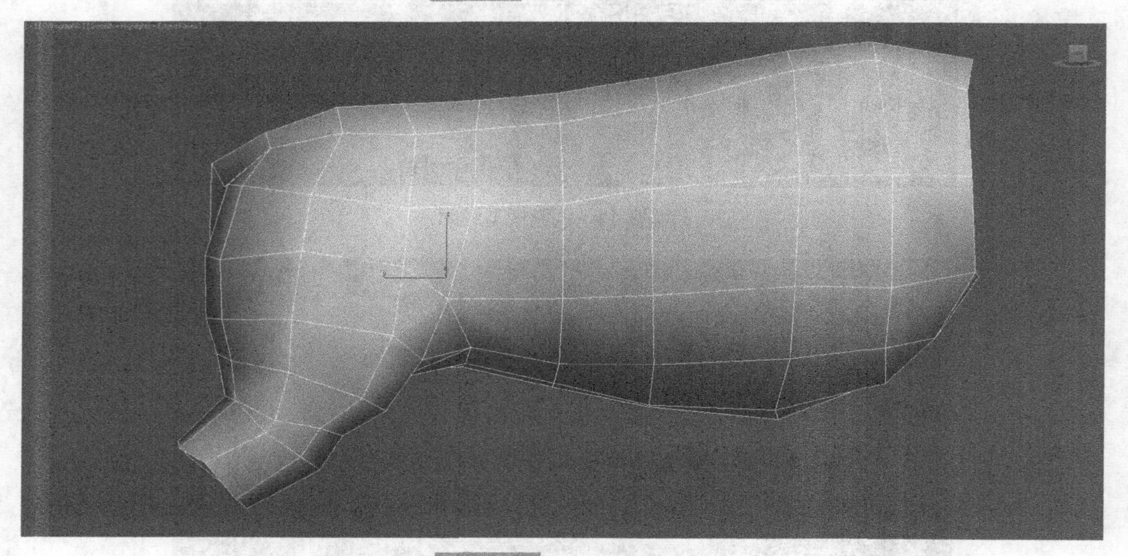

图9-14 制作后肢大腿

由于动物后肢脚部结构的特殊性，所以实际看起来后肢是由三段大的骨骼结构构成，与人体两段式结构有很大区别。

③接下来要制作中段及脚部以上的后肢结构，布线相对简单，但还是要注意关节处的布线处理（见图9-15），然后制作后肢爪子模型，要尽量节省模型面数（见图9-16、图9-17）。

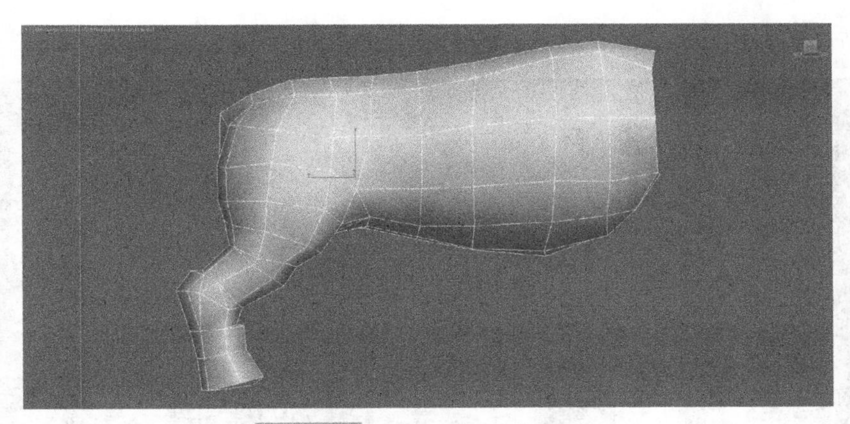

图9-15 继续制作后肢模型结构

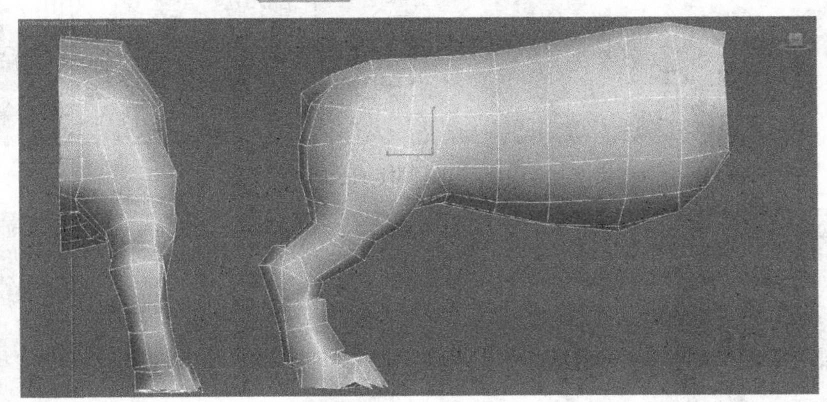

图9-16 制作后肢爪子

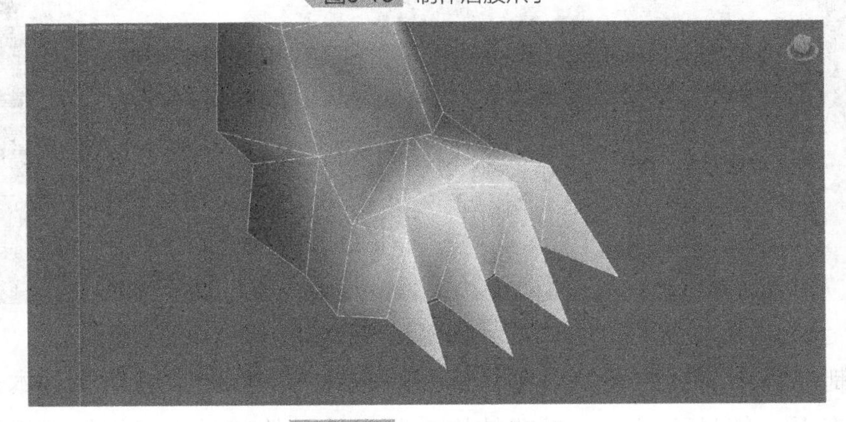

图9-17 爪子的模型布线

④接下来在前肢臂膀的位置切割布线，制作出类似人类肩膀的结构。虽然动物与人的形体有很大不同，但很多结构仍然存在相似的地方，对于这部分结构我们就可以通过参照和比对来进行制作（见图9-18）。调整点线，制作出前置的截面结

构，为后面制作前肢做准备（见图9-19）。

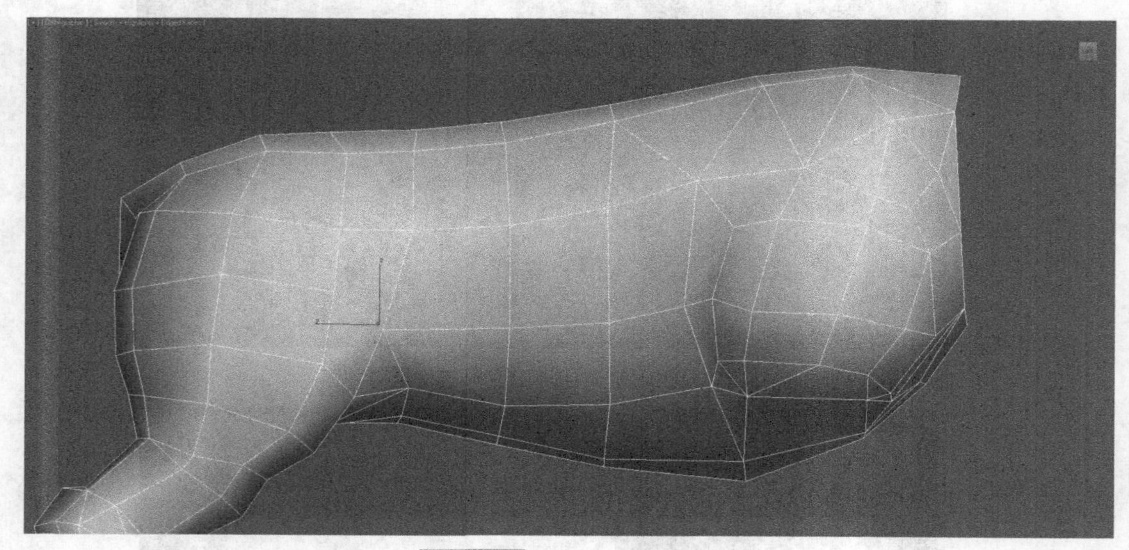

图9-18 制作前肢肩膀结构

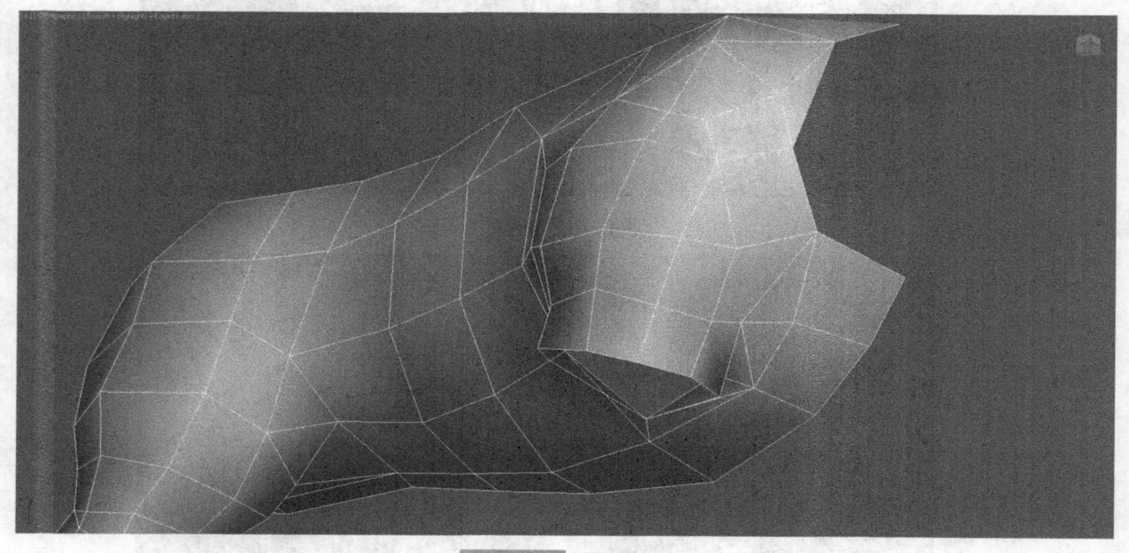

图9-19 前肢截面

⑤制作整个前肢的模型结构。狮子的前肢与人体的上肢结构基本相似，从大的方面来看，都是两段式的骨骼结构，肌肉的整体感觉也很相似（见图9-20、图9-21）。接下来在前肢小腿的前部和后部分别制作一些突刺结构，主要为了增强模型的特殊性和细节感（见图9-22）。然后制作前肢爪子模型，整体布线和结构与后肢基本相同，我们甚至可以通过复制修改来完成（见图9-23）。

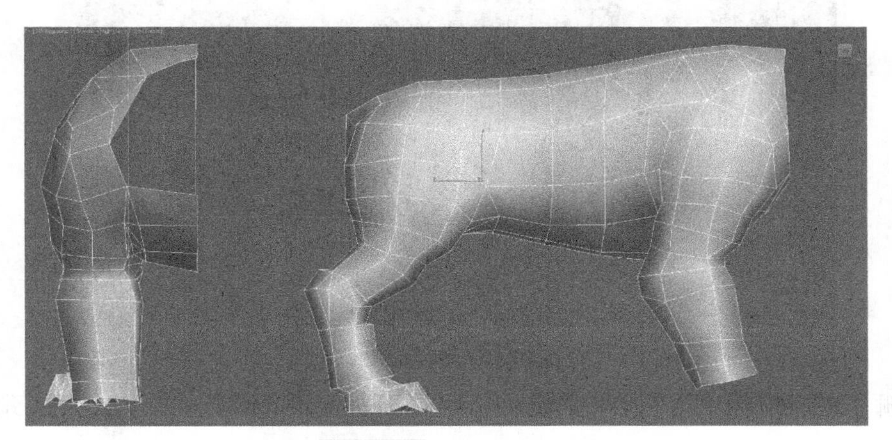

图9-20 制作前肢结构

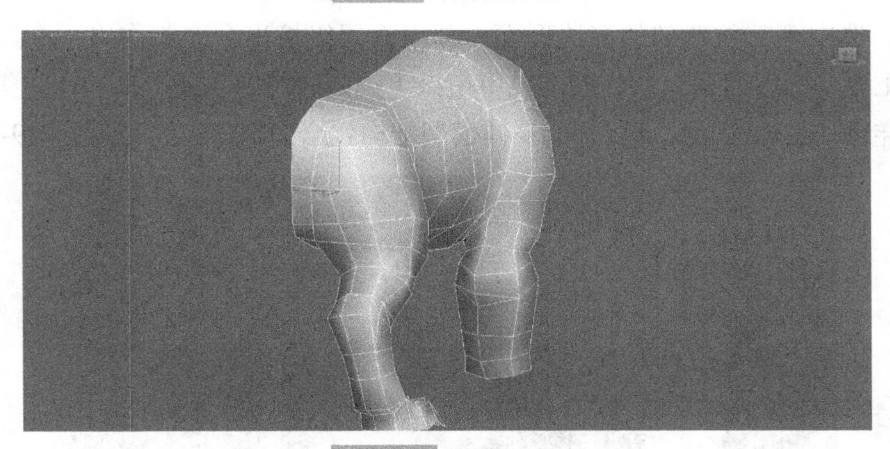

图9-21 后视图效果

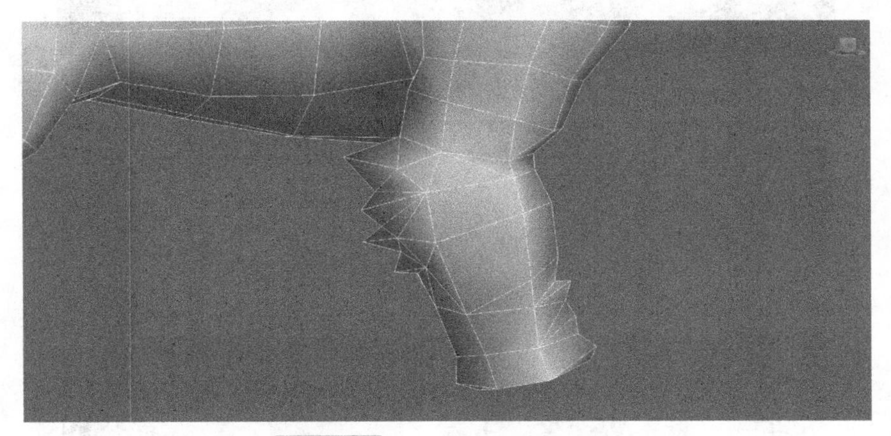

图9-22 制作小腿上的突刺结构

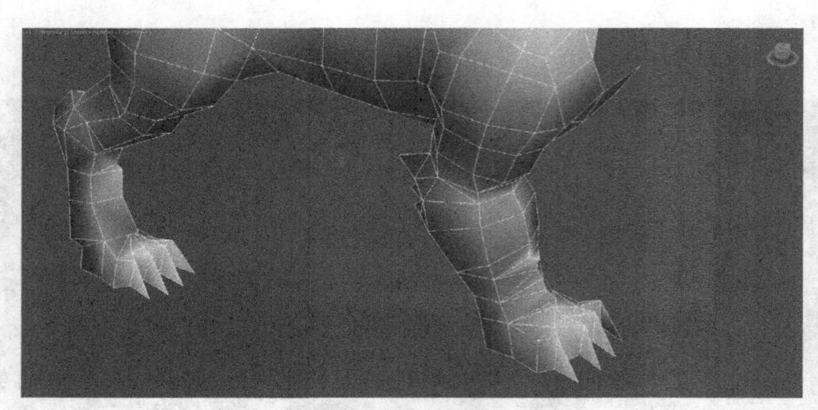

图9-23 制作前肢爪子

⑥狮子的躯干和四肢制作完成后，下面开始制作颈部。由于公狮子颈部一般都覆盖在鬃毛之下，实际露出的部分很少，所以这里的颈部结构相对较短（见图9-24）。选中颈部放背部的多边形面，利用面层级挤出命令制作出一个厚度的结构，这主要是为了后面与所穿着的铠甲衔接（见图9-25）。接下来制作出狮子的尾巴，这样狮子主体除了头部以外的身体模型结构就全部制作完成了（见图9-26）。

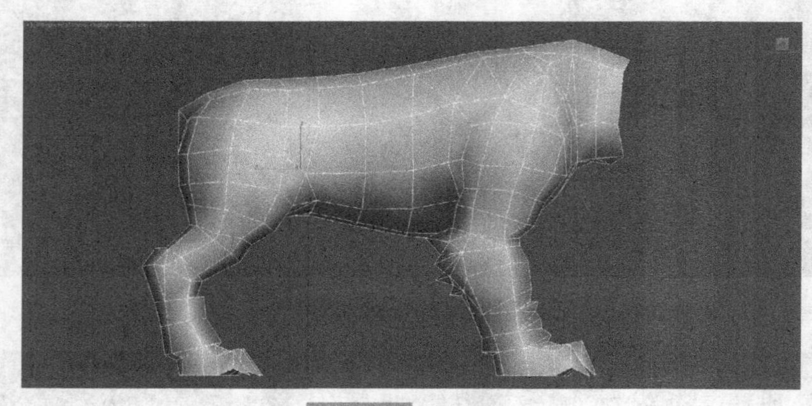

图9-24 制作颈部

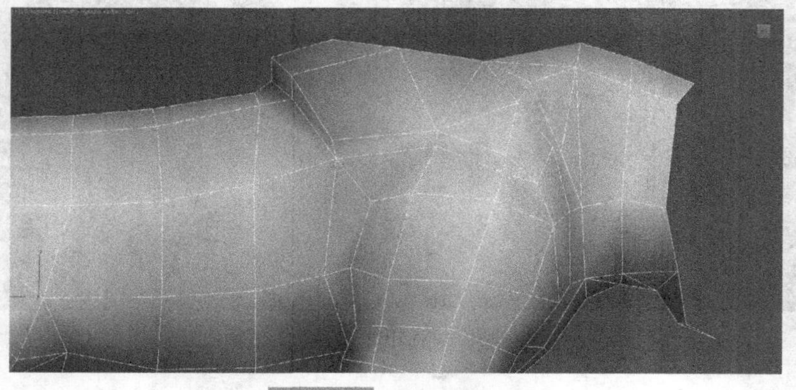

图9-25 制作厚度结构

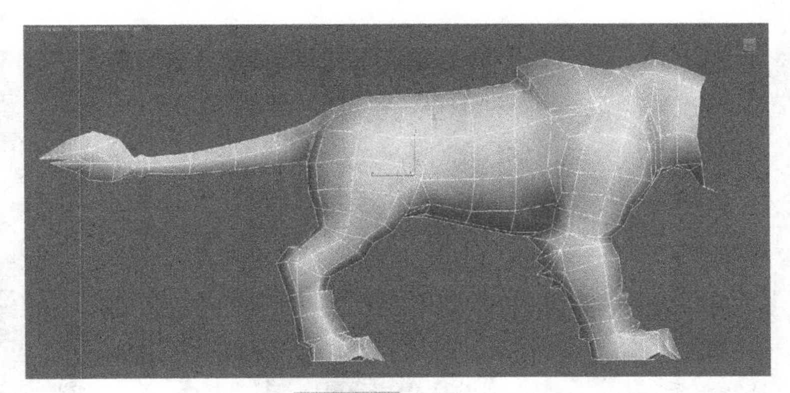

图9-26 制作尾巴

⑦接下来开始制作狮子的头部模型。我们先从脸部开始制作，利用基础的面片模型制作出狮子脸部的基本模型，这里要注意眼部、鼻子和嘴巴的轮廓大型的把握（见图9-27），然后向外延伸，制作出狮子头部周围的鬃毛结构，毛发的部分靠贴图来表现，模型按照一体化方式来制作（见图9-28）。接下来要对头部模型加点布线，深入刻画头部模型的细节（见图9-29）。

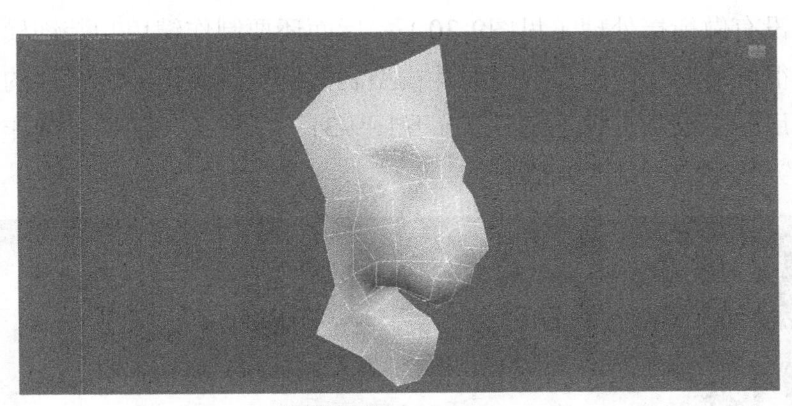

图9-27 制作脸部模型

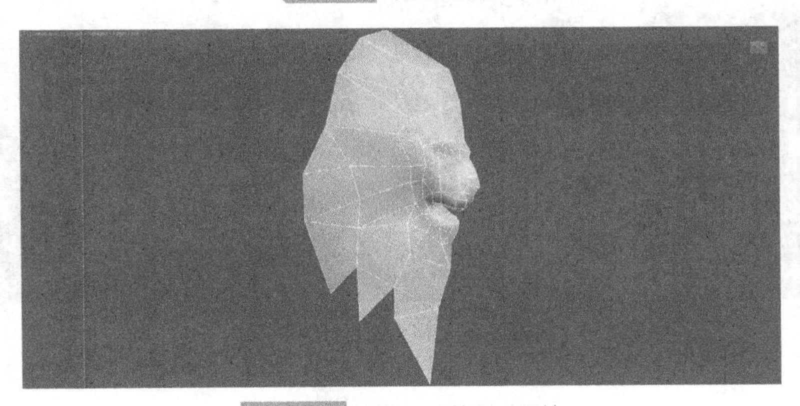

图9-28 制作周围的鬃毛面片

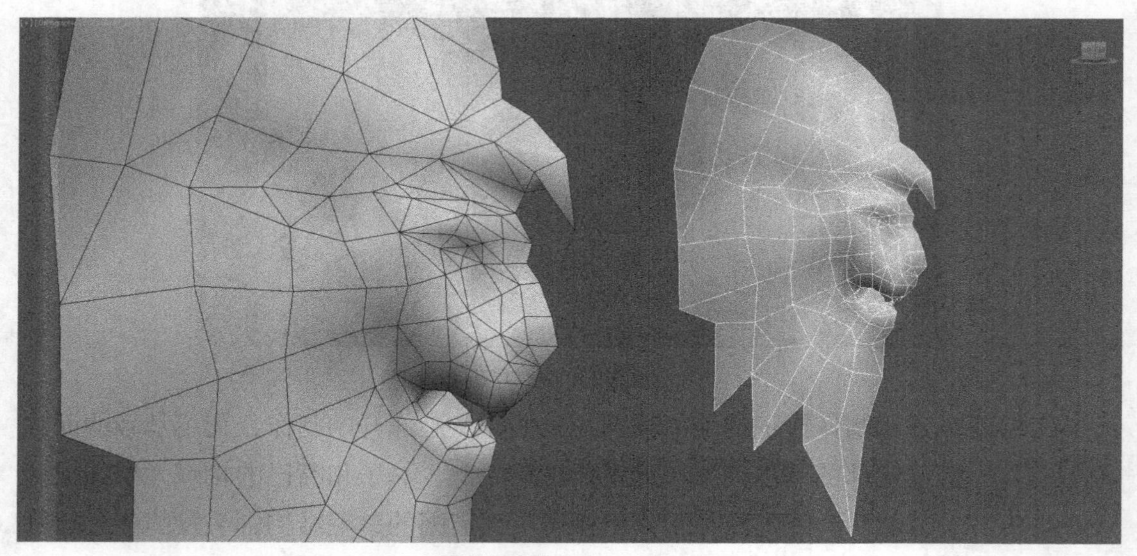

图9-29 细化头部模型

⑧将制作完成的狮子头部与身体进行对接，将头部摆放到合适的位置，现在头部与身体并没有做衔接处理（见图9-30）。后面还要制作铠甲和装饰模型，通过它们可以起到很好的衔接作用。利用面片模型制作狮子胸腹下方和背部的毛发面片，后期也要利用贴图绘制表现毛发效果（见图9-31）。在头部模型上制作出耳朵、眉毛、牙齿和突刺模型（见图9-32）。

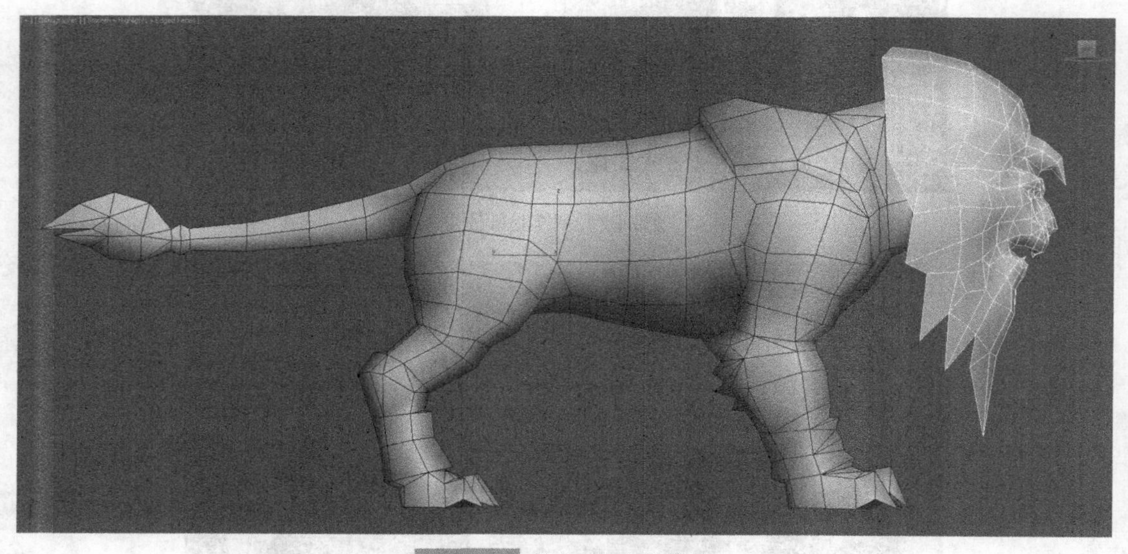

图9-30 将头部与身体拼接

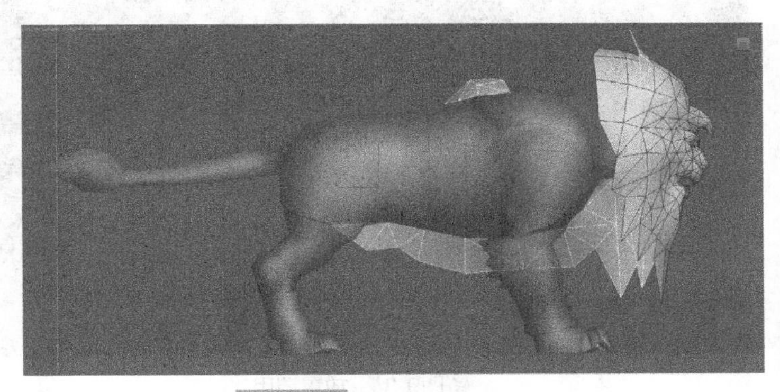

图9-31 制作毛发面片模型

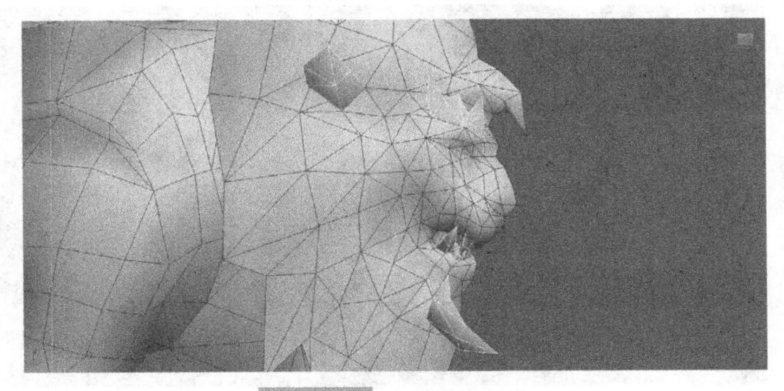

图9-32 完善头部细节

⑨狮子主体模型制作完成后，接下来开始制作附属的铠甲及装饰模型。首先制作颈部上方的铠甲模型，结构相对简单，利用BOX模型和编辑多边形命令来完成，要制作出棱角的结构效果（见图9-33）。将铠甲放置到狮子颈部上方，起到了衔接头部与颈部的作用（见图9-34）。制作头部侧面、耳朵后方的半月形装饰模型（见图9-35）。制作臀部上方的铠甲装饰模型，利用一块模型层叠复制即可完成（见图9-36）。

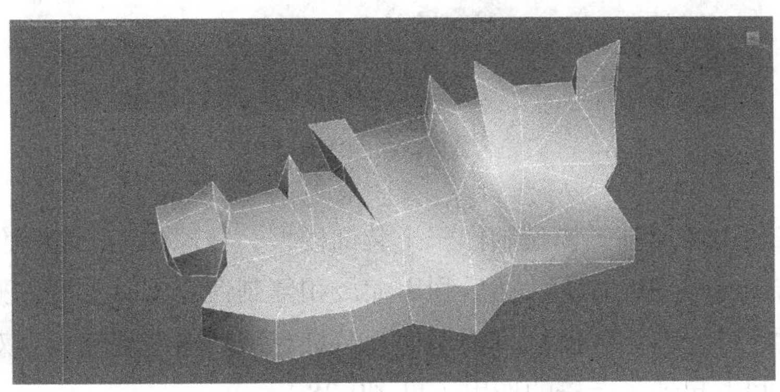

图9-33 制作颈部铠甲模型

图9-34 放置铠甲

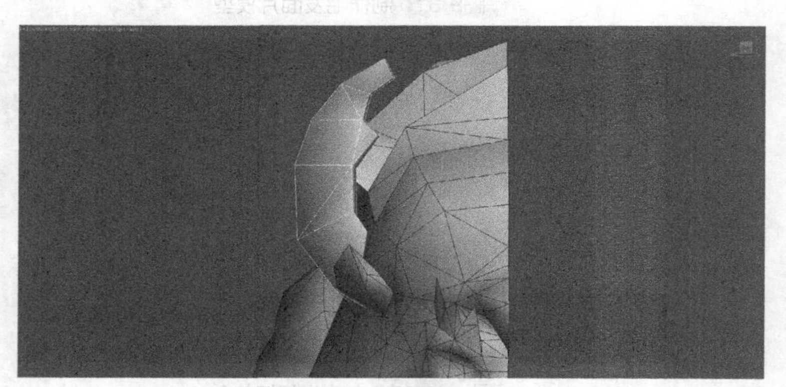

图9-35 制作半月形装饰

图9-36 制作臂部铠甲

⑩接下来利用球形基础模型制作一个装饰模型，在球体的一侧制作出鼻子、嘴巴和牙齿的结构（见图9-37）。然后利用缩放和复制命令将其放置在狮子头部侧面的位置，同时添加一些小的圆柱体模型作为装饰点缀，这些装饰模型对于狮子侧面头部与躯干之间也起到了衔接的作用（见图9-38）。

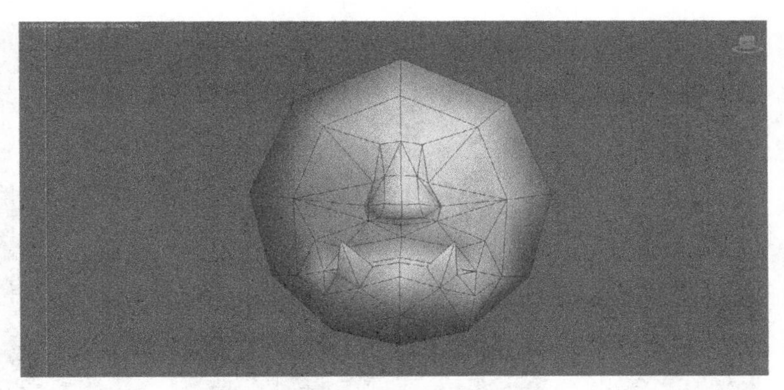

图9-37 制作球形装饰模型

图9-38 复制排列摆放

⑪利用Torus基础模型制作八边形的圆环（见图9-39），将其串联形成锁链模型（见图9-40），将锁链模型放置在狮子侧面位置（见图9-41），最后制作锁链圆环之间的布条装饰模型和后期Alpha用的面片模型（见图9-42）。将单侧的模型进行镜像复制，就完成了整个模型的制作，图9-43为狮子坐骑模型完成后的效果，整个模型用了五千多面。

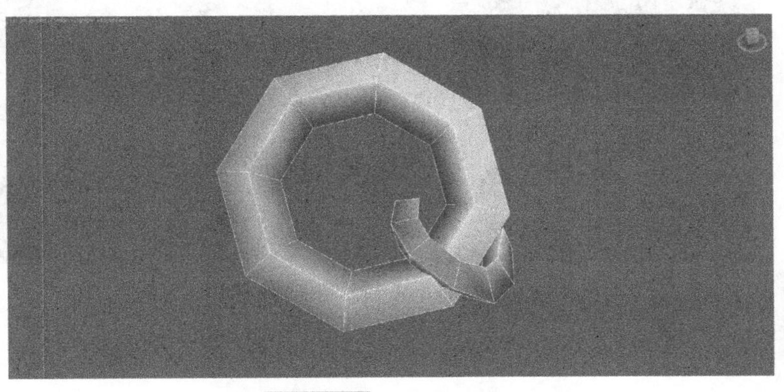

图9-39 制作圆环模型

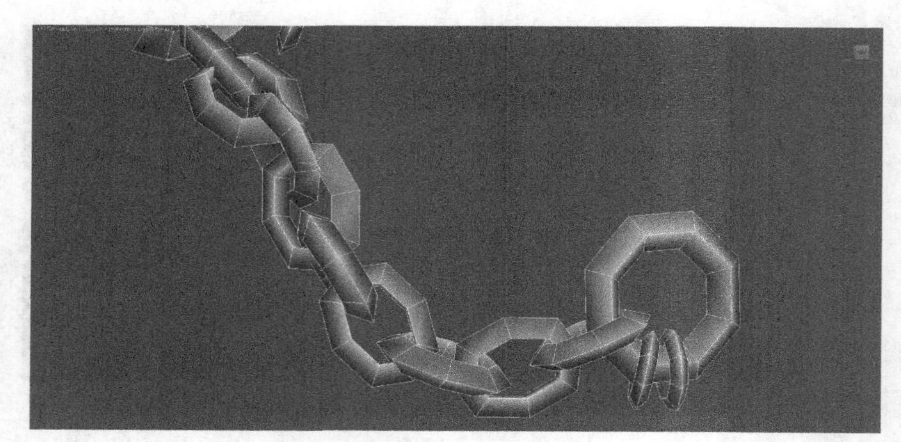

图9-40 制作锁链模型

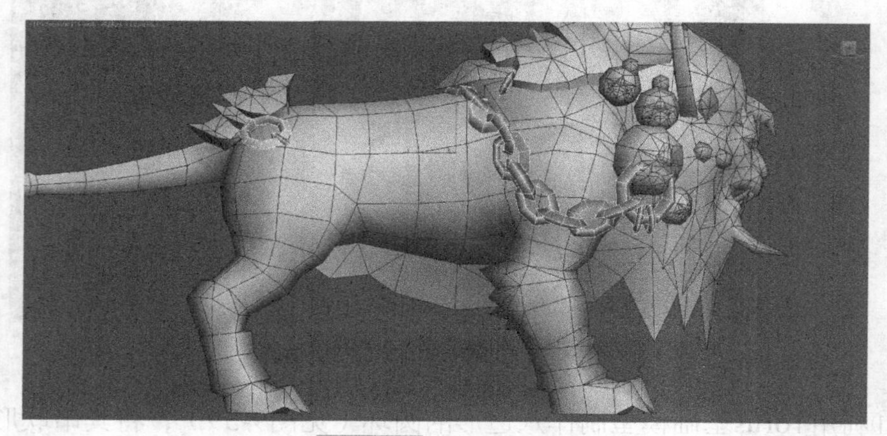

图9-41 放置锁链模型

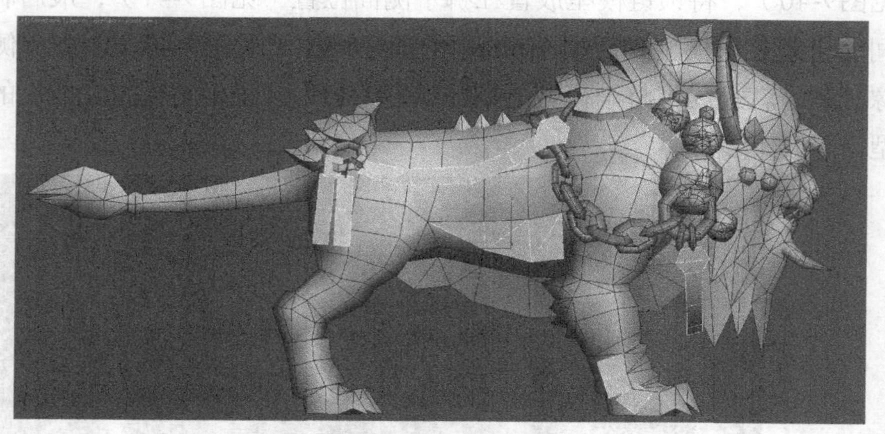

图9-42 制作面片模型

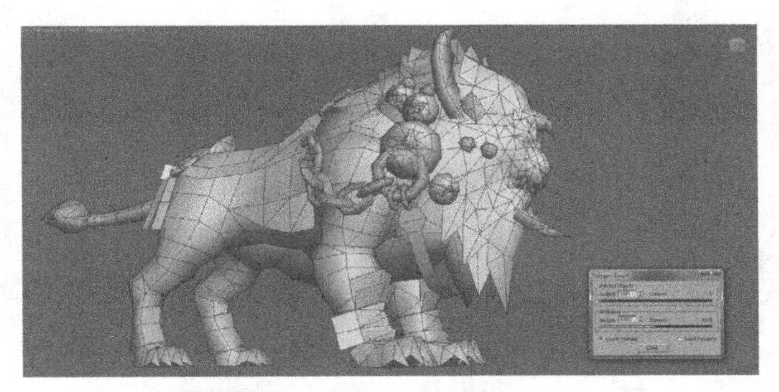

图9-43 模型完成的效果（见彩页）

⑫模型制作完成后开始拆分和平展模型的UV。我们可以选择将狮子主体与铠甲装饰的UV分开拆分，制作两张贴图，也可以全部将其平展到一张贴图上，这里我们选择后一种方法。为了充分利用UV框的空间，我们将所有模型面都一一拆分平展，这样做的优点是充分利用空间的优势，能更好地进行贴图的细节表现，但缺点是出现了太多的UV缝合线接缝，在后期贴图的绘制时需要注意贴图的无缝处理。图9-44为模型平展后的UV网格图，图9-45为模型贴图绘制的效果。图9-46为最终3ds Max视图中模型添加贴图的效果。

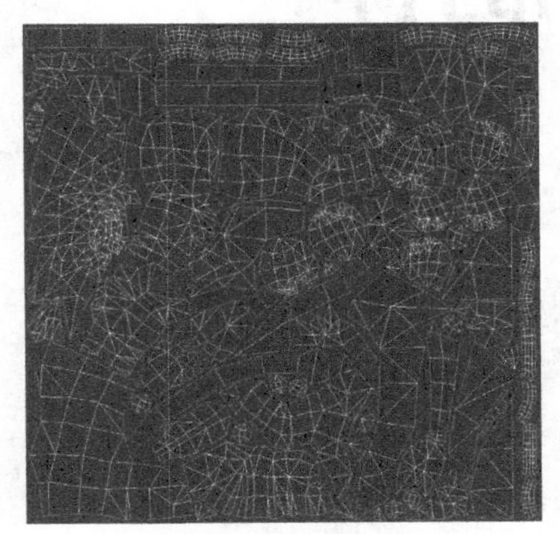

图9-44 模型UV网格

图9-45 模型贴图（见彩页）

图9-46 视图中模型添加贴图的效果

CHAPTER

10 机械类角色模型实例制作

10.1 机械类角色模型的概念

在前面的章节中，我们分别讲解了人体模型、幻想和写实风格角色模型、Q版角色模型以及动物模型的制作方法。这些生物体模型都属于软体模型的范畴，能够根据自身结构的特点发生形变运动。除此以外，还有一类我们称之为硬体模型。所谓的硬体模型是指自身结构坚硬，不能发生形变运动。本章将要讲述的机械类角色模型就属于硬体模型类型。

所谓机械类角色，是指3D动画或者游戏作品中的由机械结构和部件组合而成的角色类型。3D制作领域常见的机械角色主要有三大类型：人形机械角色、非人形机械角色和半生物机械角色等。下面来分别进行介绍。

人形机械角色是指模仿人体比例和外形，由机械结构组成的角色类型，像变形金刚、高达和本章实例中的钢铁侠，都属于人形机械角色类型。图10-1为变形金刚电影版中经典角色“大黄蜂”，这就是典型的人形机械角色类型。角色整体虽然是由汽车的机械部件所构成，但整个角色的形体比例和身体结构都是模仿人体形态，头、颈、躯干、四肢和手脚都是仿照人体结构进行设计和制作的。这也是人形机械角色的最基本特征。

图10-1 变形金刚中经典角色——“大黄蜂”

除了形体结构外，人形机械角色的运动方式也与人类基本相同。在实际制作中，角色模型制作完成后，需要对人形机械角色进行骨骼绑定，我们完全可以利用3ds Max中的Bipe人形骨骼进行匹配和绑定（见图10-2），甚至无需过多修整。这种与人类相近的骨骼系统和运动方式也是人形机械角色的重要特征。

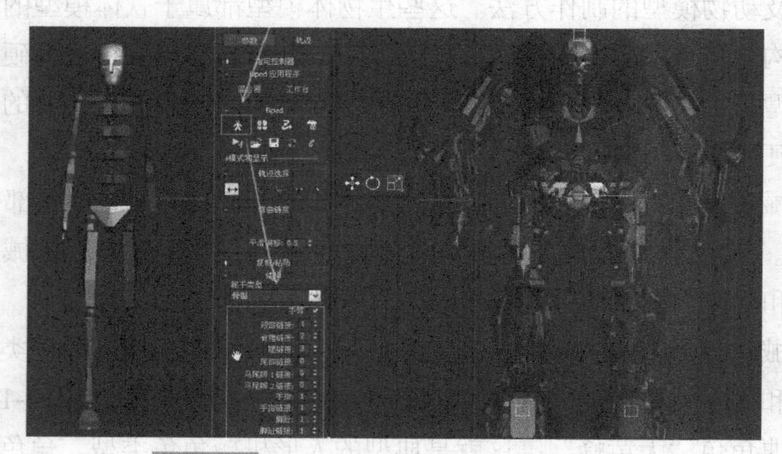

图10-2 利用Bipe骨骼系统绑定人形机械角色

虽然人形机械角色和人体有众多相似之处，但由于分属两大模型类型，两者也存在本质的区别。人体因其软体模型的特点，在绑定骨骼后模型结构本身可以发生运动带来的弯曲、扭曲等正常合理的形变。而人形机械角色属于硬体模型，就不能出现这种类似的形变运动，且在进行骨骼绑定的时候，必须要将骨骼关键匹配在模型的转折部件中心点上，然后将其他身体部件全部以刚体模式绑定在相应的骨骼上（见图10-3）；也可以不利用骨骼系统作为其运动的驱动方式，而采用子父关系连接和运动约束的方式来实现其运动和动画的调节。

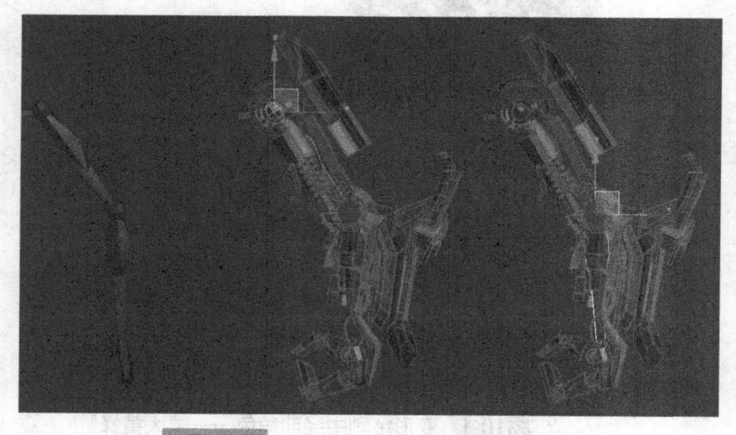

图10-3 人形机械角色骨骼绑定的方式

非人形机械角色是相对于人形机械角色而言，是指那些没有按照人体结构设计和制作出来的由机械结构所构成的角色。非人形机械角色主要包含两类：一类是指现实广义上的机器人角色，从整体来看更像“机器”而非“人”（见图10-4），角色整体都是由机械零件组合构成，虽然有头部、手臂、身体的功能区分，但每个部分都与人体结构相差甚远；另一类则是仿照动物的形态结构所设计和制作出来的，也可以称为仿生机械角色，图10-5中的机械蝎子，虽然整体都是由非常具象的机械零件构成，但无论是身体比例结构、形态、运动原理都是模仿现实世界中的蝎子进行设计和制作的。

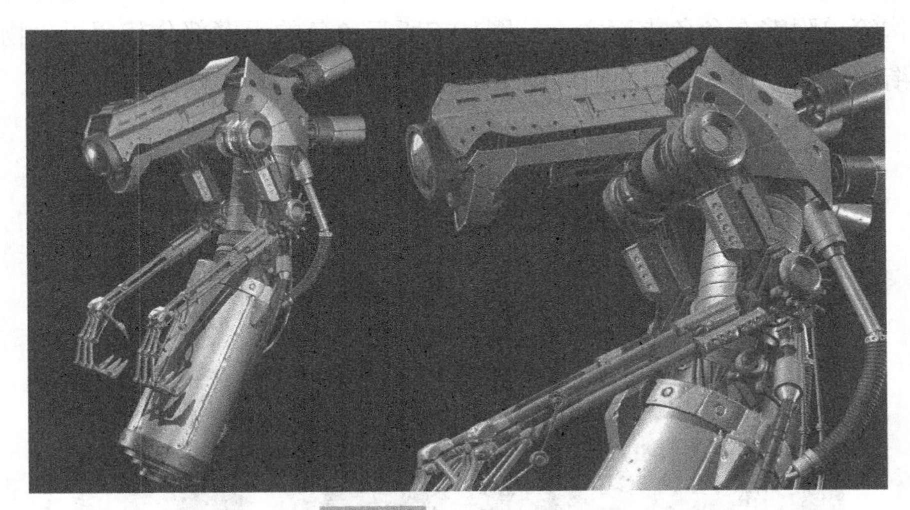

图10-4 非人形机械角色

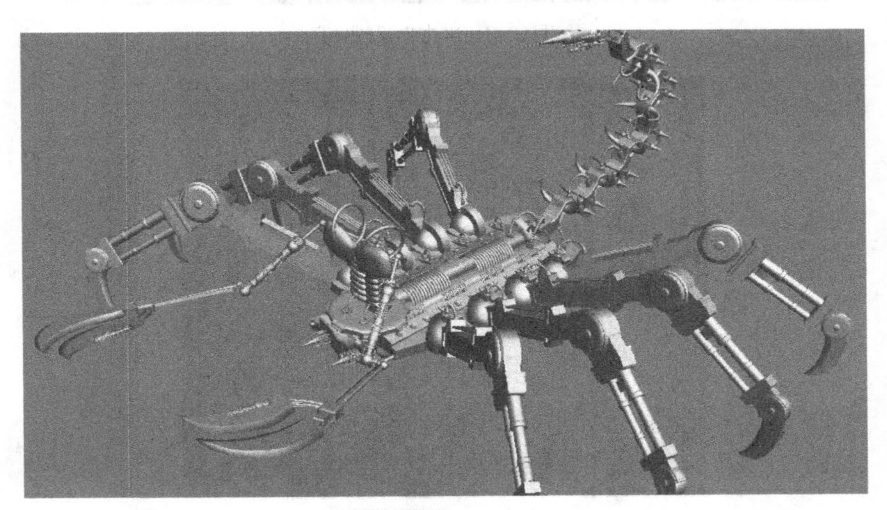

图10-5 机械蝎子

除此以外，还有一类衍生出来的机械角色，那就是半生物机械角色。所谓半生物机械角色是指将生物角色与机械进行混合设计和制作，角色自身既有生物角色的特征也有机械特征。这种类似于前面章节中我们讲过的幻想风格角色，都是利用现实素材进行想象和加工而来的概念形象。在游戏作品中许多BOSS形象都是利用这种概念设计出来的。

图10-6所示为一种半生物机械角色。角色本体是人体形象，但除了头、部分躯干和手臂外，身体其他部分都已经被机械结构所覆盖。这类角色的设计和制作与一般角色穿戴盔甲有所不同，机械部分与人体结构必须有衔接关系的处理，而不是将机械结构简单附着在角色表面之上。图10-7所示角色的手臂部分就属于生物结构与机械相衔接，而图10-8所示的则只是生物角色穿戴了机械化的盔甲。

图10-6 半生物机械角色

图10-7 生物结构与机械的衔接处理

图10-8 生物角色穿着机械化盔甲

10.2 高精度钢铁侠模型制作

本章实例制作的模型对象为美国Marvel公司动漫和电影中的经典角色“钢铁侠”。首先，我们脱离开电影和动漫的情节来看，钢铁侠角色本身就是一个典型的人形机械角色。不同于变形金刚和高达这种巨型机器人，钢铁侠角色外形不仅是模仿人体，而从结构和形体比例上来说，它就是一个标准的人体模型，只不过全身是钢铁材质。

本章介绍方法也与前面章节有所不同，我们将分别制作高精度和低精度两个版本的模型，学习同一个角色在影视动画和游戏项目中不同的制作方法；同时还可以通过对比来了解高模和低模各自的特点与优势。本节我们先来制作高精度版本的钢铁侠角色模型。

大家知道，高进度模型一般包含的多边形面数非常多，通常用于3D影视及动画的制作，而低精度模型由于多边形面数较少通常用于游戏制作。但实际上，高精度模型与低精度的区别并不仅仅表现在模型面数上，由于次世代游戏硬件平台的发展，一些游戏中的角色模型面数也能高达近10万多边形面（见图10-9），所以单从模型面数来区别高模和低模并不是一种合适的角度和方法。

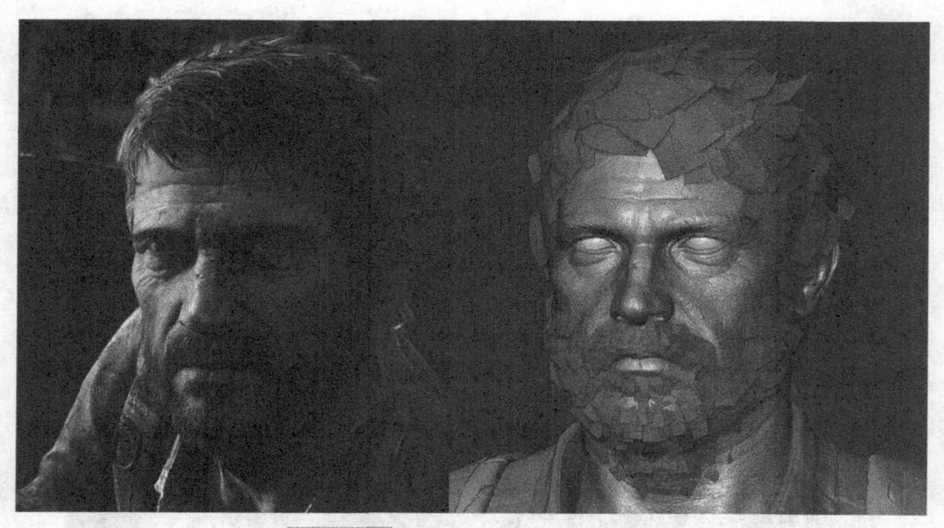

图10-9 次世代平台游戏角色模型

高精度模型与低精度模型最大的不同，其实在于模型的制作流程和方法。虽然高精度模型和低精度模型都是利用3D软件中的多边形编辑命令制作出来的，低模在编辑制作完成后就变成了“成品”的状态，后面可以直接导入到游戏引擎当中进行应用，而高模在完成了多边形编辑后，还必须要对模型整体添加Smooth命令，将模型整体进行圆滑和更加精细地细分处理，这样最后通过渲染器渲染出来的图像效果才符合影视级别的要求（见图10-10）。

图10-10 添加Smooth命令后的模型网格精度

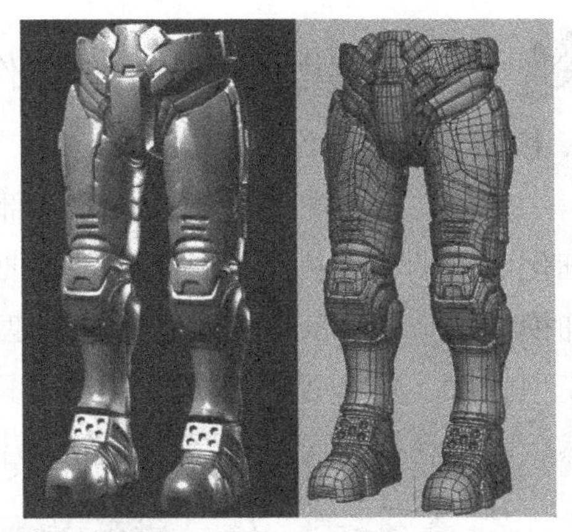
图10-11 高精度模型的布线规律

在影视和动画的模型制作中，虽然最终模型是通过渲染的方式来呈现，可以不用像电脑游戏一样过多考虑模型面数的问题，但也要考虑到3D软件在视图操作的过程中对计算机硬件的负载，尽量保证视图操作的流畅。对于模型中转折较大的结构可以适当增加边线和面数，保证添加Smooth命令后模型结构的正常，而对于没有转折关系的平面可以尽量减少多余的模型面数，这样才能让制作出的模型面物尽其用，达到最终理想的模型效果（见图10-11）。

图10-12所示为本节实例制作的模型设定图，可以从不同角度查看角色各个部分的结构和细节。角色整体比例结构与人体基本相同，在制作的时候可以按照头、躯干和四肢的顺序来进行制作，要特别注意模型棱角和转折结构的处理，在这些结构处增加布线和面数，以方便后面为模型添加Smooth命令。由于是机械角色高模，所以没有必要按照之前一体化模型的方式来制作，可以先制作每一部分的模型结构，最后再进行整合和拼装。下面开始实际模型的制作。

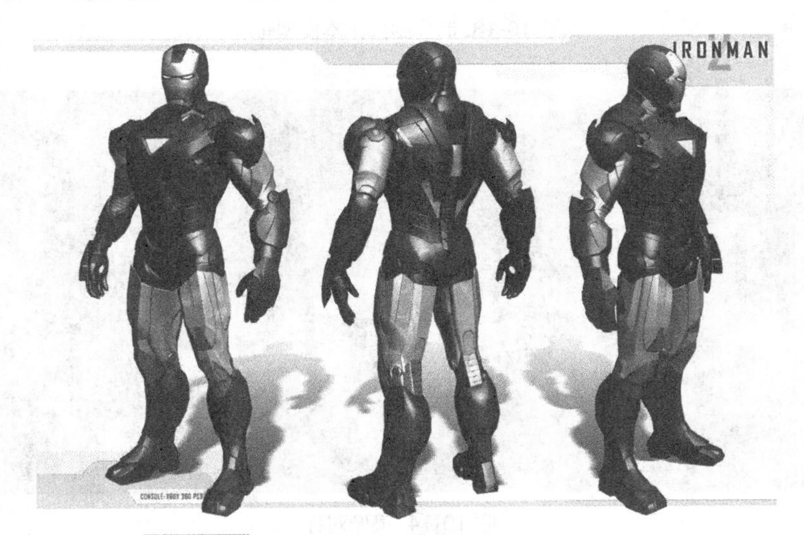

图10-12 钢铁侠高精度角色模型设定图（见彩页）

10.2.1 模型结构的分体制作

1. 模型头部的制作

首先，我们来制作钢铁侠的头部模型结构。其实高精度模型也是从低精度模型细化而来的，高模结构首先也是需要制作基本的模型轮廓，然后通过深化布线来增加模型细节。在3ds Max视图中创建Plane模型，通过编辑多边形制作出基本的脸部模型轮廓。由于是对称结构，所以只需要先制作一侧的模型即可（见图10-13），然后可以利用镜像对称命令制作出另一侧（见图10-14）。

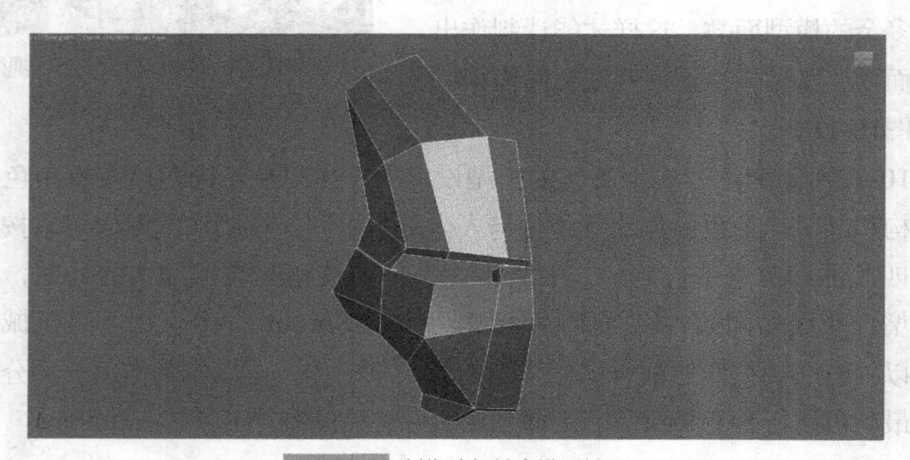

图10-13 制作脸部基本模型轮廓

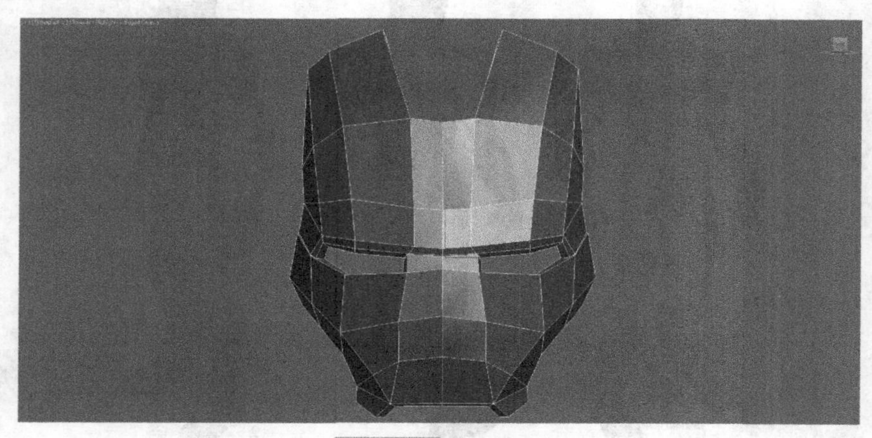

图10-14 镜像对称

接下来我们利用Cut和Connect等命令进行加线，细化模型结构，同时让模型边面过渡更加圆滑（见图10-15）。之后需要对模型转折部分的边线进行倒角，最后添加Smooth命令后模型才会有边楞的转折，否则只是圆滑过渡。对于比较光滑区域的模型面则不需要倒角处理。倒角的操作通常是进入多边形边层级，对选中的模型边线执行Chamfer命令，这样会将一条边线倒角为两条边线，然后在两条边线之间再添加一条边线，最后就会形成硬边倒角的效果（见图10-16）。如果倒角后两条边线之间增加的边线越多，倒角就越锐利，这几条边线之间的距离也决定倒角的锐利程度。图10-17所示为脸部模型添加TurboSmooth修改器命令后的光滑效果及硬边倒角的效果。

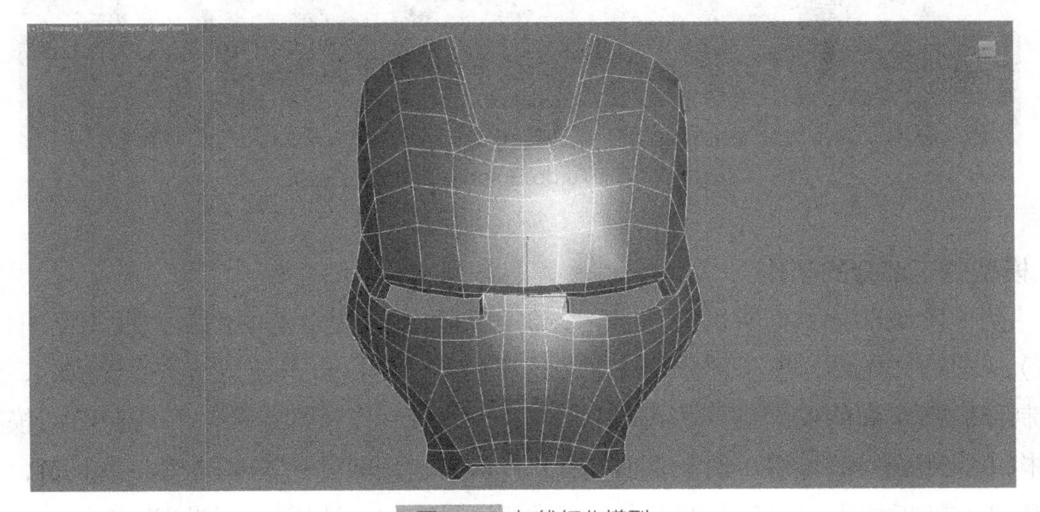

图10-15 加线细化模型

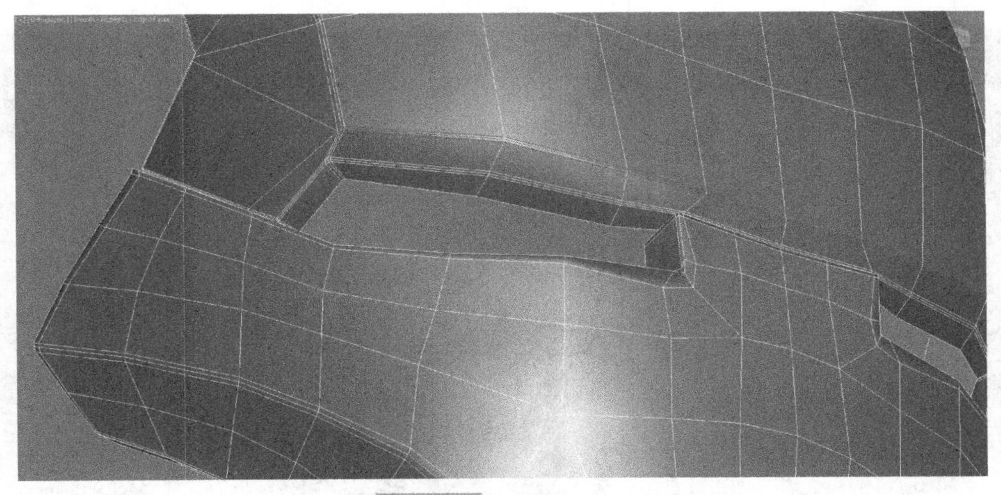

图10-16 制作硬边倒角

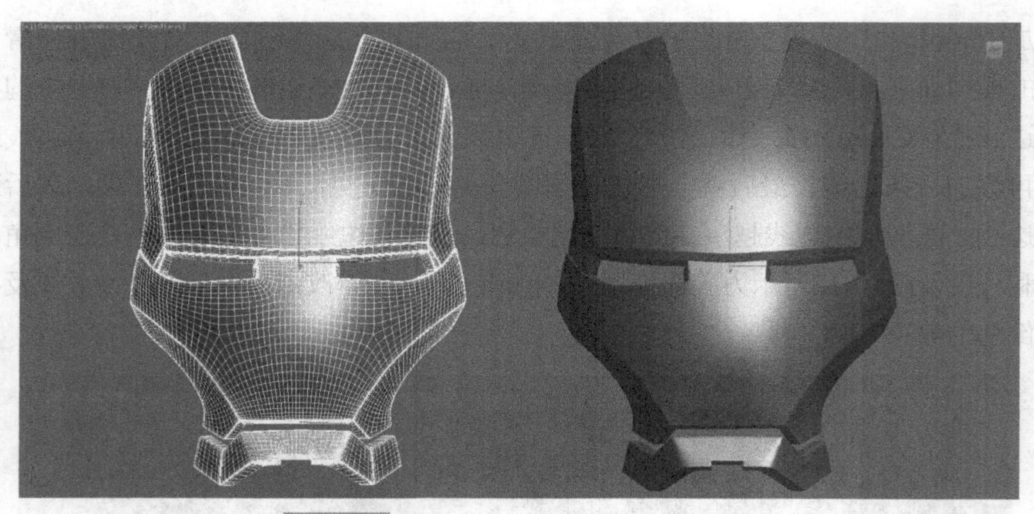

图10-17 添加Turbo Smooth修改器后的效果

2. 模型躯干部分的制作

制作除脸部外其他头部模型结构，仍然要注意边楞结构的倒角处理（见图10-18）。之后开始制作躯干部分的模型。这里的躯干是由多个模型结构所组成的，首先制作胸部正面的模型结构（见图10-19），然后制作背部、腰部和臀胯部的模型结构（见图10-20、图10-21、图10-22）。其实这几部分的模型结构并不复杂，只是需要在转折的边楞倒角上下工夫，布线要尽量均匀，让模型更加圆滑细致。

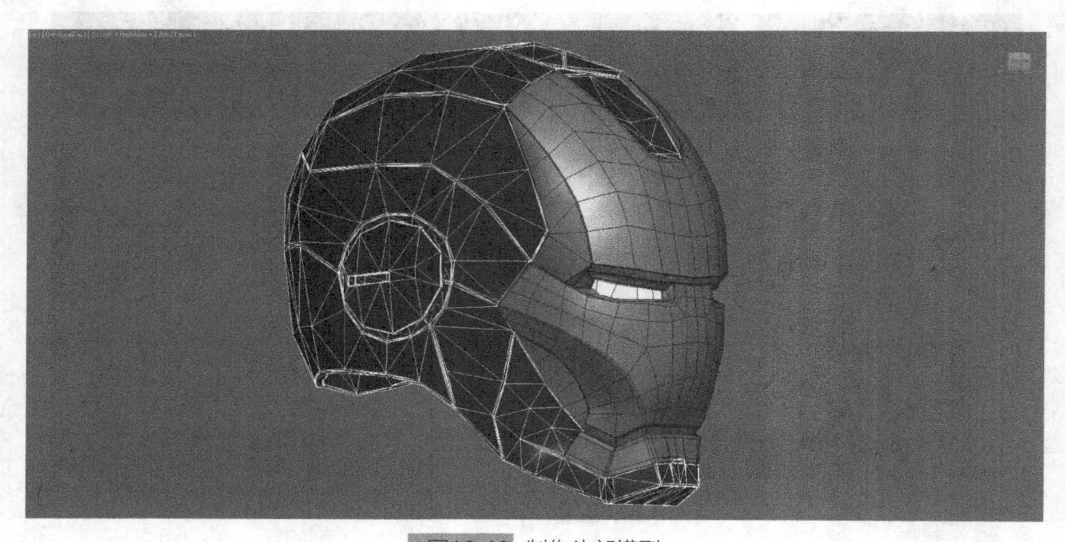

图10-18 制作头部模型

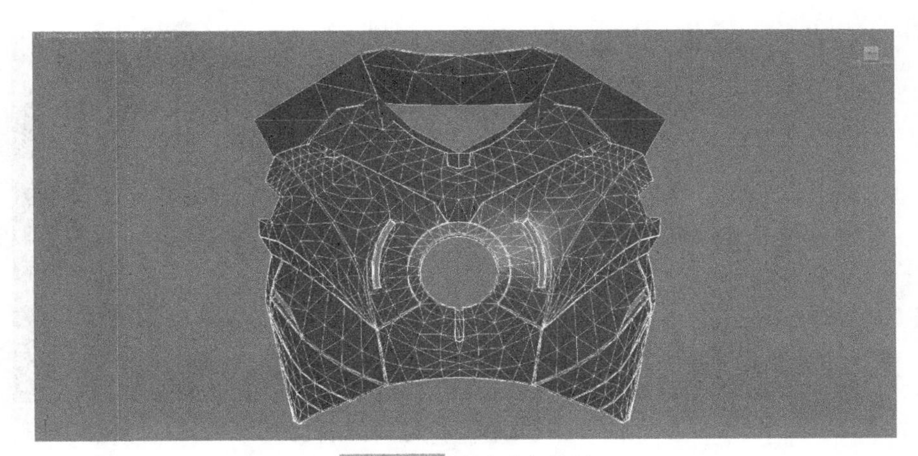

图10-19 制作胸部模型

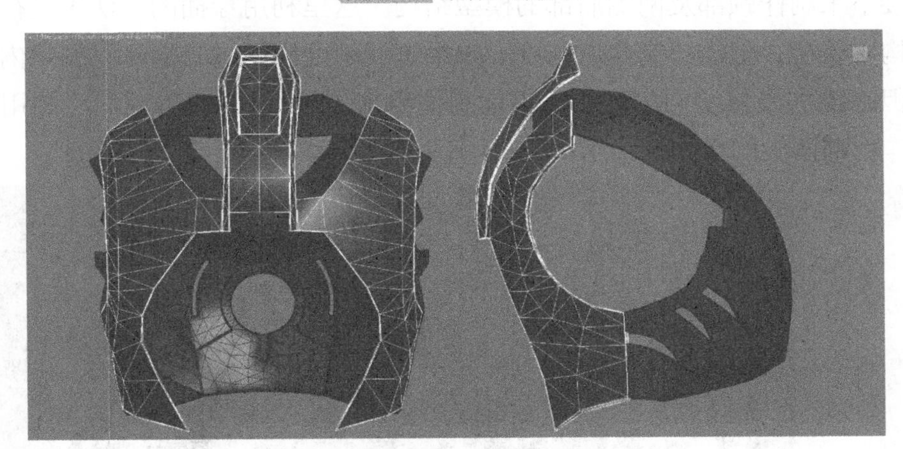

图10-20 制作背部模型

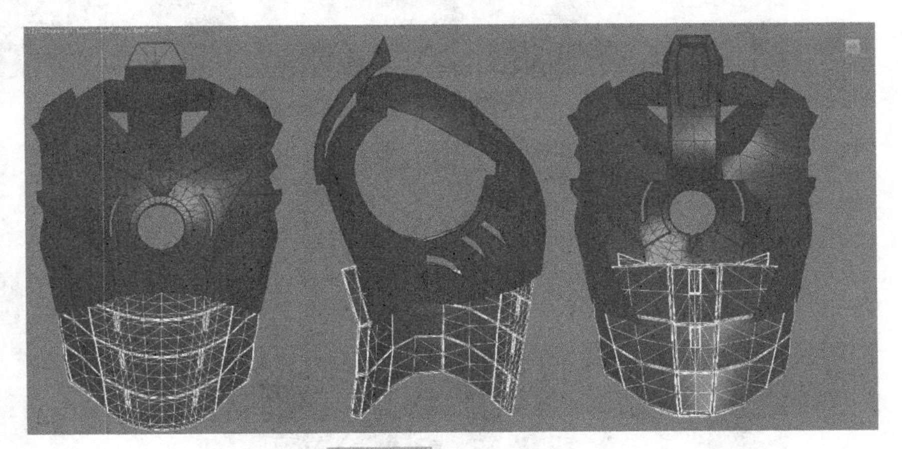

图10-21 制作腰部模型

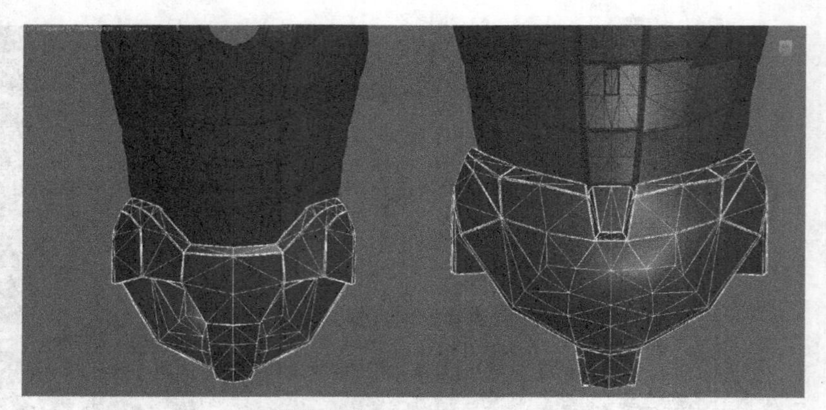

图10-22 制作臀胯部模型

接下来制作颈部及两侧肩部的模型结构。这里利用穿插的方法来进行拼接，虽然结构比较薄，但需要制作出厚度。如果是低精度模型，我们可以删除内部的模型面，但高模需要将结构尽可能完善地制作出来（见图10-23），然后利用同样的方法制作背部两侧的板状装饰结构（见图10-24）。

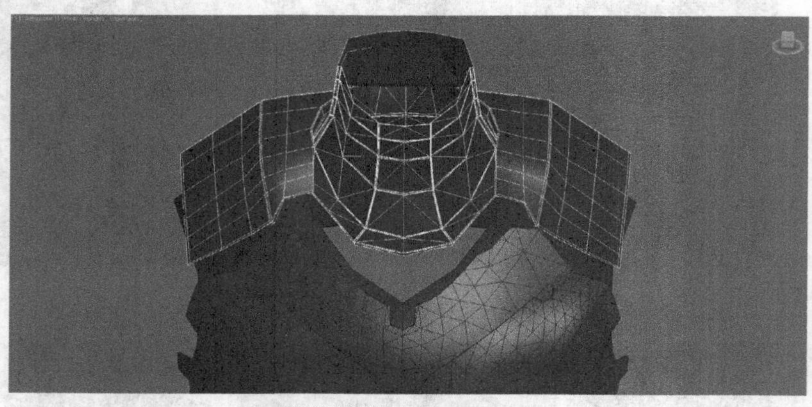

图10-23 制作颈肩结构

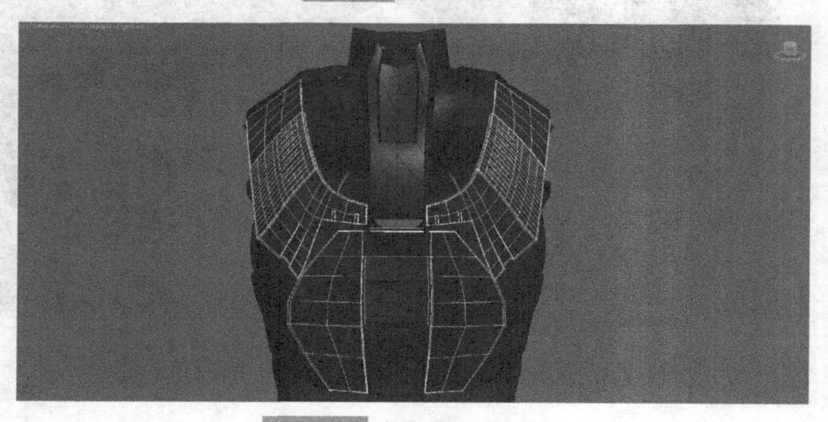

图10-24 制作背部装饰结构

这样钢铁侠的躯干模型已经基本完成了，但此时的模型只是一个外部的框架结构，还需要制作躯壳内部的细节结构。我们需要制作透过躯壳缝隙裸露出来的各种机械零件模型，增加角色整体的细节和真实感，图10-25所示为制作完成的躯干内部各种零件的模型。每个部件虽然比较小，但仍需要注意倒角结构的处理，最终也是需要为其添加Smooth修改器。图10-26所示为机械零件拼装进躯干后的效果，要注意零件模型与躯壳的衔接处理。利用同样方法制作背部的零件模型（见图10-27），然后制作零件上方覆盖的活动盖板模型（见图10-28）。

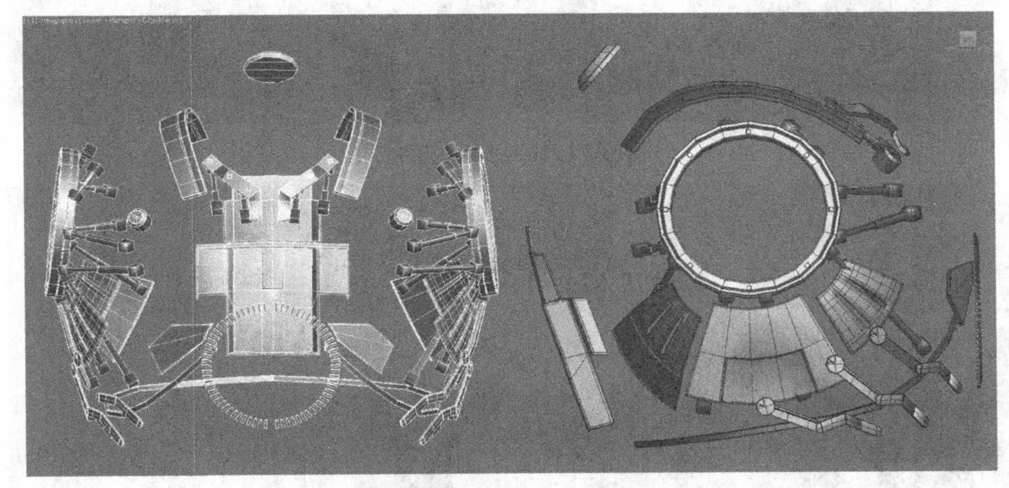

图10-25 胸甲内部的零件模型

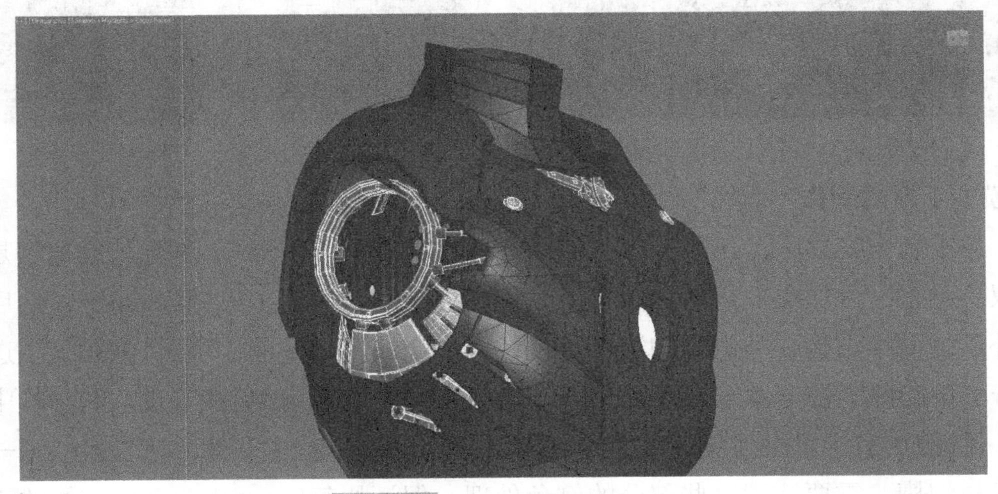

图10-26 将零件拼装进躯干内部

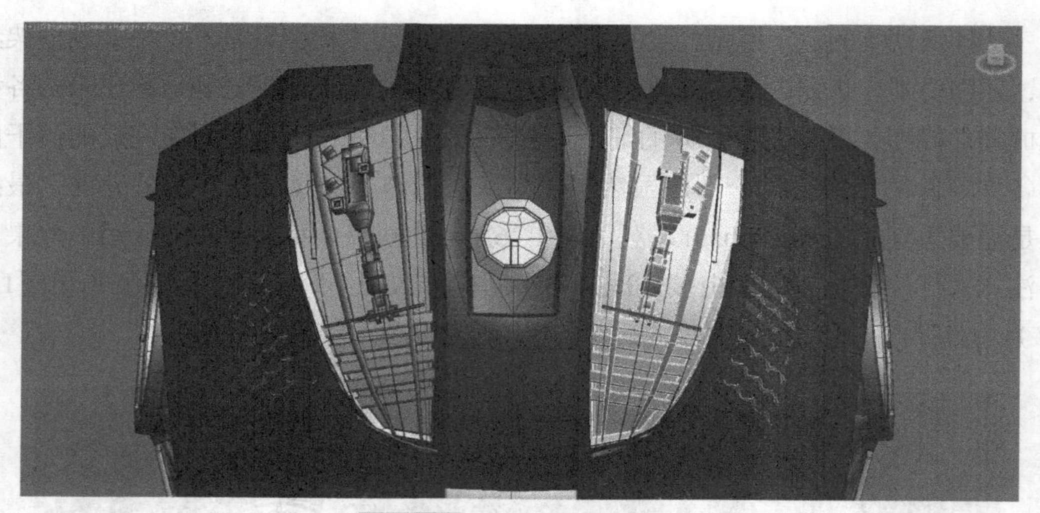

图10-27 制作背部的零件模型

图10-28 制作活动盖板模型

3. 模型手臂的制作

躯干制作完成后，开始制作手臂的模型。首先从肩膀开始，钢铁侠的肩膀是一个双层结构，内层类似于弯曲的管状，仍然要制作出厚度（见图10-29），然后制作外层的肩甲结构，外侧结构边楞更多，要注意倒角的处理（见图10-30）。这里上臂与肩膀并不是一体化的模型，将上臂模型单独制作，然后插入进肩膀结构中即可（见图10-31）。其实钢铁侠整个手臂的模型与人体基本一致，只是多加了一些缝线与沟槽，需要注意这些部分的倒角处理，保证执行Smooth命令后结构的正确显示。

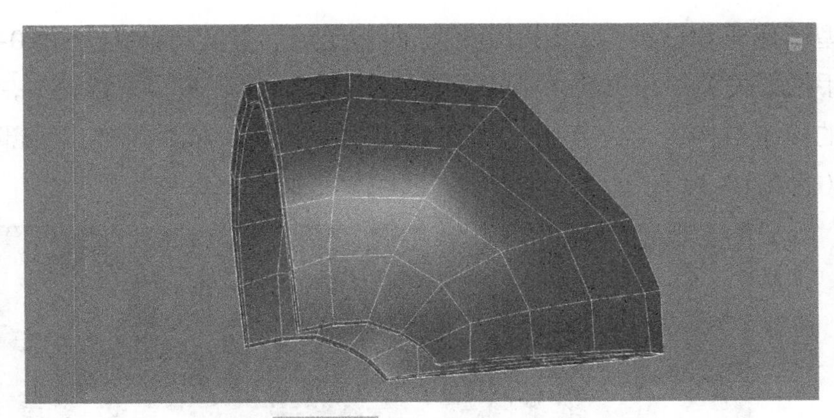

图10-29 制作内侧肩甲结构

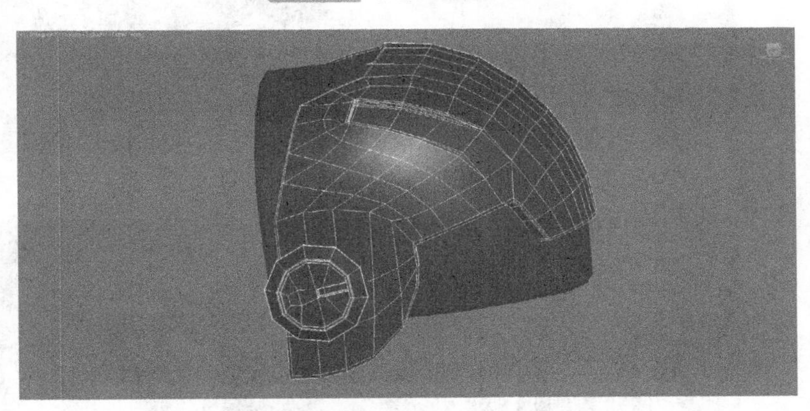

图10-30 制作外侧肩甲结构

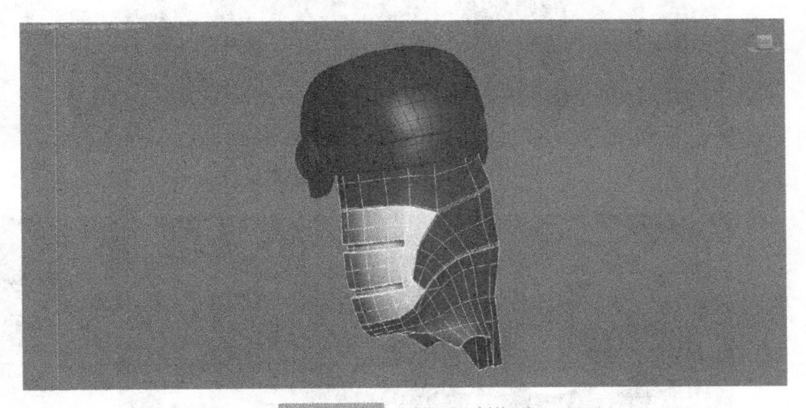

图10-31 制作上臂模型

接下来制作肘部关节模型，这里需要注意，这种关节部分需要做一个特殊的结构。因为之后模型骨骼绑定会将大部分的躯体模型作为刚性结构，也就不能跟随模型的运动发生形变，所以需要将关节制作成能够弯曲形变的结构。这里我们将肘部前后模型制作成软性结构，让关节的弯曲形变更加真实自然（见图10-32），后面膝盖、手指等关节部分也会采用这样的处理方法。然后制作小臂模型，小臂也是单独制作的模型结构，与关节插入衔接（见图10-33）。最后制作出手部和腕部的模型结构（见图10-34）。

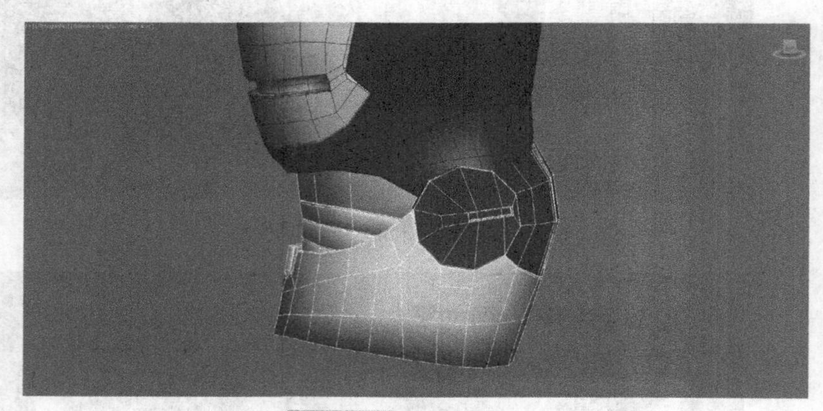

图10-32 制作肘部关节

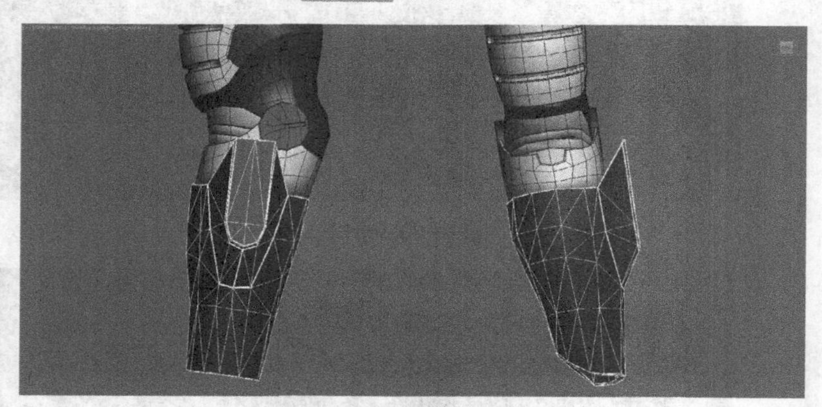

图10-33 制作小臂模型

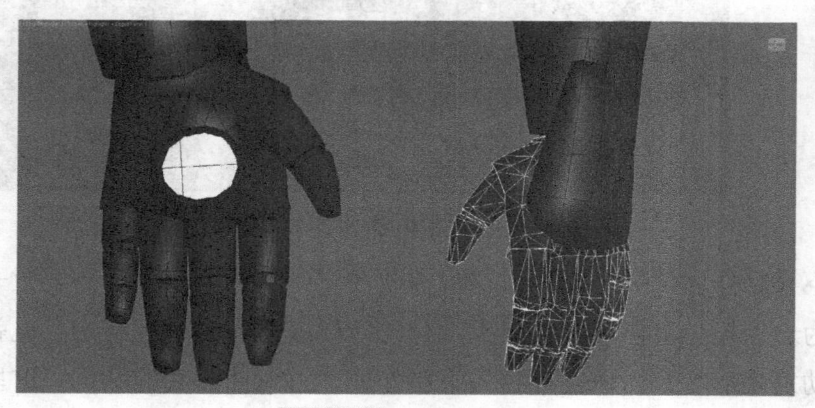

图10-34 制作手部模型

4. 模型腿部的制作

下面开始制作腿部模型。首先制作大腿模型。利用圆柱体模型编辑制作一个带有多段横向凹槽的模型，作为大腿与胯部衔接的结构。这个模型后面我们也会处理成软性结构（见图10-35）。接下来在刚才制作的模型两侧和前方制作板状的装饰模型结构（见图10-36），在大腿外侧上方制作圆轴装饰结构（见图10-37），然后制作出大腿下方的模型（见图10-38）。

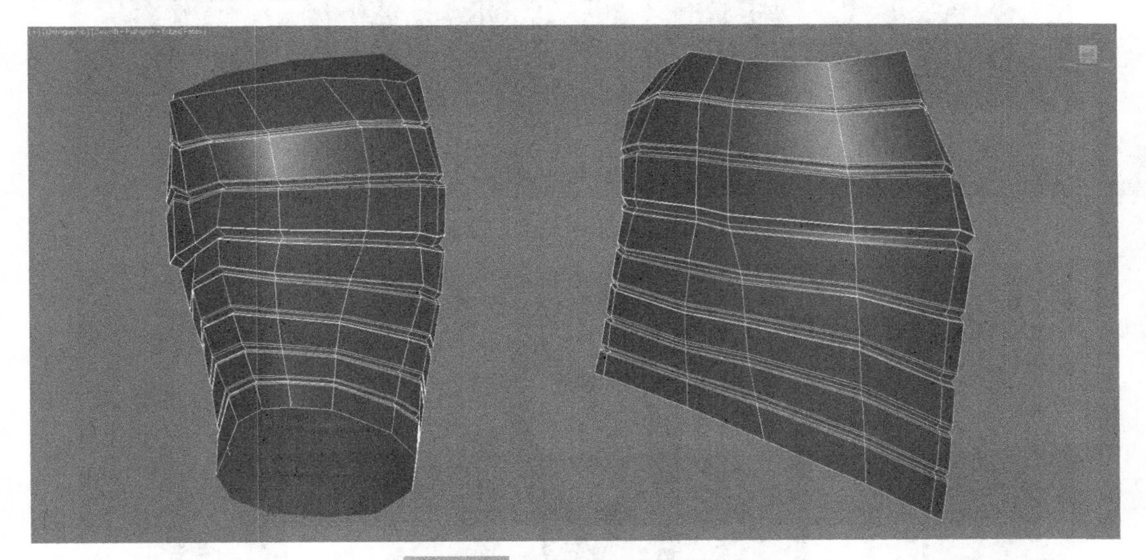

图10-35 制作大腿上方模型结构

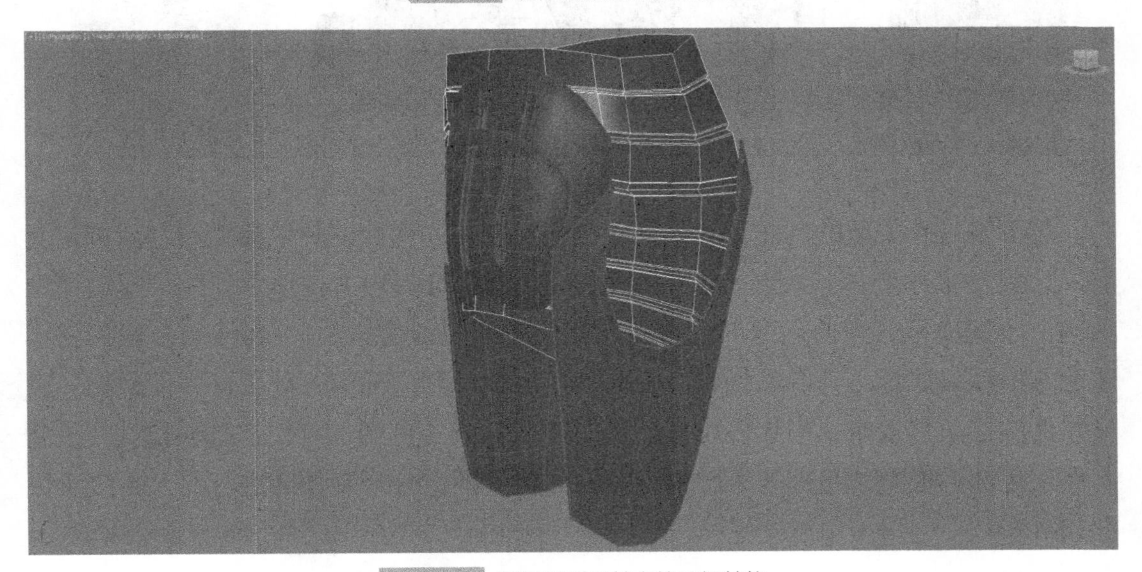

图10-36 制作两侧和前方的面板结构

图10-37 制作外侧上方圆轴结构

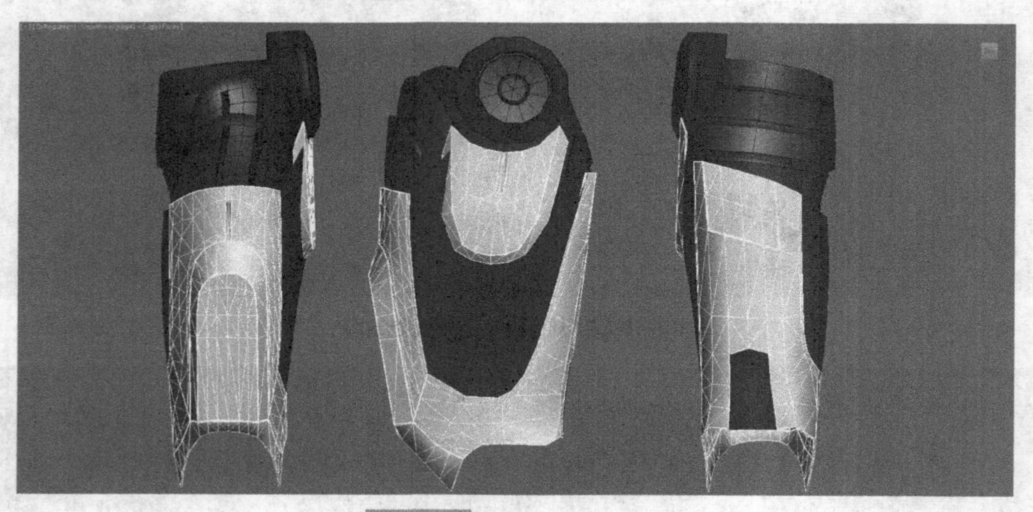

图10-38 制作大腿下方模型

接下来是膝关节的制作。我们仍然制作一个可以弯曲的软性模型，之后绑定骨骼只让其发生形变，其余部分进行刚性绑定（见图10-39），然后制作小腿的模型结构。小腿模型分为前后两部分来制作，前方模型结构如图10-40所示。我们将小腿后方模型只作为可开合结构，打开面板后可以看到内部的各种机械零件结构。机械零件结构虽然复杂，但大多可以通过复制来完成（见图10-41、图10-42）。最后制作出足部的模型，足部与小腿也不是一体化模型，分开制作后进行插入衔接（见图10-43）。

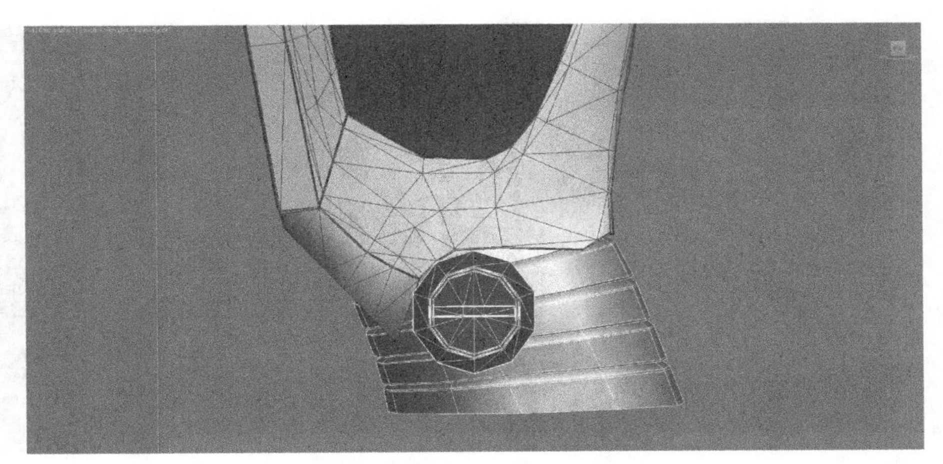

图10-39 制作膝关节模型

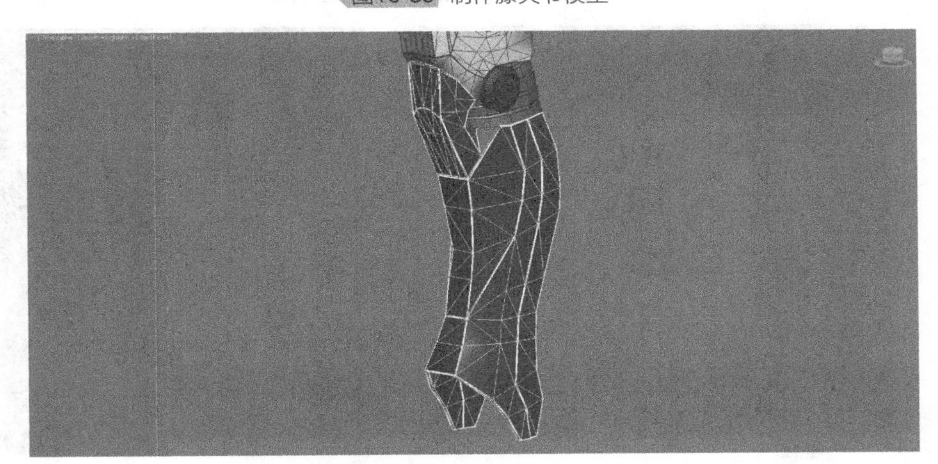

图10-40 制作小腿前方模型

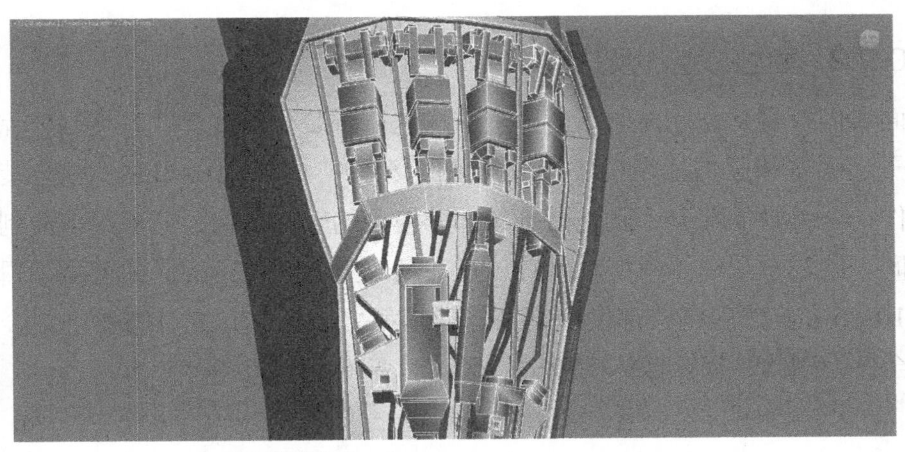

图10-41 制作小腿后面内部的机械零件模型

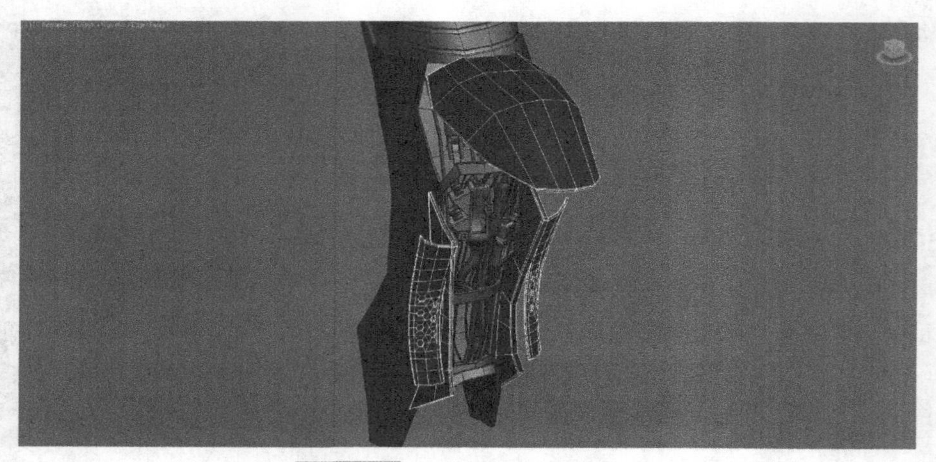

图10-42 制作后面的可开合面板

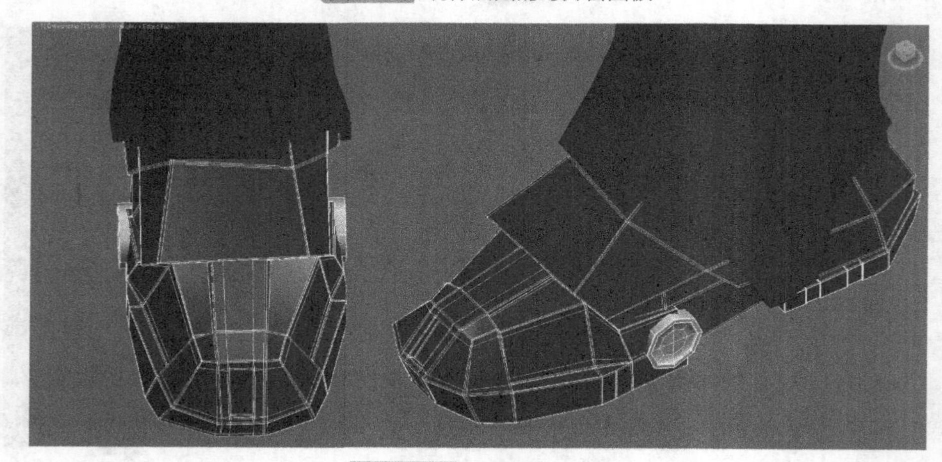

图10-43 制作足部模型

10.2.2 模型的整合及拼装

下面我们要将制作完成的所有模型结构进行拼装和整合。首先将制作完成的头部、躯干、手臂和腿部模型相应摆放到视图场景中（见图10-44）。在拼装前还必须要制作一个关键的部分，就是衔接各部分模型的软性结构，原理跟前面制作关键部分相同。创建一个球体模型，将其放置在颈部上方并进行相应的模型编辑和调整（见图10-45），然后将头部模型套在球形模型之上，这样之后骨骼绑定会将头部模型完全作为刚体，只让球体模型进行运动形变（见图10-46）。

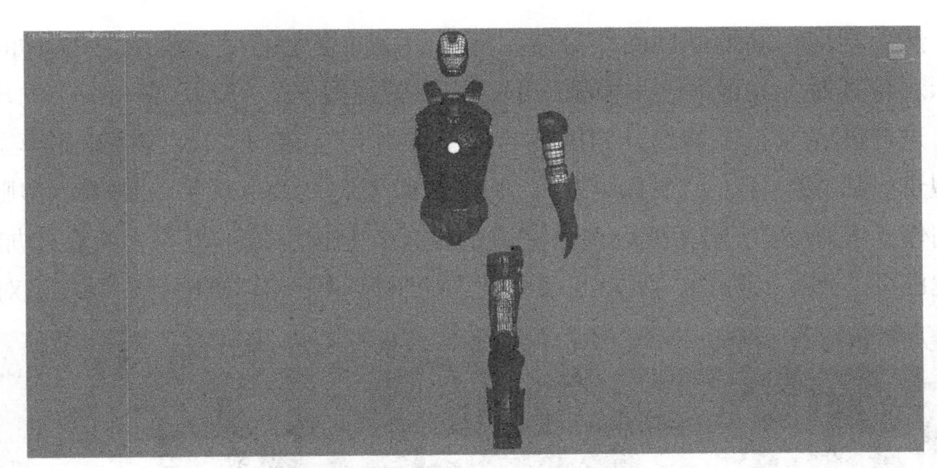

图10-44 将模型摆放到视图场景中

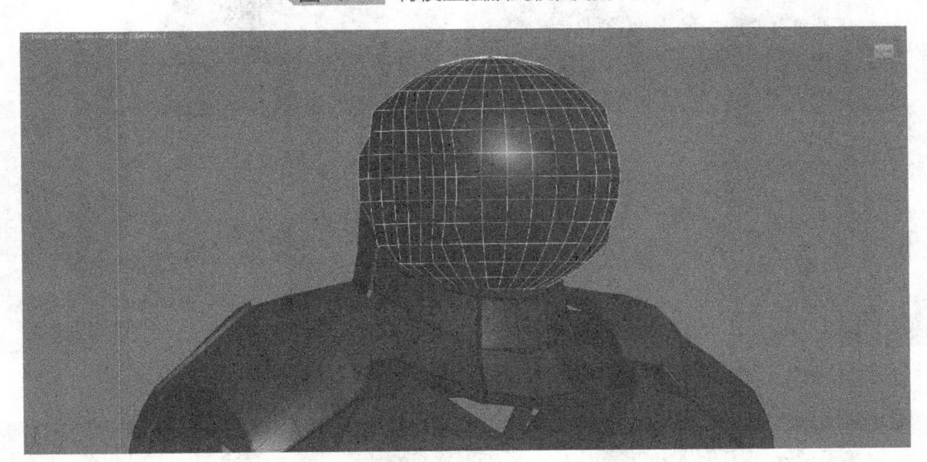

图10-45 制作球体衔接结构

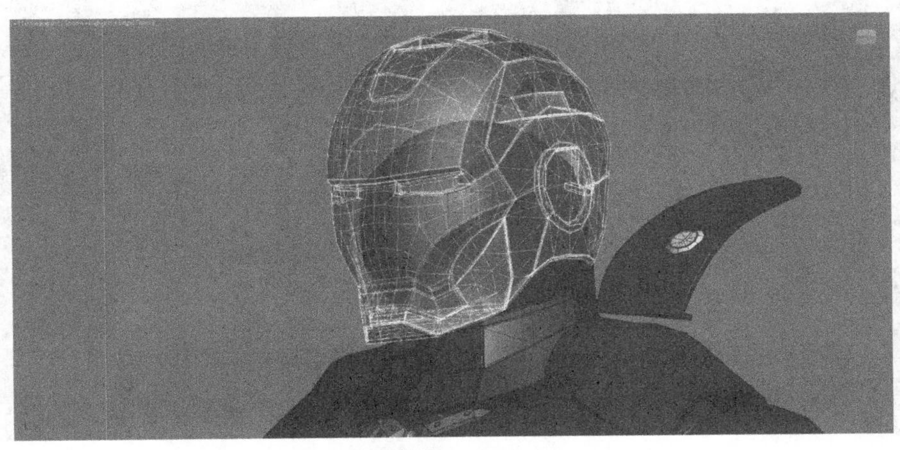

图10-46 拼装头部模型

然后利用相同的原理制作身体内部用于软性绑定的衔接模型结构，如图10-47所示。将其对齐放置到躯干模型内部，将手臂模型的肩膀部分套在衔接的球体结构上，这样就完成了手柄部分的拼装（见图10-48）。接下来直接将腿部模型与躯干模型进行拼装组合（见图10-49）。利用镜像复制命令完成另一侧手臂和腿部模型的制作，图10-50所示为模型最终完成的效果。制作完成的模型在没有添加Smooth前就已经达到了20万面，所以高精度模型的制作对于计算机硬件的要求相对较高。

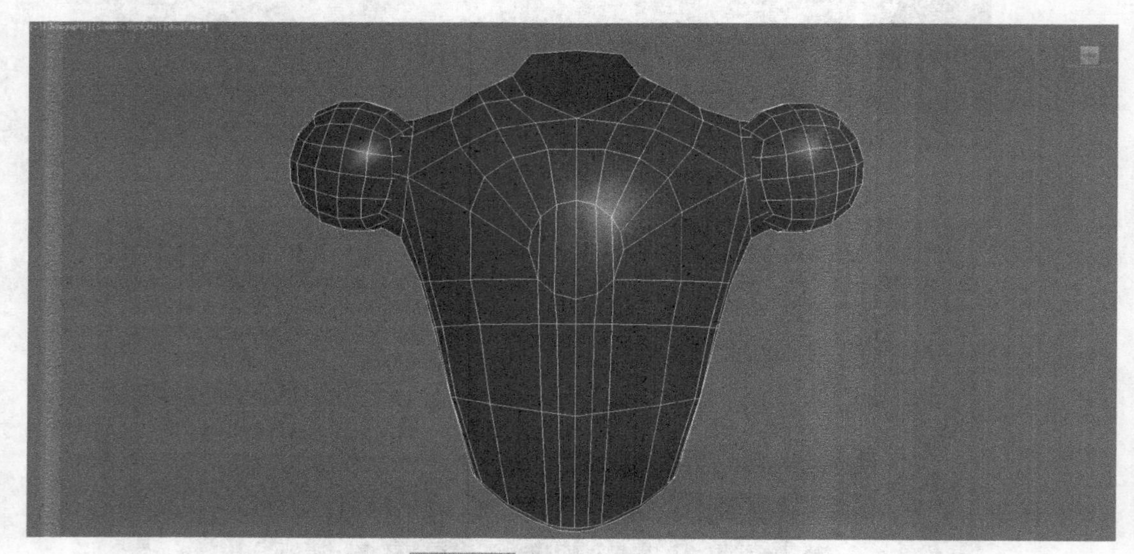

图10-47 制作躯干的衔接结构

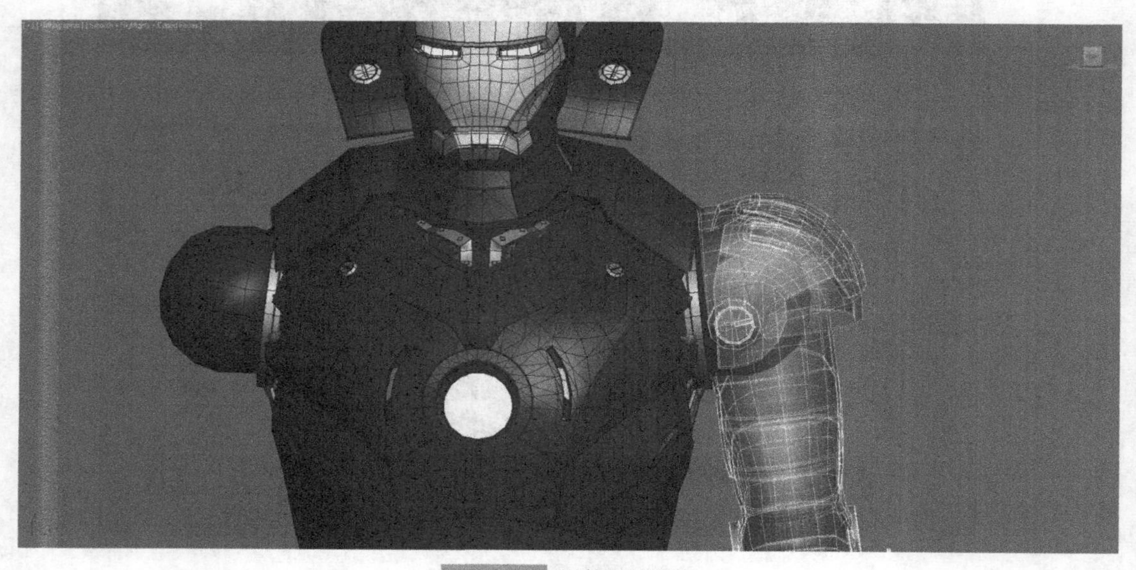

图10-48 拼装手臂模型

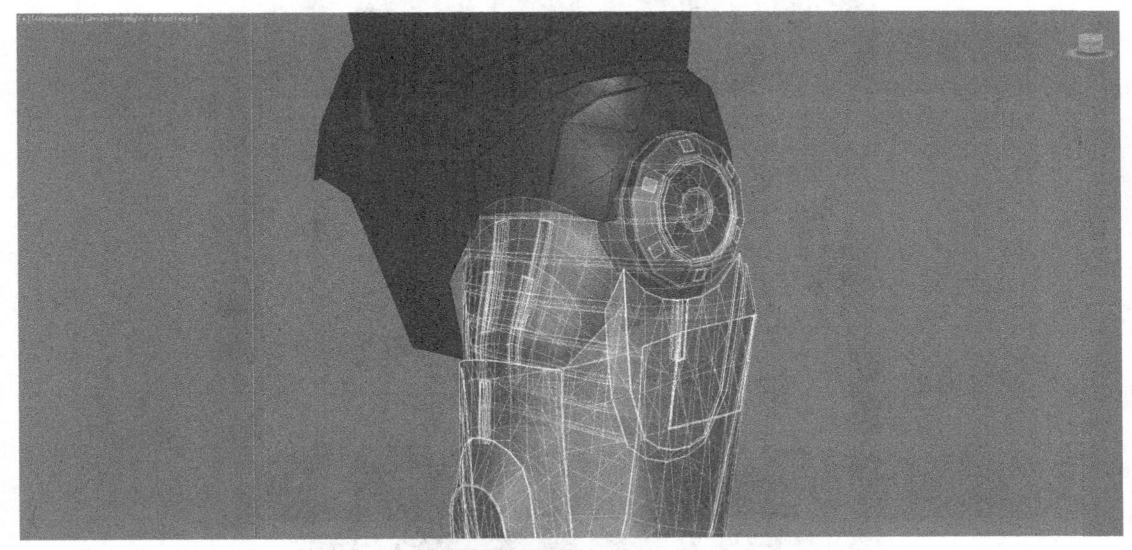

图10-49 拼装腿部模型

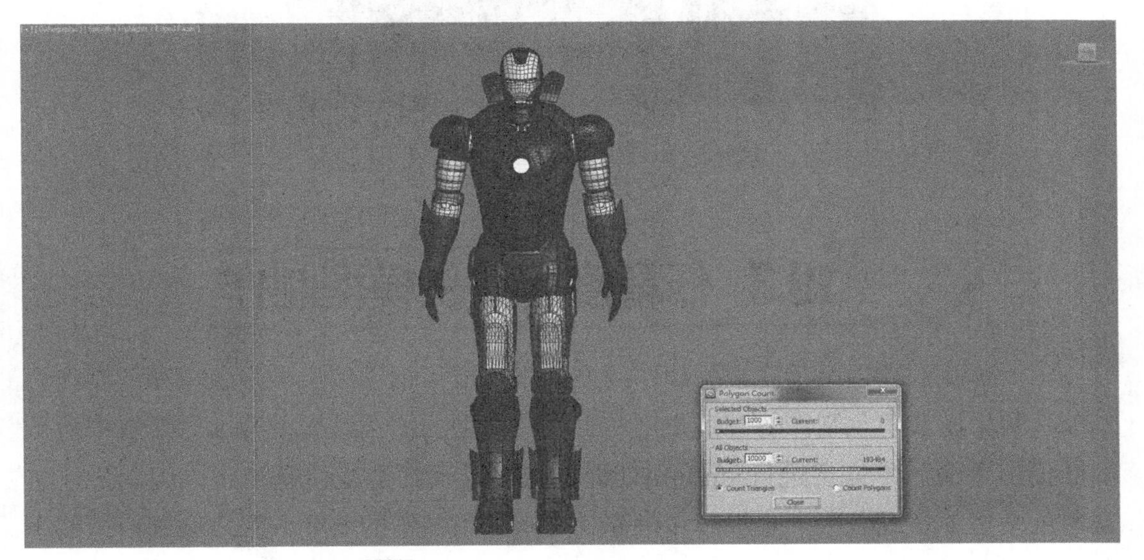

图10-50 模型在视图中最后完成的效果（见彩页）

高精度模型的制作实际上是一个十分复杂的过程，尤其是影视级别的高模，其制作过程往往要花费数月。本节对于钢铁侠高模的制作主要侧重整体的制作流程和关键技法的讲解，让大家了解机械类模型及高精度角色模型的基本概念和制作方法。图10-51为钢铁侠高精度模型添加MeshSmooth修改器后渲染完成的效果。

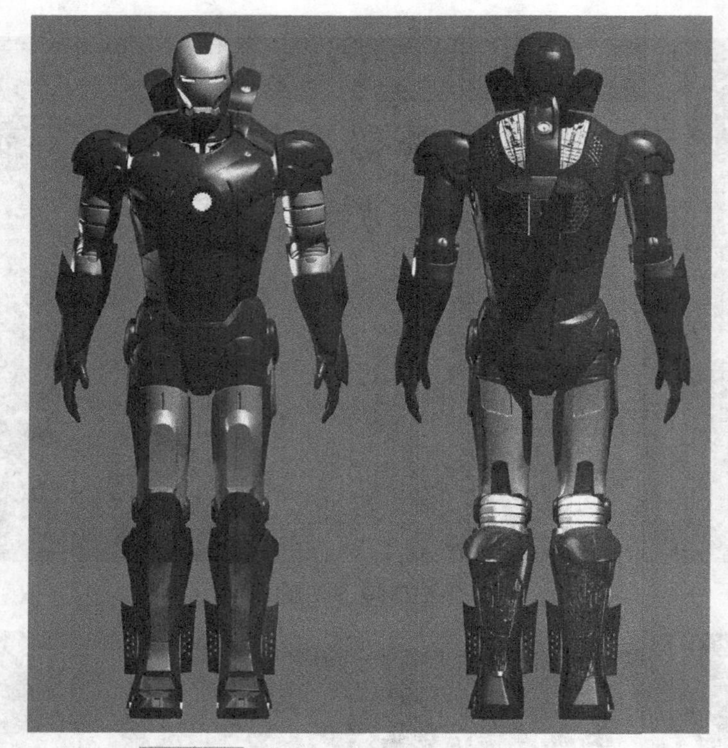

图10-51 钢铁侠高模渲染效果图（见彩页）

10.3 低精度钢铁侠模型制作

上一节我们利用高精度模型制作的方法来完成了钢铁侠机械角色模型的制作，本节将利用游戏角色制作的方法来制作钢铁侠模型的低精度模型版本。游戏中所用的低模由于最后不需要进行Smooth处理，直接导入到游戏引擎当中，因此要求游戏角色模型的布线必须十分规律和讲究，要求利用精练的布线方法来刻画模型的细节，同时还要尽量节省模型面数。低精度模型与高精度模型的区别及游戏角色模型的制作要求在前面的章节中都已经详细讲解过了，这里就不再过多涉及。

图10-52所示为本节实例制作钢铁侠低模的角色设定图。其整体结构与高模版本的钢铁侠差别并不大，这里需要注意的是，由于游戏角色模型为一体化建模，所以我们需要对设定图中的角色进行归纳和概括，尽量利用低模构建出整个模型的轮廓，尽量通过后期贴图绘制来进行表现。制作的整体流程仍然按照头、躯干和四肢的顺序来进行建模，下面开始实际模型的制作。

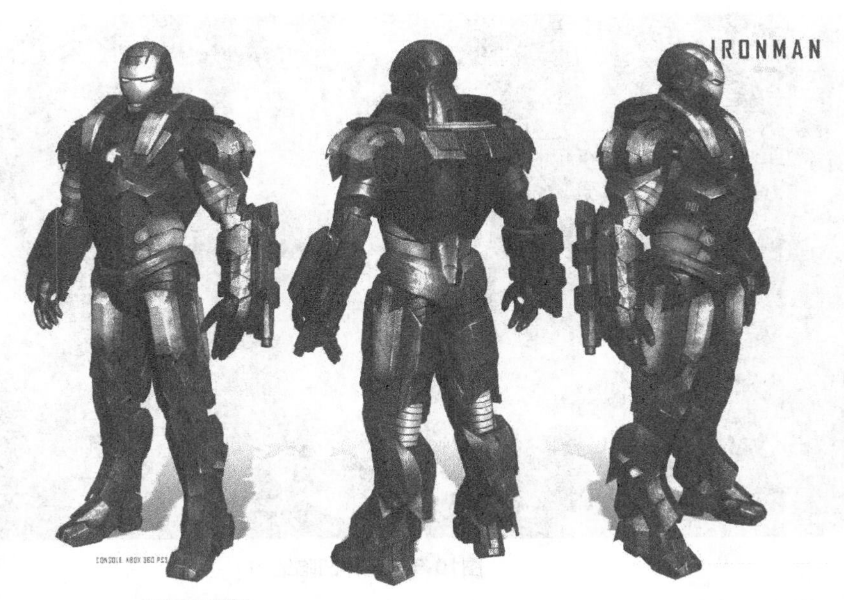

图10-52 钢铁侠低精度角色模型设定图（见彩页）

10.3.1 模型的制作

首先从头部模型开始制作，在视图中创建BOX模型，通过多边形编辑制作出基本的头部模型轮廓，由于整个模型都是对称机构，所以在制作的时候只需要制作一侧，之后可以添加Symmetry修改器来进行对称查看和调整（见图10-53）。然后在头部模型眼部和额头位置，利用面层级的Inset命令制作出内凹的模型结构（见图10-54）。在头部侧面利用切割布线制作出八边形的圆轴结构，这也是钢铁侠头部的重要模型特征（见图10-55）。

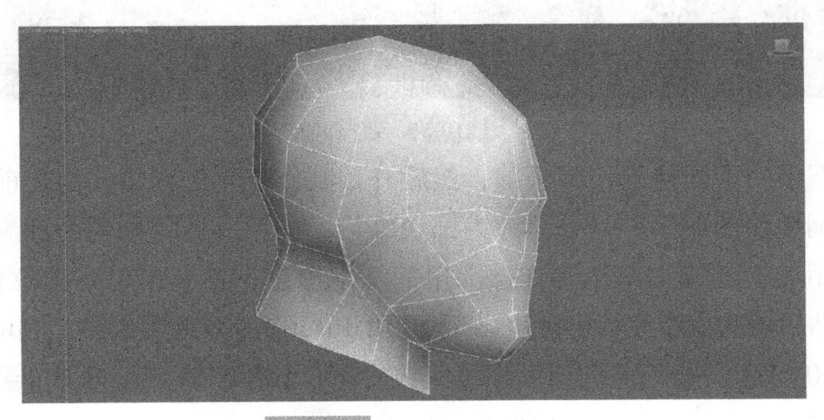

图10-53 制作头部模型轮廓

图10-54 制作凹陷结构

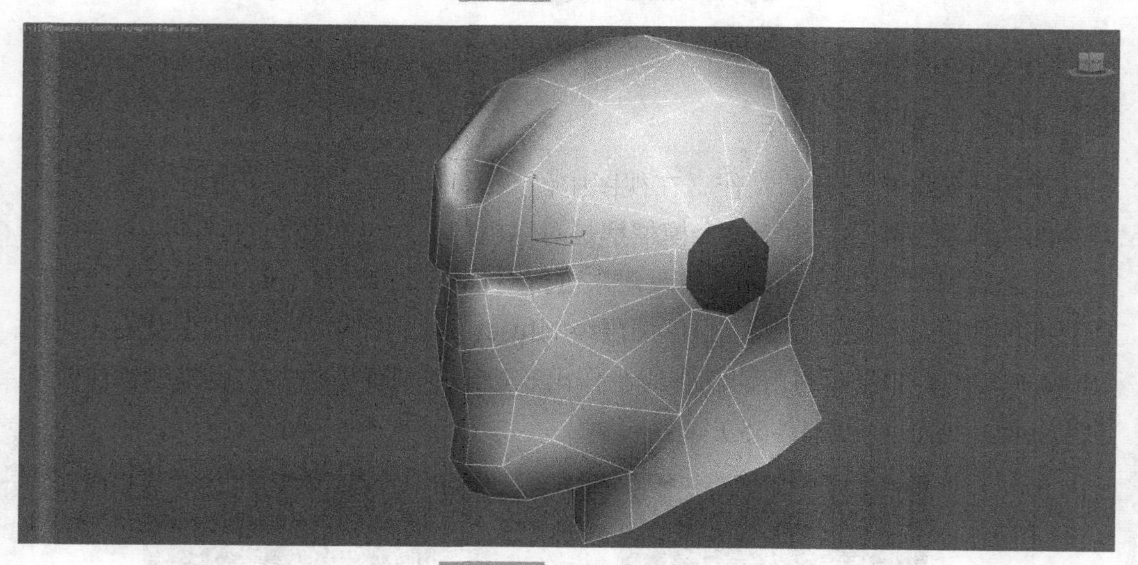

图10-55 制作圆轴结构

接下来向下延伸制作出颈部，然后开始制作躯干的模型，与之前制作的高模一样，钢铁侠的躯干部分整体分为三块结构：胸甲、腹甲和臀跨部。先制作胸甲模型，用简单的模型结构制作出胸甲的基本形态，要留出手臂的位置（见图10-56），然后将胸甲中间利用多边形面层级的Inset命令收缩制作出反应堆的圆孔结构（见图10-57）。接下来利用面层级的挤出命令制作出肩部和背部的装甲结构（见图10-58）。

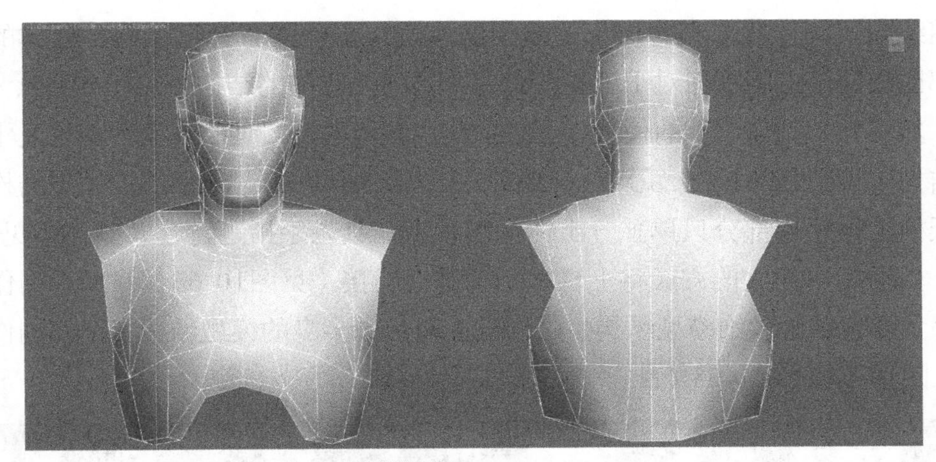

图10-56 制作胸甲模型

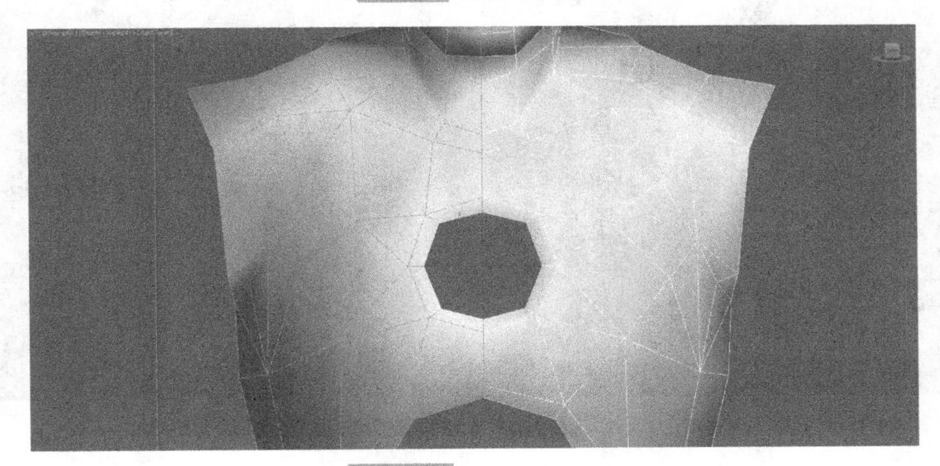

图10-57 制作圆孔结构

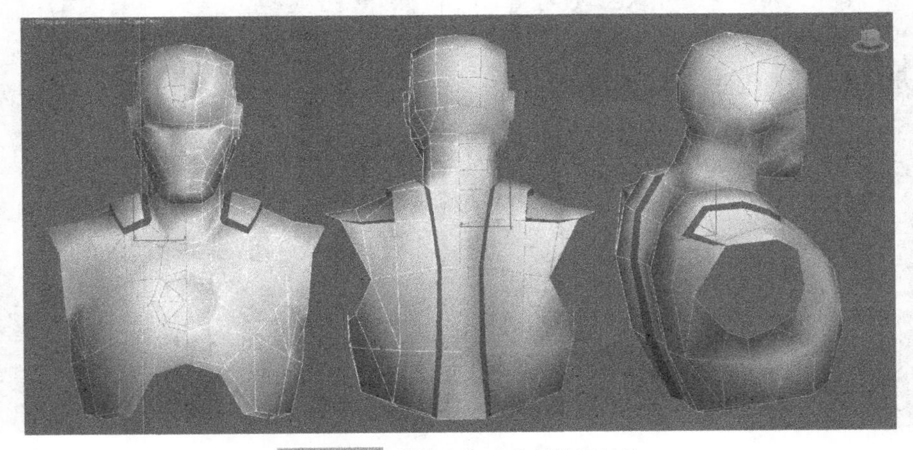

图10-58 制作肩部和背部装甲结构

继续向下制作腹部和臀胯部的模型结构。由于是游戏角色模型，整体的布线结构都比较简单，腰部相对于胸甲和臀胯部是向里收缩的结构（见图10-59、图10-60）。然后开始制作手臂的模型，在之前胸甲预留的开口处制作角色肩膀及上臂的模型结构（见图10-61）。重新创建BOX模型独立制作小臂和手部的模型结构，由于是低模这里手指部分只单独分出拇指和食指，其余手指进行合并制作（见图10-62），然后利用插入的方式将上臂和小臂进行连接（见图10-63），最后制作出肘部、手背及肩甲等装饰模型结构。这样整个角色上半身的模型结构就全部制作完成了（见图10-64、图10-65）。

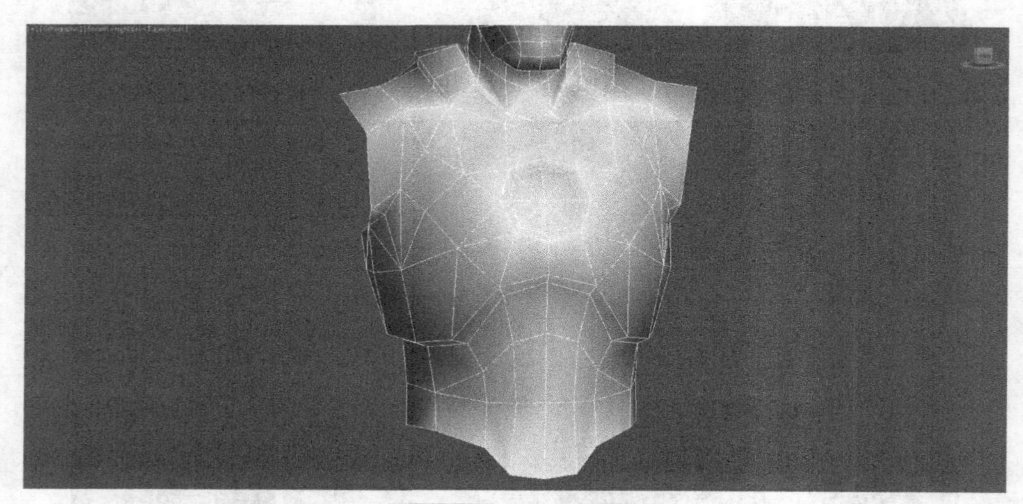

图10-59 制作腰部模型

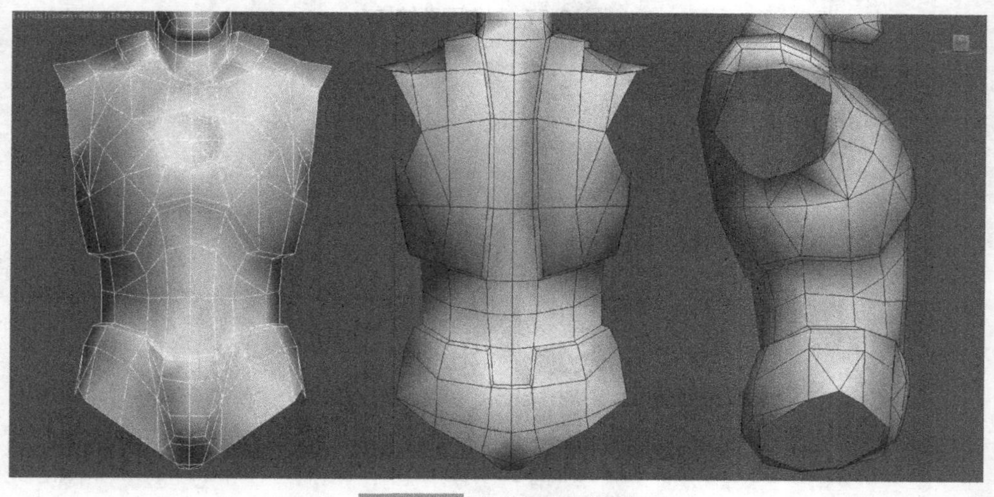

图10-60 制作臀胯部模型

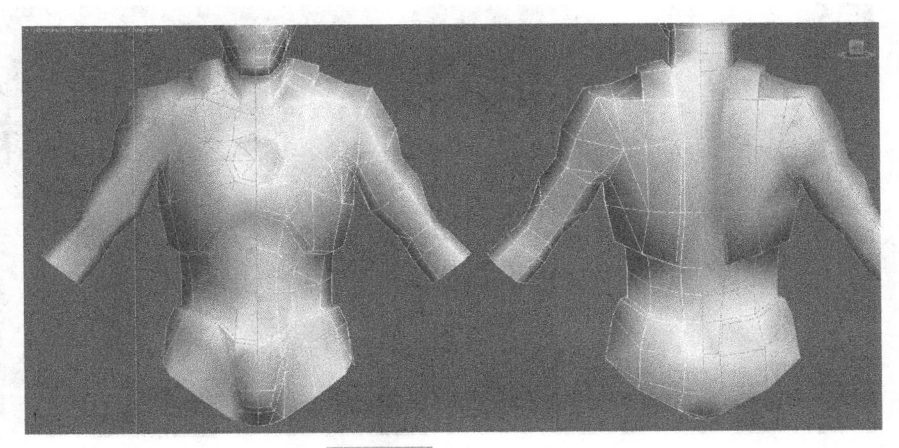

图10-61 制作上臂模型

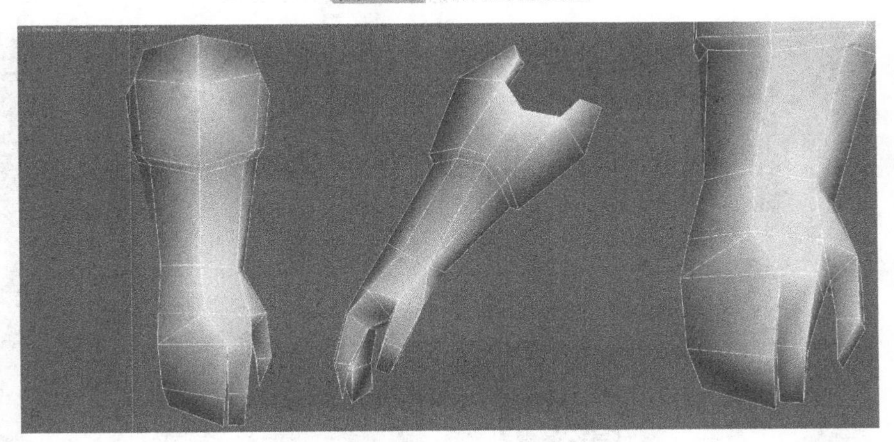

图10-62 制作小臂模型

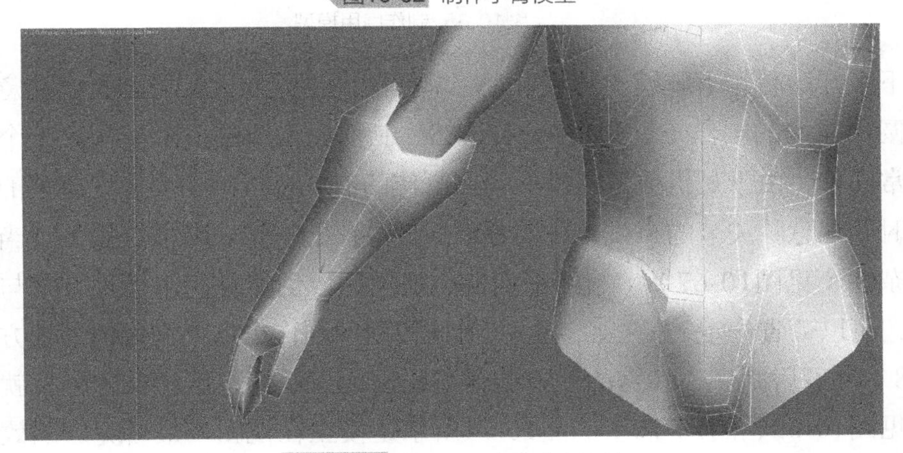

图10-63 利用插入方式进行连接

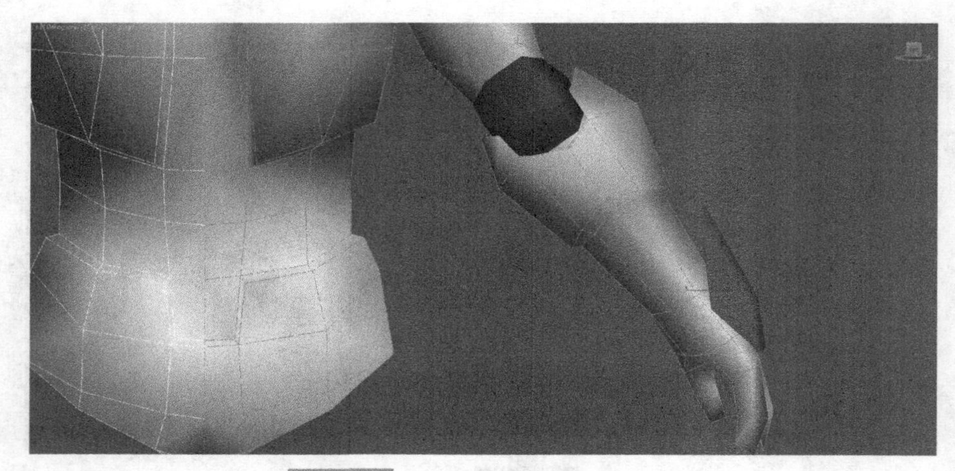

图10-64 制作肘部和手背的装饰结构

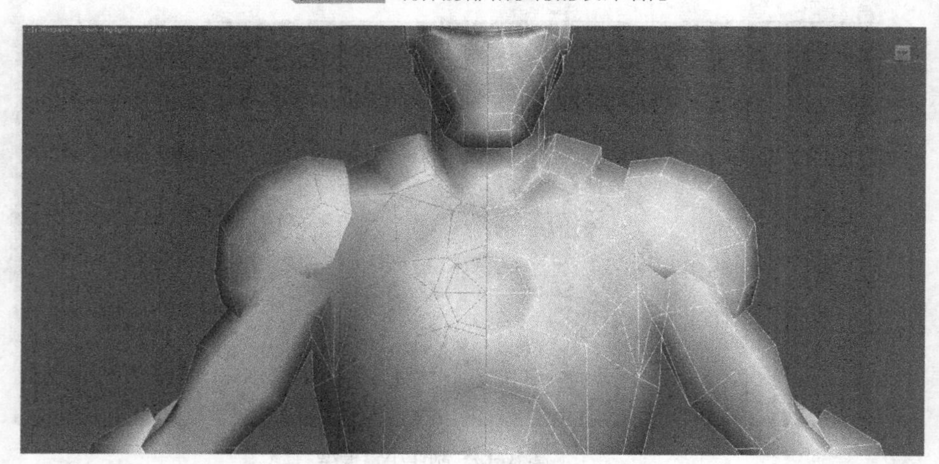

图10-65 制作肩甲模型

接下来开始制作下肢模型，沿着臀胯部模型向下制作大腿模型，要注意大腿上方侧面圆轴结构的制作（见图10-66），然后制作出大腿的模型结构。整个大腿的布线非常简单，由于是机械角色模型，在制作的时候布线结构要体现金属的棱角特点，同时要注意膝关节的布线，还要考虑后期骨骼的绑定，所以这里要适当增加布线的复杂性（见图10-67）。接下来制作小腿模型，仍然是利用插入方式与大腿进行连接，可以节省一定的模型面数，在游戏模型的制作中这是常见的处理方式（见图10-68）。最后制作出膝盖的装饰结构和足部模型结构，这样整个模型就制作完成了（见图10-69、图10-70）。图10-71所示是模型在视图中最后完成的效果，整个模型仅用了4000面。

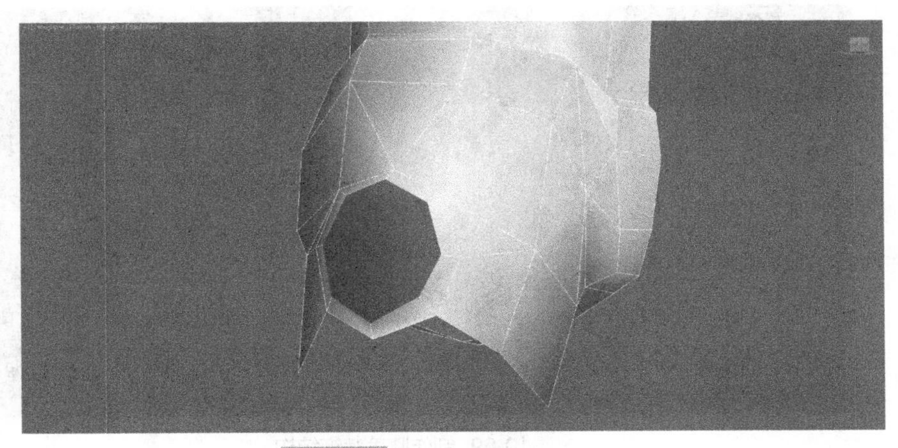

图10-66 制作大腿侧面圆轴装饰

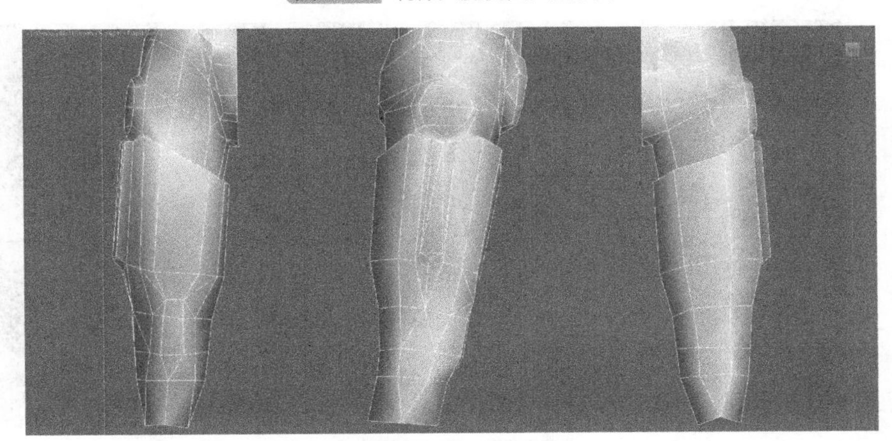

图10-67 制作大腿模型

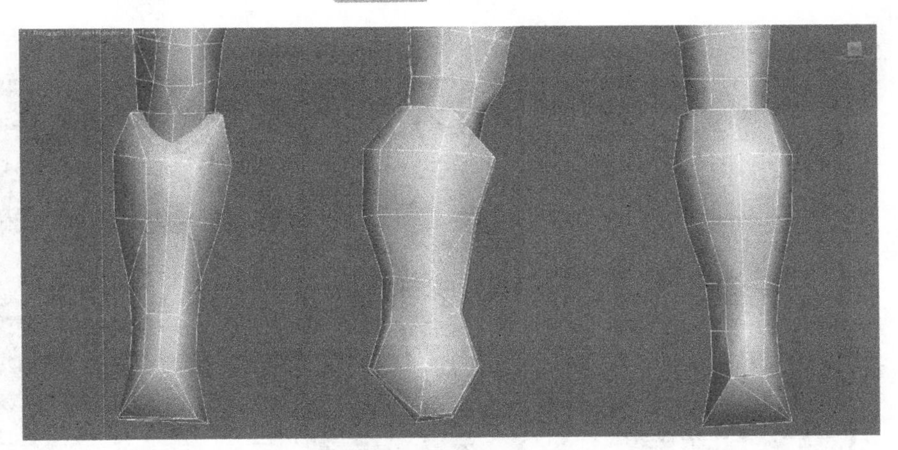

图10-68 制作小腿模型

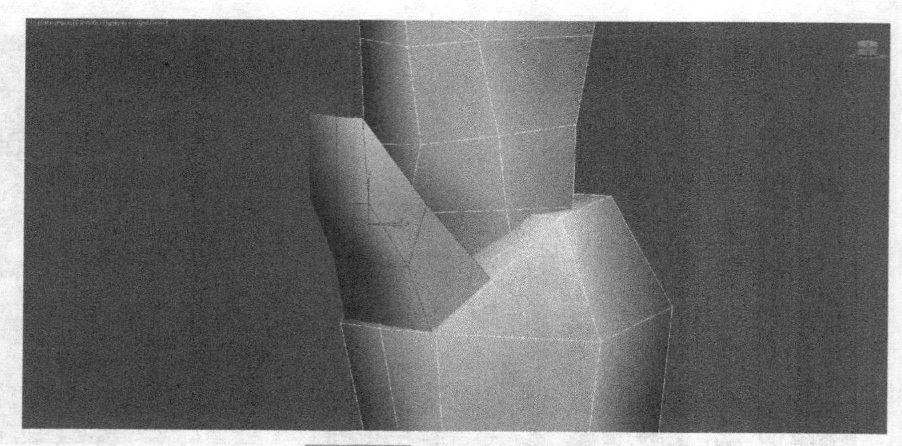

图10-69 制作膝盖装饰结构

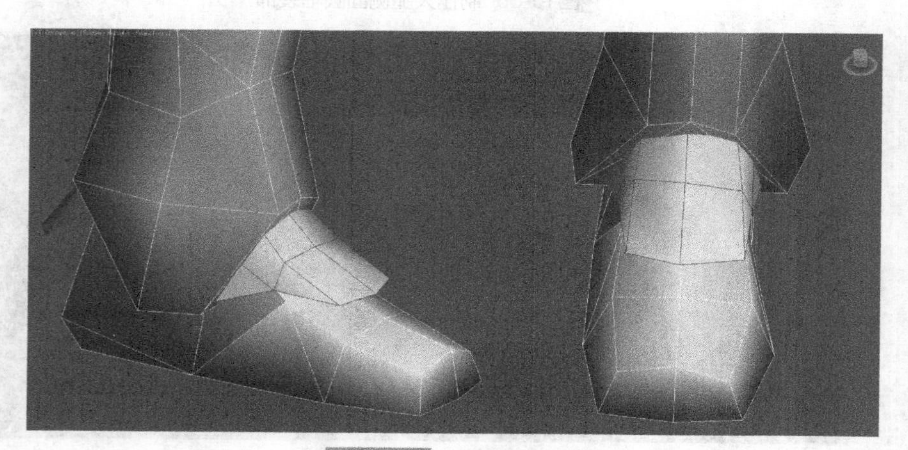

图10-70 制作足部模型

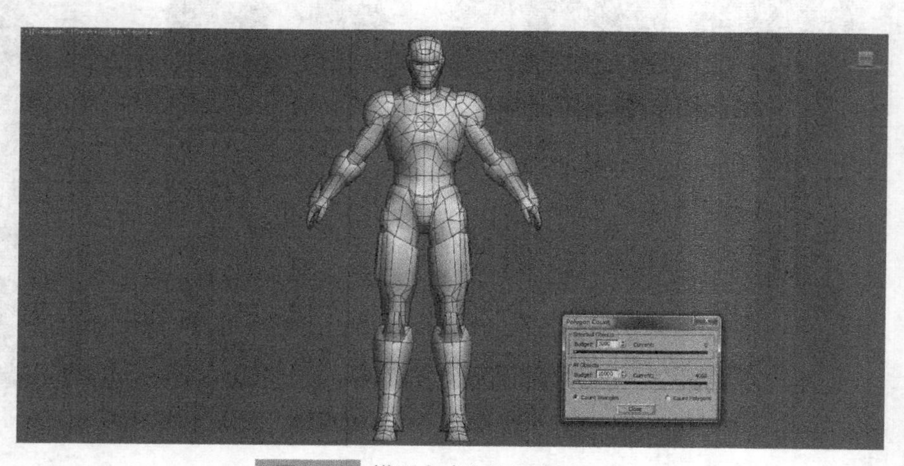

图10-71 模型完成的效果（见彩页）

10.3.2 模型UV拆分及贴图绘制

游戏角色模型制作后期大量的细节还是要靠贴图来进行表现。模型制作完成后首先要对UV进行拆分，要将整个模型所有的UV网格都平展到一张贴图上，因为是对称的模型结构，所以最后其实只是拆分了一侧的模型UV，图10-72为模型拆分后的UV网格。

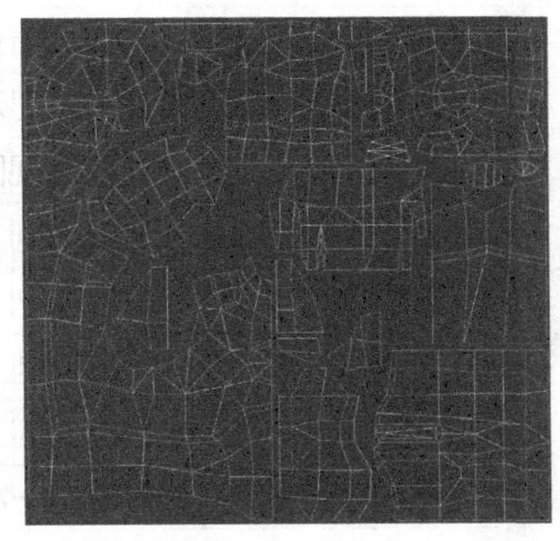

图10-72 拆分后的模型UV网格

UV网格要尽量填充满UV框，尽量增加贴图的可利用面积，然后将UV网格导入到Photoshop中进行贴图绘制。金属贴图的绘制流程和方法前面章节已经涉及，这里就不再过多讲解了，图10-73为最后绘制完成的角色贴图。图10-74为最终模型添加贴图后的效果。

图10-73 绘制完成的贴图（见彩页）

图10-74 模型添加贴图后的效果（见彩页）

附录 1 3ds Max 软件常用快捷键列表

【F1】	帮助
【F2】	加亮所选物体的面（开关）
【F3】	线框显示（开关）/ 光滑加亮
【F4】	在透视图中 线框显示（开关）
【F5】	约束到 X 轴
【F6】	约束到 Y 轴
【F7】	约束到 Z 轴
【F8】	约束到 XY/YZ/ZX 平面（切换）
【F9】	用前一次的配置进行渲染（渲染先前渲染过的那个视图）
【F10】	打开渲染菜单
【F11】	打开脚本编辑器
【F12】	打开移动 / 旋转 / 缩放等精确数据输入对话框
【`】	刷新所有视图
【1】	进入物体层级 1 层
【2】	进入物体层级 2 层
【3】	进入物体层级 3 层
【4】	进入物体层级 4 层
【Shift + 4】	进入有指向性灯光视图
【5】	进入物体层级 5 层
【Alt + 6】	显示 / 隐藏主工具栏
【7】	计算选择的多边形的面数（开关）
【8】	打开环境效果编辑框
【9】	打开高级灯光效果编辑框
【0】	打开渲染纹理对话框
【Alt + 0】	锁住用户定义的工具栏界面
【-】（主键盘）	减小坐标显示
【+】（主键盘）	增大坐标显示
【[】	以鼠标点为中心放大视图
【]】	以鼠标点为中心缩小视图

APPENDIX

【‘】	打开自定义（动画）关键帧模式
【\】	声音
【，】	跳到前一帧
【。】	跳后前一帧
【/】	播放 / 停止动画
【Space】	锁定 / 解锁选择的
【Insert】	切换次物体集的层级（同 1、2、3、4、5 键）
【Home】	跳到时间线的第一帧
【End】	跳到时间线的最后一帧
【Page Up】	选择当前子物体的父物体
【Page Down】	选择当前父物体的子物体
【Ctrl + Page Down】	选择当前父物体以下所有的子物体
【A】	旋转角度捕捉开关（默认为 5 度）
【Ctrl + A】	选择所有物体
【Alt + A】	使用对齐（Align）工具
【B】	切换到底视图
【Ctrl + B】	子物体选择 (开关)
【Alt + B】	视图背景选项
【Alt + Ctrl + B】	背景图片锁定（开关）
【Shift + Alt + Ctrl + B】	更新背景图片
【C】	切换到摄像机视图
【Shift + C】	显示 / 隐藏摄像机物体（Cameras）
【Ctrl + C】	使摄像机视图对齐到透视图
【Alt + C】	在 Poly 物体的 Polygon 层级中进行面剪切
【D】	冻结当前视图（不刷新视图）
【Ctrl + D】	取消所有的选择
【E】	旋转模式

【Ctrl + E】	切换缩放模式（切换等比、不等比、等体积），同 R 键
【Alt + E】	挤压 Poly 物体的面
【F】	切换到前视图
【Ctrl + F】	显示渲染安全方框
【Alt + F】	切换选择的模式（矩形、圆形、多边形、自定义）
【Ctrl + Alt + F】	调入缓存中所存场景（Fetch）
【G】	隐藏当前视图的辅助网格
【Shift + G】	显示 / 隐藏所有几何体（Geometry）
【H】	显示选择物体列表菜单
【Shift + H】	显示 / 隐藏辅助物体（Helpers）
【Ctrl + H】	使用灯光对齐（Place Highlight）工具
【Ctrl + Alt + H】	把当前场景存入缓存中（Hold）
【I】	平移视图到鼠标中心点
【Shift + I】	间隔放置物体
【Ctrl + I】	反向选择
【J】	显示 / 隐藏所选物体的虚拟框（在透视图、摄像机视图中）
【K】	打关键帧
【L】	切换到左视图
【Shift + L】	显示 / 隐藏所有灯光（Lights）
【Ctrl + L】	在当前视图使用默认灯光（开关）
【M】	打开材质编辑器
【Ctrl + M】	光滑 Poly 物体
【N】	打开自动（动画）关键帧模式
【Ctrl + N】	新建文件
【Alt + N】	使用法线对齐（Place Highlight）工具
【O】	降级显示（移动时使用线框方式）
【Ctrl + O】	打开文件
【P】	切换到等大的透视图（Perspective）视图
【Shift +P】	隐藏 / 显示离子 (Particle Systems) 物体

【Ctrl + P】	平移当前视图
【Alt + P】	在 Border 层级下使选择的 Poly 物体封顶
【Shift + Ctrl + P】	百分比 (Percent Snap) 捕捉 (开关)
【Q】	选择模式（切换矩形、圆形、多边形、自定义）
【Shift + Q】	快速渲染
【Alt + Q】	隔离选择的物体
【R】	缩放模式（切换等比、不等比、等体积）
【Ctrl + R】	旋转当前视图
【S】	捕捉网格（方式需自定义）
【Shift + S】	隐藏线段
【Ctrl + S】	保存文件
【Alt + S】	捕捉周期
【T】	切换到顶视图
【U】	改变到等大的用户 (User) 视图
【Ctrl + V】	原地复制所选择的物体
【W】	移动模式
【Shift + W】	隐藏 / 显示空间扭曲 (Space Warps) 物体
【Ctrl + W】	根据框选进行放大
【Alt + W】	最大化当前视图（开关）
【X】	显示 / 隐藏物体的坐标（gizmo）
【Ctrl + X】	专业模式（最大化视图）
【Alt + X】	半透明显示所选择的物体
【Y】	显示 / 隐藏工具条
【Shift + Y】	重做对当前视图的操作（平移、缩放、旋转）
【Ctrl + Y】	重做场景（物体）的操作
【Z】	放大各个视图中选择的物体
【Shift + Z】	还原对当前视图的操作（平移、缩放、旋转）
【Ctrl + Z】	还原对场景（物体）的操作
【Alt + Z】	对视图的拖放模式（放大镜）
【Shift + Ctrl + Z】	放大各个视图中所有的物体
【Alt + Ctrl + Z】	放大当前视图中所有的物体（最大化显示所有物体）

附录 2　人体骨骼肌肉结构图

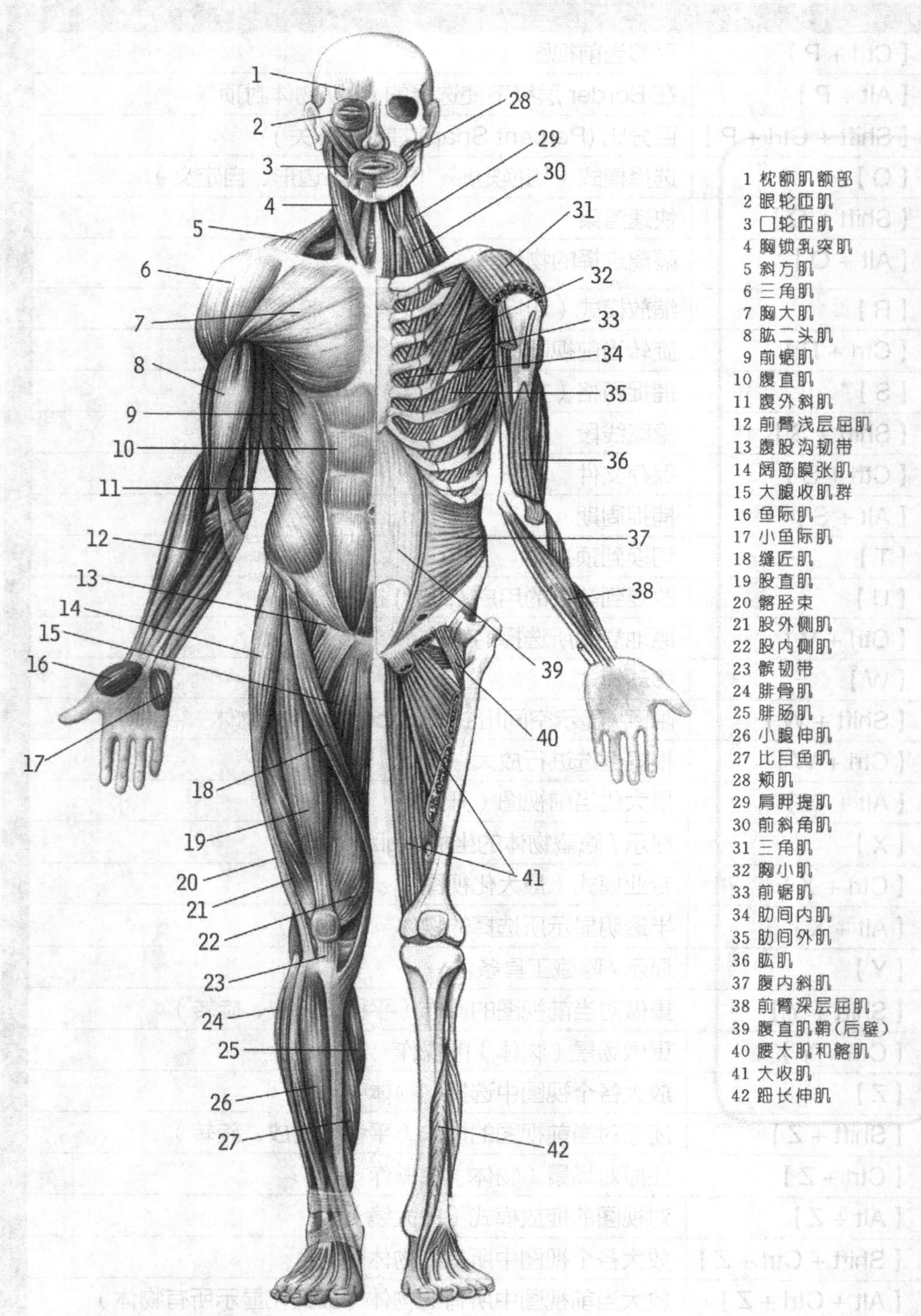